21世纪以来新兴创新政策工具

郭铁成　张志娟　程如烟　郄海拓　等　著

科学技术文献出版社
·北京·

图书在版编目（CIP）数据

21世纪以来新兴创新政策工具 / 郭铁成等著. -- 北京：科学技术文献出版社，2024.11. -- ISBN 978-7-5235-2114-4

Ⅰ．G321

中国国家版本馆CIP数据核字第2024ED9623号

21世纪以来新兴创新政策工具

策划编辑：郝迎聪　　责任编辑：周国臻　　责任校对：王瑞瑞　　责任出版：张志平

出 版 者	科学技术文献出版社
地　　址	北京市复兴路15号　邮编 100038
出 版 部	（010）58882941，58882087（传真）
发 行 部	（010）58882868，58882870（传真）
邮 购 部	（010）58882873
官方网址	www.stdp.com.cn
发 行 者	科学技术文献出版社发行　全国各地新华书店经销
印 刷 者	北京厚诚则铭印刷科技有限公司
版　　次	2024年11月第1版　2024年11月第1次印刷
开　　本	787×1092　1/16
字　　数	301千
印　　张	14.75　彩插2面
书　　号	ISBN 978-7-5235-2114-4
定　　价	48.00元

版权所有　违法必究

购买本社图书，凡字迹不清、缺页、倒页、脱页者，本社发行部负责调换

《21世纪以来新兴创新政策工具》
撰稿人

郭铁成　张志娟　程如烟　郄海拓　谭文喆
张翼燕　杨朝峰　高　芳　张丽娟　刘润生
孙浩林　王开阳　邢小宇　杨　扬　袁　珩
王晓菲　张泽玉　龚春红　王正娟　贾晓峰
杜丽雅　陈雪迎　李　波　何　潇　朱保吉
高　卓　王欣格　王文涛

序

智能时代科技创新需要新兴政策工具

自实施自主创新战略以来，我国密集出台了一系列创新政策，几乎运用了所有已知的政策工具，有力地促进了创新型国家建设。总地来说，这些政策工具是工业化时代的产物，主要产生于第二次世界大战之后。

在我国进入工业化中后期的时候，新一轮技术革命孕育而生，人类进入了智能社会。智能社会的创新与工业化时代的革新不同，颠覆性创新、跨界创新增多，创新迭代和创新产品应用加快，存在大量不确定性、难预料因素。与这种情况相适应，先发国家逐渐出现了一些新兴创新政策。这些政策能够更有效地促进智能社会的创新。其中有一项是荷兰的创新券政策，这是我们在北京市科委支持下，最早研究和引进到中国的新兴创新政策，经过十几年的发展，现在大部分省（自治区、直辖市）都实行了，我们的研究著作也已经出版。还有一项创新订制采购政策，英国称为"远期约定采购"政策，我们也一直在研究并建议实行。

到了2016年，我感到有必要对新兴创新政策进行系统研究。心有灵犀一点通，恰在这个时候，北京市科学技术委员会的同志找到我，要我牵头一项软科学项目，研究一下国际上的新兴创新政策。我是项目组组长，副组长是张志娟研究员（当时是副研究员）。志娟是东南大学毕业的博士，学术素养很好，她协助我进行总体设计，提出研究路线和方法，形成判断和结论，与我一起修改分报告、审定总报告。课题组的同志还有程如烟、张翼燕、杨朝峰、刘润生、张丽娟、高芳、杨扬、龚春红等。

项目结束以后，特别是党的二十大以后，党中央要求加快实现高水平科技自立自强，加快实施创新驱动发展战略，大力发展新兴技术、未来技术、数字经济技术和绿色技术，催生新质生产力和新产业、新业态、新模式，这就对新兴科技创新政策提出了急迫需求。我们在调研的时候，听到一些地方科技管理人员说，该实行的创新政策都实行了，已经没有可以再推出的新政策了。他们说的创新政策实际是工业化时代的政策，不是新兴政策。于是，我找志娟商量，在北京市项目的基础上，进一步对新兴创新政策做持续的深度研究，为科技管理者提供一些实用的新兴政策工具，同时也为政策研究者提供一些新的研究材料。志娟积极性很高，回去后与中国科学技术信息研究所政策与战略研究中心主任程如烟研究员商量，当时就组织科研力量上马。参加研究的有郭铁成、张志娟、程如烟、郄海拓、谭文喆、张翼燕、杨朝峰、高芳、张丽娟、刘润生、孙浩林、王开阳、邢小宇、杨扬、袁珩、王晓菲、张泽玉、龚春红、王正娟、贾晓峰、杜丽雅、陈雪迎、李波、何潇、朱保吉、高卓、王欣格、王文涛（甘肃）。我是研究组组长，张志娟、程如烟、郄海拓是副组长，郄海拓副研究员是青年科研骨干，不仅承担了分课题，还担任了大量编辑工作和科研事务工作。这就是本书的由来。

政策由政策基础、政策任务、政策对象、政策工具、政策程序五大要素组成。对我国来说，政策的法理和伦理基础比较好，政策任务和政策对象也比较明确，但政策工具问题比较突出，因此在研究时我们把政策工具、政策程序作为重点，书名突出的也是政策工具。

我国已经进入创新发展新阶段，面向 2035 年和第二个百年奋斗目标，创新政策的主要任务是实现人才引领，聚焦原创跃升，赋能企业发展，促进科学繁荣。我们对新兴政策工具的研究，就是围绕这些新的政策任务展开的。所谓新兴政策工具，是指对我国来说是新的，即我国在国家层面尚未实行且是自 21 世纪以来新出现的政策工具。我国未实行，但先发国家都或多或少地实行了，因此研究样本都是国外的政策实践；时段是 21 世纪以来，直到现在。当然由于时间、材料和人力的限制，实际上也有一些新兴政策工具没能研究。

本书分十章，依次是数据驱动的开放科学、开放科学的科研诚信、公民科学项目、新兴技术和未来技术研发、早期技术商业化、催生新产业的科技创业、智慧专业化、区域创新引擎、未来人才培育、人才国际化。绝大部分是第一次发表，个别政策点曾有少量研究发表，但一直没实行，因此本书对材料更新后再次写入，有点"待访录"的意思，期望能够变成我国的政策实践；这也保证了本书政策逻辑的完整性，还方便了读者的研究和使用。

本书的研究是初步的，肯定有缺点，非常欢迎读者批评指正。但所用的材料都是世界最新的，科技管理者、科技政策研究者都可以参考；也适合作为科技政策学的教学参考书，中国科学技术信息研究所拟把本书作为培养研究生的辅助教材。

中国科学技术信息研究所　郭铁成
2024 年 11 月

目 录

第一章　数据驱动的开放科学 \ 1

　　第一节　欧洲开放获取 S 计划 \ 1

　　第二节　欧洲开放科学云 \ 9

　　第三节　德国国家研究基础设施建设项目 \ 14

　　　　　　参考文献 \ 16

第二章　开放科学的科研诚信 \ 19

　　第一节　欧盟科研诚信标准操作程序项目 \ 19

　　第二节　德国科研诚信的准则和规则 \ 26

　　第三节　《英国维护科研诚信协约》 \ 32

　　第四节　日本科研诚信推进室 \ 36

　　　　　　参考文献 \ 40

第三章　公民科学项目 \ 42

　　第一节　公民科学的兴起与发展 \ 42

　　第二节　美国国家航空航天局 Aurorasaurus 公民科学项目 \ 47

　　第三节　美国面向工业自动化的敏捷机器人竞赛项目 \ 48

　　第四节　COVID-19 公民科学项目 \ 50

　　　　　　参考文献 \ 51

第四章　新兴技术和未来技术研发 \ 54

　　第一节　美国国防高级研究计划局的颠覆性技术项目 \ 54

　　第二节　爱尔兰颠覆性技术创新基金 \ 59

　　第三节　韩国创新挑战项目 \ 65

　　第四节　韩国"未来增长动力计划" \ 71

　　第五节　英国地平线扫描项目 \ 75

　　第六节　《欧洲量子技术宣言》 \ 78

参考文献 \ 85

第五章 早期技术商业化 \ 89

第一节 英国"监管沙盒" \ 89

第二节 德国现实实验室制度 \ 94

第三节 加拿大创新商业计划 \ 107

第四节 荷兰"创新伙伴"采购项目 \ 111

第五节 美国 SBIR/STTR 计划中的创新采购项目 \ 113

第六节 英国远期约定采购项目 \ 118

参考文献 \ 122

第六章 催生新产业的科技创业 \ 125

第一节 美国小企业投资公司融资担保计划 \ 125

第二节 英国耐心资本 \ 130

第三节 法国创新与工业基金 \ 135

第四节 以色列"趋势"激励计划 \ 140

参考文献 \ 142

第七章 智慧专业化 \ 145

第一节 欧盟智慧专业化战略——阿尔卑斯地区产业集群创新模式 \ 145

第二节 爱尔兰智慧专业化 \ 149

参考文献 \ 155

第八章 区域创新引擎 \ 157

第一节 英国东伦敦科技城 \ 157

第二节 新加坡纬壹科技城 \ 160

第三节 美国波士顿肯德尔广场 \ 166

第四节 美国硅巷 \ 169

第五节 美国区域创新引擎计划 \ 177

第六节 奥卢创新联盟 \ 181

第七节 韩国地区合作研究中心 \ 186

参考文献 \ 191

第九章 未来人才培育 \ 196

第一节 英国未来领导者研究基金计划 \ 196

第二节 日本新一代研究者挑战性研究项目 \ 199

第三节 《日本加强研究能力和支持年轻研究人员综合方案》\ 201

第四节　韩国《数字新技术人才培养创新共享大学基本计划》\ 204

参考文献 \ 208

第十章　人才国际化 \ 209

第一节　加拿大全球科技人才计划 \ 209

第二节　欧洲研究理事会的资助计划 \ 211

第三节　欧盟"玛丽·居里"行动计划 \ 214

第四节　欧盟"伊拉斯谟+计划" \ 220

参考文献 \ 225

第一章 数据驱动的开放科学

开放科学（Open Science）运动始于21世纪初（2001年）的《布达佩斯开放获取倡议》（Budapest Open Access Initiative，BOAI）。2021年，联合国教科文组织（United Nations Educational，Scientific and Cultural Organization，UNESCO）在《开放科学建议书》中提出开放科学的定义，即"开放科学是建立在学术自由、科研诚信和科学卓越基础上的新的研究范式，通过提高科学研究内容、工具和进程的开放水平，实现研究的可重复、透明、共享与合作，进而推动科学事业的发展；开放科学包括开放科学知识、科学基础设施、科学传播、开放式参与及其他知识体系的开放式对话等，而开放科学知识包括科学出版物、研究数据、元数据、教育资源软件、源代码及硬件等。"开放科学发展至今，关于开放的要求逐渐拓展至"可发现、可获取、可互操作、可重用"原则（FAIR Principles）。开放科学将深度改变科研的组织和实践。本章以欧洲开放获取 S 计划、欧洲开放科学云和德国国家研究基础设施建设项目为例阐述数据驱动开放科学的主要政策工具。

第一节 欧洲开放获取 S 计划

一、政策任务

自2001年首次提出以来，开放获取逐渐推动达成了共识并制订了相关计划，进而通过"S 计划"推动落地实施。开放获取 S 计划（Open Access Plan S）是欧洲科研资助联盟主导的学术出版开放获取运动，"S"代表 science、speed、solution、shock，意味着科学、速度、解决和冲击，该计划落实欧洲开放获取的系列倡议、标准，其政策任务是依托科研资助主体与出版集团的博弈和谈判，在欧盟层面推动学术出版的即时性开放获取。欧洲开放获取相关政策较多，通过多种方式循序推进。

（一）开放获取倡议（2003—2012年）

2001年底发布的 BOAI 明确提出开放获取，强调科研论文应无限制地查阅、下载、拷贝、传播、打印与搜索。2003年德国、法国和意大利等国的科学院和重要科研机构在柏林联合签署了由马普学会发起的《关于自然科学与人文科学资源的开放获取的柏林宣言》（Open Access to Knowledge in the Science and Humanities，以下简称《柏林宣言》），鼓励开放获取向电子开放获取的范式转化，要求明确开放获取著作的署名，推动研究人员采用开放获取规范出版著作。此后在面向2007—2013年科技发展的欧洲研究与技术发展第七框架（Seventh Framework Programme for Research and Technological Development，FP7）中开始强调该发展框架内的科学项目成果进行开放获取。欧盟委员会于2012年发布《面向科学信息更好地获取》，要求为研究人员、企业和公民提供免费的可在线访问的欧盟资助的研究成果，包括科学出版物和研究数据。同年，欧洲科学院联盟（ALL European Academies Federation，ALLEA）发布《面向21世纪的开放科学》联合宣言，率先要求科研资助机构在出版物、研究数据、软件、教育资源和基础设施等方面实施开放科学原则，从而促进欧洲及全球的科学合作。

（二）资助开放获取（2013—2015年）

在倡议的基础上，欧洲主要机构推动开放获取的落地。欧洲于2013年发布欧洲FP7框架下的《欧洲科研数据开放获取的政策建议》（Policy Recommendations for Open Access to Research Data in Europe，RECODE），旨在为科学数据的开放获取给予资助。

2014年初，欧盟正式启动《地平线2020》（Horizon 2020 – The EU Framework Program for Research and Innovation），指出受其资助科研项目相关的出版物与科学数据都必须开放获取，推动了开放获取的落地实施。此外，在欧盟地平线2020框架内发布《OA指南》（Guidelines to the Rules on Open Access to Scientific Publications and Open Access to Research Data in Horizon 2020）与《开放科研数据先导计划》，其中《OA指南》强调了开放获取对于研究成果再利用、减少重复工作、提升科研透明度具有重要作用；为了平衡科学出版物与数据的开放与保护，欧盟推行了较为灵活的《开放科研数据先导计划》，作为欧盟地平线2020框架内的全新计划，旨在再利用与最大化科学数据的价值，推动科研成果的开放获取。2015年发布《开放获取与数据传播和保存政策指南》（Policy Guidelines for Open Access and Data Dissemination and Preservation），为科学数据开放获取有关的利益相关者（出版商、科学机构、科学研究资助机构、科学数据管理平台等）提供建议，其中包括为科学数据的开放获取提供资金支持。

（三）出台"S计划"（2016年—）

从2016年开始，欧洲加快了开放获取政策的落地速度，向科学出版物与科学数据的开放获取实践推进，并首先在科学出版物开放获取方面落地实施。

德国马普学会（International Max Planck Research School）于2016年发起OA2020倡议（OA2020 Initiative），旨在推动科学出版物体系从订阅系统转变为开放获取，加速向开放获取过渡。欧盟委员会于同年发布了《研究与创新总体指南》（Directorate-General for Research and Innovation，RTD），RTD旨在推动到2020年所有同行评审的科学出版物均可免费获取，以及到2020年FAIR（Findable—可发现、Accessible—可获取、Interoperable—可互操作、Reusable—可重用）数据共享成为科学研究成果的默认设置。

为推动开放获取的实施，欧盟积极推动相关数据平台硬件建设。欧盟委员会于2018年开始实施欧盟开放科学云项目EOSC-hub（European Open Science Cloud-hub），在欧洲18个数字与研究设施及300多个数据中心的基础上进行建设，旨在使欧洲科研人员能够无障碍使用国家、部门、机构等层面上的科学出版物、数据、网络与计算资源等。同时，为对接EOSC-hub项目，欧盟委员会还资助了OpenAIRE-Advance框架的建设，以完善面向开放获取的基础设施。

为进一步落实推动科学出版物的开放获取的实现，开放获取科研资助联盟（cOAlition S）于2018年发布开放获取S计划，S计划是科研资助者以联盟形式采取强硬措施推进科学出版物立刻开放获取的政策，该计划指出科学出版物付费会对科学界乃至整个社会的研究成果传播产生阻碍。目前，S计划主要包括S计划原则、S计划实施指南和技术指南3个部分。通过联合欧洲科研机构、欧洲科研资助者、欧洲研究理事会（European Research Council，ERC）和欧洲委员会（Council of Europe，CoE）共同确立了科学出版物开放获取实施的细节。

S计划的内容包括一个目标与十项原则，同时还包括配套的实施指南和技术指南。最初设定的目标是，从2021年起，所有关于由国家、区域和国际研究委员会和资助机构提供的公共或私人赠款资助的研究成果的学术出版物，必须在开放获取期刊、开放获取平台上发表，或通过开放获取知识库不受限制地立即提供。

十项原则是指：作者或其机构保留其出版物的版权，所有出版物必须在开放许可下出版，最好使用知识共享署名许可；为高质量的开放获取期刊、开放获取平台和开放获取存储库必须提供的服务制定健全的标准和要求；鼓励建立和扶持开放获取期刊或平台，为开放获取基础设施提供支持；开放获取出版费用由资助者或研究机构承担，保障研究人员都能够以OA方式发表研究成果；支持开放获取期刊和平台的多样化商业模式，明确开放获取出版收费的结构，以告知市场和资助者费用的潜在标准化和上限；鼓励利益相关者协调战略、政策和实践，确保透明；上述原则不包括专著和图书章节；不支持"混合"出版模式，仅为在明确界定的时限内实现全面开放获取的转换过渡途径提供财政资助；将监督合规情况，并处罚不合规行为；重视评估研究工作的内在价值，而不考虑发表的期刊、其影响因子（或其他期刊指标）或出版社。

S计划在制订过程中强调，对于科研论文，公众应获得全球性的、免版税的、非独家的、不可撤销的分享许可和调整许可，以及用于任何目的的工作（包括商业用途在内）的权利。S计划提供了订阅模式向开放出版过渡的多种安排，包括转换协议、转换模型协议、转换型期刊等。

二、政策治理

2018年在CoE与ERC的支持下，欧洲11个国家的15个国家级科研资助机构联合建立了旨在推动科研成果的全面开放获取的"开放获取科研资助联盟（cOAlition S）"并提出了S计划。此后陆续有更多机构加入S计划，截至2023年10月共有30家机构加入了S计划，包括1家支持机构——欧洲科学协会、21家国家级资助机构、7家慈善和国际资助机构及研究机构，以及1家欧洲资助机构——欧盟，如表1-1与图1-1所示。

表1-1 S计划的主要发起机构

机构类别	机构名称
支持机构	欧洲科学协会
国家级资助机构	南非医学研究理事会，奥地利科学基金会，芬兰科学院，法国国家研究机构，爱尔兰科学基金会，意大利国家核物理研究所，卢森堡国家研究基金，荷兰科学研究组织，挪威研究理事会，波兰国家科学中心，斯洛文尼亚科研创新机构，瑞典健康、工作生活和福利研究委员会，瑞典可持续发展研究委员会，英国国家科研与创新署，美国国家科学技术委员会，瑞典创新局，葡萄牙科学技术基金会，魁北克自然与科技、健康、社会与文化研究基金会，瑞士国家科学基金会，澳大利亚国家卫生研究中心，约旦科学和技术高级理事会
慈善和国际资助机构及研究机构	惠康基金会、比尔及梅琳达·盖茨基金会（盖茨基金会）、世界卫生组织、世界卫生组织热带病特别研究与培训规划署、帕金森综合征科学联盟、霍华德·休斯医学研究所、邓普顿世界慈善基金会
欧洲资助机构	欧盟

来源：PLAN S. cOAlition S funders[EB/OL].[2024-05-07]. https://www.coalition-s.org/.

图1-1 S计划的主要参与机构

来源：PLAN S. cOAlition S funders[EB/OL].[2024-05-07]. https://www.coalition-s.org/.

三、政策工具

S 计划主要运用的政策工具包括 OA 平台、资助、监测、许可和标准。

（一）OA 平台

S 计划最初的倡议较为激进，其发展历程如表 1-2 所示。2018 年 9 月，cOAlition S 联盟提出了激进的 S 计划，其核心原则是：到 2020 年，受参与 S 计划的国家、机构和 ERC 资助的科研成果出版物必须在 OA 期刊（Open Access Journals，OA 期刊是指对读者免费开放的网络期刊，旨在使所有用户都可以通过因特网无限制地访问期刊论文全文）和 OA 平台（Open Access Platforms，OA 平台是指提供开放获取科研成果服务的在线平台）上出版，通过知识共享署名许可保护版权，禁止出版物有滞后期，不支持科研人员在混合型期刊上发表论文，要求学术成果立刻开放获取。同月，由开放获取科研资助联盟（cOAlition S）制订 S 计划十项原则，以确保完全及时地获取订阅期刊、开放获取期刊或其他平台的学术论文。

表 1-2 S 计划发展历程

时间	事件
2018 年 9 月	cOAline S 启动 S 计划
2018 年 11 月	cOAline S 发布《从原则到实施的开放获取 S 计划实施指南》
2019 年 2 月	组织对 S 计划调研
2019 年 5 月	cOAline S 发布《开放获取 S 计划的修订实施指南》
2019 年 9 月	cOAline S 发布《透明服务及其价格框架》
2019 年 9 月	cOAline S 发布报告和工具包，支持学会出版商从订阅模式向开放获取模式转型
2019 年 11 月	cOAline S 发布《开放转换期刊的潜在框架》
2020 年 1 月	cOAline S 启动透明度框架和报告试点
2020 年 4 月	cOAline S 发布《变革性期刊的更新标准》
2020 年 6 月	S 计划推出《存储库实施指南：COAR》（其中 COAR 是指开放获取知识库联盟，Confederation of Open Access Repositories）
2020 年 7 月	cOAline S 发布监控框架以监测 S 计划对科学共同体的影响
2020 年 7 月	cOAline S 发布权力保留政策
2020 年 7 月	cOAline S 探索钻石开放获取模式

来源：PLAN S. Principles and Implementation [EB/OL]. [2024-05-07]. https://www.coalition-s.org/addendum-to-the-coalition-s-guidance-on-the-implementation-of-plan-s/principles-and-implementation/.

然而，2018 年提出的 S 计划在一些关键问题上缺少具体的步骤且过于激进，受到重重阻力。*Nature*、*Science* 等顶尖期刊和学会提出质疑；800 多名科研人员签署公开信回应 S 计划，认为 S 计划过于激进，以至于限制了科研人员投稿的学术自由。

（二）资助

2018 年 11 月 27 日，cOAlition S 发布《从原则到实施的开放获取 S 计划实施指南》，提出 S 计划的 3 条实现路径，明确了 cOAlition S 联盟资助原则：①对于 OA 期刊和 OA 平台，cOAlition S 联盟将提供资金支持。②论文发表的最终版本、同行评议最终版本存储在开放知识库中，无禁锢期。订阅期刊，须将正式出版版本或同行评议最终版本存储在符合 S 计划的 OA 仓储中，同时，cOAlition S 联盟资助者将不会提供混合型开放获取出版物的费用。OA 仓储必须在开放获取存储库目录中注册或正在注册且使用永久标识符标识存放出版物，具有互操作性的篇级元数据和通用的机读信息及许可证，能够长时间保存运行且及时响应。③"混合"期刊必须具备转换协议，方可发表论文；对于转换型期刊，cOAlition S 联盟根据转换型协议为开放获取出版物提供资金，支持支付论文处理费抵消订阅成本，要求转换型期刊明确在约定时间内过渡至纯 OA 期刊。

根据大规模的利益相关方的反馈建议，2019 年 5 月 31 日，cOAlition S 发布《开放获取 S 计划的修订实施指南》，重点关注早期职业研究人员的诉求，通过制定监测框架并推出权利保留政策对 S 计划的相关政策进行调整，如将生效时间调整为 2021 年 1 月 1 日，变革性协议的支持时间延长到 2024 年 12 月 31 日，允许学术论文在订阅期刊上发表，但必须将同行评议最终版本和发表的最终版本存储至开放获取知识库中，允许有更多时间实现完全、即时的开放获取，并取消期刊支付的出版费用上限等。S 计划实施指南初版与修订版的内容对比详见表 1-3。cOAlition S 陆续发布了相关的措施，推进 S 计划的进行。

表 1-3　S 计划实施指南初版与修订版对比

初版	修订版
生效日期 2020 年 1 月 1 日	生效日期 2021 年 1 月 1 日
规定文章处理费应标准化并控制上限	未限定文章处理费上限，但要求成本透明
期刊出版物使用知识共享许可协议	通用知识共享许可协议 4.0，允许某些文章使用创作共用版权
未提及学术评价	根据研究工作内在价值评估，而非期刊评估
混合开放获取期刊不符合 S 计划	为已确定转换时间的混合开放获取期刊提供 3 年过渡期，在 2024 年 12 月 31 日前实现完全开放获取的期刊，资助者可为转换期刊提供财政资助
未提及中小型出版社	制订"变革性协议模型合同"，帮助学会及中小型出版社实现转换

来源：PLAN S. Principles and Implementation [EB/OL]. [2024-05-07]. https://www.coalition-s.org/addendum-to-the-coalition-s-guidance-on-the-implementation-of-plan-s/principles-and-implementation/.

（三）监测

2020年7月10日，cOAlition S发布《S计划对科学共同体影响的监控框架》，重点追踪、监测S计划的现有政策对科学共同体的积极和消极影响，尤其是对科研工作者的影响。随后，cOAlition S相继发布《权利保留政策》（Rights Retention Strategy）、《探索钻石开放获取》（Diamond Open Access）等政策。

1. 《S计划对科学共同体影响的监控框架》

该监控框架从就业评估与期刊选择、成本与资源、资助者、学术出版、传播方式、研究活动6个角度设置监测点和监测指标进行分析，构建一套规范、标准化的监测体系，通过重点环节的数据来监测S计划对科学共同体的影响，以便了解S计划的实施效果，及时修正cOAlition S在实施过程中的负面影响。

2. 《权利保留政策》

2020年7月15日，cOAlition S发布的《权利保留政策》，使受资助的研究人员能够在自己选择的期刊（包括订阅期刊）上发表文章，使其发表的学术成果符合S计划的规定。实际上，在《权利保留政策》未发布之前，出版商要求作者签署独家出版协议，协议限制作者根据自身的需求选择研究成果是否开放获取的权利。目前，cOAlition S正在组织一系列网络研讨会，受众群体是出版商和期刊编辑，重点介绍《权利保留政策》的实施。《权利保留政策》将为研究人员提供在大多数其他刊物发表符合S计划要求的新方式。

为进一步促进对开放获取期刊的识别和开放存取基础平台的支持，S计划与开放获取期刊目录（Directory of Open Access Journals，DOAJ）、开放获取存储库目录（Directory of Open Access Repositories，OpenDOAR）及开放获取知识库联盟（Confederation of Open Access Repositories，COAR）展开合作。

《开放获取S计划的修订实施指南》创建的"白名单"有助于规避"掠夺性期刊"问题。2020年6月17日，cOAlition S对COAR的16个知识库的软件平台进行调研。S计划要求知识库的互联网可检索程度高、从资助者角度检测学术成果的开放获取合规性。

（四）许可

版权共享协议是S计划实施落地的核心。cOAlition S建议使用知识共享许可证，默认情况下要求使用知识共享—署名4.0协议，通用知识共享许可协议，而知识共享—署名—相同方式共享协议和版权共享协议是可接受的替代方案，创作共用版权仅在作者明确要求其资助者提出申请，并证明其申请合理且该申请得到资助者批准的情况下才能分配。

科研论文需在知识共享协议许可下实现即时的开放获取，不得以任何形式对科研论文的获取进行限制，S计划建议所有学术出版物使用知识共享许可协议，在默认情况下需要知识共享署名4.0许可证才能获取相关科研论文。此外，S计划成员将通过拨款协议和（或）合同来监督科研论文开放获取的合规性，并制裁违规行为。

（五）标准

S计划将建立公平合理的文章处理费标准，包括公平的豁免政策、质量保证、编辑和出版过程成本及出版物增值费用等，但同时强调基于科学与透明的测算和收费标准。此外，国家、机构与出版商应签订开放获取转换协议，学会期刊和中小出版社需要签订"转换模型协议"，并且需在2024年12月31日前完成到完全开放获取的转换，此过渡期间可获得财政资助。

四、政策进展

各出版商对修订后的S计划表示支持。《柳叶刀》接受S计划修订版指南对旗下混合型期刊提出的出版建议，即在出版时以AAM或正式出版文本的形式提供出版物的开放获取。爱思唯尔（Elsevier）支持S计划修订指南，并且在2021年前为作者提供爱思唯尔出版指南，帮助作者在爱思唯尔期刊上发表符合S计划标准的论文。由cOAlition S联盟推出的S计划受到了出版商、学者、政府和科研机构的重视。数据显示，截至2021年3月共有255个已登记的转换协议。

德国科学组织联盟（Alliance of German Science Organizations）设立专门的项目或计划，负责与三大学术期刊商业出版商（Wiley、Springer Nature和Elsevier）进行谈判，谈判的目标包括：为德国机构的作者提供立即开放获取所有新文章的机会，确保永久全文访问出版商的完整期刊组合，并为出版商的服务制定公平合理的价格。英国由Jisc Collections负责与出版商进行谈判，谈判的主要目标包括：协议必须减少和限制成本；必须是过渡性的；必须有助于遵守出资人的授权；必须透明；OA内容必须是可发现的，协议必须支持作者和管理员在服务和工作流程方面的改进；与S计划的原则及OA 2020全球倡议的目标保持一致。

2019年5月31日，欧洲15国政府和4个基金会把S计划实施的起始时间从原定的2020年推迟到2021年，这就是"宗旨不变、时间推延"的S计划新政，其目的是争取在开放获取的最终目标和期刊出版商的利益之间取得一个平衡。S计划新政还提出了将包括一切旨在将出版费用由订阅性质转换为开放获取性质的变革协议的支持时间延长到2024年。

2020年7月20日，欧洲研究理事会宣布将撤回对开放获取S计划的支持，其重要的原因是S计划不支持混合期刊模式，这为S计划的实施和开展带来重大打击。但总体来看S计划依然在持续推进，作为科研资助机构发起的开放获取运动，S计划已经在欧洲取得了重要的成就。

第二节 欧洲开放科学云

一、政策任务

欧洲开放科学云（European Open Science Cloud，EOSC）是2016年欧盟委员会提出的一个为适应科学研究的数字基础设施，是一个联合欧洲现有科学数据基础设施打造的开放的、标准化的虚拟生态数据平台，能够为170万名欧洲科研人员及7000万名不同领域的研究人员提供跨国界、跨领域的科研数据存储、共享、管理、分析与再利用服务。

EOSC的政策任务有3个：一是增加科学数据资产的价值，让更多的研究人员能够跨学科和边界进行数据共享；二是降低科学数据管理的成本；三是确保根据适用的欧盟规则对个人信息数据进行保护。

随着科技的进步和信息化发展，科学逐步变为了数据驱动的科学，这不可避免地导致全球数据种类和数量急剧增加，如何对数据进行储存管理以便实现对数据的最大化利用成了一个亟待解决的问题。

2012年《释放欧洲云计算的潜力》中提出云计算的优势，并要改革数据保护法案，进行云计算的标准化和启动欧洲云伙伴关系，为欧洲云计算奠定基础。在《高性能计算：欧洲在全球竞赛中的地位》一文中要求进一步发展欧洲高性能计算（High Performance Computing，HPC）基础设施，汇集各成员国对HPC的投资，以加强欧洲工业和学术界在使用开发制造和技术方面的地位。两年后，欧洲国家意识到他们已经错过了网络2.0发展的最佳时机，在科学2.0的背景下，为了抓住机遇，欧盟委员会组织和发布了很多研讨会和倡议，其中《迈向繁荣的数据驱动型经济》中提到，为了能够抓住机遇在数据经济中进行全球竞争，必须广泛分析、使用和发展其公共数据资源和研究数据基础设施，如数据集存在的分布、开放还是受限、是否为需要特殊保护的个人数据，这些都给底层基础设施带来了新的挑战，所以数据分析需要一个支持数据流动和HPC的平台进行操作。这一构想为之后建立EOSC提供了构建蓝图。

2015年欧盟委员会题为《欧洲数字单一市场战略》的文章中提到了大数据、云服务和物联网是欧盟竞争力的核心，这些都是不分国界的。为了打破欧盟国家之间的竞争法、电信监管、数据保护立法等方面的孤岛，更好地发挥欧盟的竞争力，要消除一系列技术和立法障碍，如成员国要求将数据存放在其领地内；缺乏开放与可互操作的系统和系统间、国境间数据的流动方案。这一战略构想为将来EOSC的建立提供了框架上的基础，也逐渐建立起了各成员国之间的信任，成为了EOSC发展的战略基础。

在科学数据共享和数据驱动型科学成为新趋势的背景下，2016年欧盟委员会在

《欧洲云计划——在欧洲建立有竞争力的数据和知识经济》一文中提出建立欧洲云计划（European Cloud Initiative），其目的是联合欧洲现有的研究数据基础设施，实现 FAIR 数据和相关科学服务的网络，使研究数据可互操作，并且机器可操作，遵循 FAIR 指导原则。

两年后，欧盟成员国的部长们在布鲁塞尔的竞争力理事会举行会议，确认了《欧洲开放科学云实施路线图》中提出的路线对推进 EOSC 实施的必要性。理事会的这些结论和实施路线图为随后 EOSC 的发展奠定了基础。同年 11 月欧盟委员会在维也纳大学正式启动了 EOSC，EOSC 执行委员会、EOSC 理事会及 EOSC 利益相关者论坛相继成立，构成了 EOSC 临时的治理模式，为 EOSC 运行提供了治理层面的支持。

二、政策治理

为支持 EOSC 的建设，欧盟委员会通过"地平线 2020"计划对 EOSC 提供资金支持。从 2018 年 11 月开始，EOSC 的治理依赖于 3 个组成机构间的相互作用，即一个多层次的临时治理结构。其中，EOSC 委员会（EOSC Board）成员主要来自欧盟国家与"地平线 2020"相关国家，负责召集成员国与欧盟委员会，以确保对 EOSC 的实施进行有效监督，其职责还包括批准执行委员会成员名单，确定 EOSC 的战略方向和年度工作计划，探讨新的支撑行动等；执行委员会（Executive Board）主要管理 EOSC 的日常运作、采购商设计和规划与工作相关的未来发展；利益相关者论坛（Stakeholders Forum）主要通过一系列利益相关者（EOSC 的用户、提供者和中介机构）的磋商，收集意见和建议，从而获得更广泛的参与者，同时也负责将科学用户团体、科研机构、科研基础设施与信息化基础设施及特定的欧盟机构聚集到一起。

欧盟国家及与"地平线 2020"相关的国家，在 EOSC 治理委员会代表的一致同意下，从 2021 年起将 EOSC 作为"地平线欧洲"下共同规划的欧洲伙伴关系来运行。2020 年 7 月，EOSC 协会成立，并代表更广泛的 EOSC 利益相关者，开始推动 EOSC 的下一阶段实施，并迅速扩大其成员规模。EOSC 协会自成立以来共有 241 个加盟机构（包括成员和观察员）加入，成员为来自欧盟成员国或联系国的组织或机构，除此之外都为观察员。其中，主要参加组织为欧洲国家的大学、不同领域的国家或民间研究中心、出版社、基金会等，涉及医疗与健康、自然科学、工程技术科学、人文科学、社会科学、农业科学等领域，覆盖范围广。2021 年，EOSC 的治理模式发生了变化：由欧盟委员会所代表的欧盟、以 EOSC 协会为代表的欧洲研究界、以 2021 年成立的 EOSC 指导委员会（EOSC Steering Board）为代表的参加国三方共同治理。

三、政策工具

EOSC 的政策工具主要包括社区、规则、服务和项目资助。

（一）社区

文章《EOSC联盟核心治理和可持续性》中提到EOSC主要由技术、人力、政策和资源等核心要素组成，以支撑、监督和规范整个EOSC的日常运行。EOSC的核心要素支持用户社区服务，即对EOSC共享的资源和服务进行协调和管理，同时提供必要的专业知识支持，以满足EOSC用户社区复杂的数据需求。具体功能包括：一是EOSC门户，用户可以通过EOSC门户访问不同机构、国家和地区提供的基础设施服务，使他们能够在分布式计算环境中处理和分析数据，从而获得各个领域的EOSC服务和资源；二是EOSC支持服务，包括培训、能力中心和知识库；三是EOSC身份验证和授权基础架构（Authentication and Authorization Infrastructure，AAI）；四是EOSC数据传输服务；五是EOSC监控；六是EOSC会计；七是EOSC配置管理数据库；八是协作软件；九是操作门户；十是EOSC安全政策和安全协调功能。

（二）规则

EOSC建立明确的规则，包括参与EOSC的规则、互操作性框架、服务管理系统、基础设施提供者和用户参与EOSC的政策和流程。这些规则结合起来构成了EOSC的"监管层"。

EOSC互操作性框架主要包括4个层面：第一，技术互操作性，指不同的科技系统和软件应用程序进行数据交换的能力。主要为不在操作人员的干预下，两个系统对彼此的数据进行交换和执行指定任务的能力，重点为数据交换的完全自动化。主要分为两个部分，一是基础设施的互操作性，二是应用程序的互操作性。第二，语义互操作性，指计算机系统以明确的、共享的意义传输数据的能力。当传输的信息被接受的系统正确解读，语义互操作性就实现了。第三，组织互操作性，指组织协调其业务流程、责任和期望的方式，以实现共同商定和互利的目标。例如，拥有基础设施的机构需要额外的工作来注册他们的产品为开放科学支持产品，并且提供元数据等。第四，法律互操作性，主要体现在以下几个方面：一是不同的数据集的限制不同，导致不同的数据集无法进行组合，缺乏数据协议的互通性；二是不同地区的数据涉及的监管和政策限制不同。所以需要在国家层面上统一EOSC互操作性框架所采取的建议。

（三）服务

共享资源服务包括科学产出的资源（数据的本地副本、应用程序、软件等）存储，计算托管平台需要存放、共享和处理它们。共享资源实现了EOSC的"资源层"。

EOSC共享资源需要的条件为：一是高带宽网络连接，高性能访问提供存储和计算资源的EOSC数据托管节点；二是AAI，架构工作的目的是为EOSC建立一个通用的身份和访问控制基础设施的全球生态系统。AAI具体要解决的是认证和授权基础设施问题。而AAI服务是指支持对资源进行身份验证和授权访问的服务。

AAI服务需要将用户体验放在首位，提供培训开放科学人才能力和技能的参考材料、目录、面向机构与其他EOSC利益相关者的开放科学政策和实践建议、代码存储库、永久标识符（Persistent Identifier，PID）服务，以及基于 AAI 的研究人员个性化工作区等。

EOSC 工作组发布了 PID 策略用来确保 FAIR 准则，它是全局唯一的、持久的和可解析的：第一，PID 应该有一个可以遵循的统一语法，一个数据集只能拥有一个 PID；第二，PID 强调所指物的绝对固定，如不论时间或系统版本如何改变，科学研究的数据集都不应该改变，以确保它的可重现性，它帮助 EOSC 长期稳定地运行；第三，不论是人类或机器访问 PID，都应是可解析的。

2018 年 3 月通过的 EOSC 实施路线图描述了 6 条行动路线：①架构——联合现有的碎片化、互操作性不足的科研数据基础设施；②数据——采取通用数据语言，确保依据 FAIR 原则进行跨境/跨学科的数据管理；③服务——提供满足用户多样化需求的广泛服务；④访问与接口——提供一种简单的方式来处理开放数据和访问跨学科科研数据；⑤规则——遵循现有法律和技术框架并提升法律确定性和信任度；⑥治理——建立新的治理框架，确保欧洲在数据驱动型科学领域处于领先地位。

（四）项目资助

借由"地平线 2020"计划欧盟委员会最早资助的 EOSC 项目有 3 个：即 EOSCpilot，EOSC-hub 和 eInfraCentral。EOSCpilot 定位为 EOSC 第一阶段，通过各利益相关方的参与合作，提出了早期 EOSC 治理框架与运作模式，并不断给出政策建议。EOSC-hub 项目的 100 名合作伙伴来自 53 个国家，共 19 个研究中心，汇集了多家服务提供商来创建一个中心，成功扮演了集成服务商的角色，管理着来自许多服务提供商的服务，与 EOSC 的需求和供应方面进行接触，为欧洲科研人员与创新者发现、访问、使用和再利用广泛的资源，并开展先进数据驱动型研究提供了一个联络点。eInfraCentral 则是欧洲信息化基础设施服务与资源标准化目录，便于用户更轻松地发现和访问相关服务与资源，也便于服务提供商根据科研人员的期望提供服务，是欧洲电子基础设施服务和资源目录。对用户来说，这种标准化的注册表可以更轻松地发现和访问服务和资源。对服务提供商来说，这种以质量为导向的注册表可以发布它们的服务，以满足研究人员的期望。

除此之外，随着 EOSC 不断发展，逐渐形成了很多旗下的子项目，如 EOSC-synergy 通过协调一致地利用国家公共资助的数字基础设施的经验和资源，扩大 EOSC 的能力。它弥合了国家举措与 EOSC 之间的差距，并在强大的人力网络和先进的培训工具的基础上，通过向欧洲开放国家专题服务，发展新的能力，并扩大采用。该项目合作伙伴包括以下欧盟国家：捷克共和国、法国、德国、荷兰、波兰、葡萄牙、斯洛伐克、西班牙和英国。EOSC-Life 是一个由 13 个分布式研究基础设施和共计 47 个合作伙伴组成的联盟，共有 14 个国家的 64 个合作组织，其信息管理系统在 23 个国家设有国家节点，连接广泛的学科基础，并将国家研究设施和专家中心联系起来。该项目旨在为生物和医学研究创造一个开放、数字化和协作的空间，建立了临床研究元数据储存库和 SARS-COV-2 生物活性数据集等多个数据库。EOSC-pillar 旨在协调奥地利、比利时、法国、德国和意大利关于开放研究数据的国家开放科学计划。该项目的目标是评估和协调成员国的开放科学政策，促进国际倡议的一致性，以帮助 EOSC 的实施。

到目前为止，EOSC 框架下的项目主要涉及天文、海洋、人文社科、健康医疗、农业、物理、气象等多个学科领域，主要内容涉及这些领域数据基础设施的协调、数据管理与处理方案、数据传输原则等方面，为开放科学的传播与发展做出了巨大贡献。

四、政策评价

2017 年 6 月欧盟委员会成立欧洲开放科学云高级专家组，次年 EOSC 开展 EOSC-pilot项目，为欧洲开放科学政策及 EOSC 治理框架提出了宝贵的意见，这些宝贵的意见为 EOSC 的发展打下了坚实的基础。

EOSC 注重国家不同地区的互操作性。如前所述，EOSC 互操作性框架包括技术互操作性、语义互操作性、组织互操作性及法律互操作性 4 个层面。在技术互操作性方面，针对不同地区、机构及不同团体开发的科技系统与软件，找到融合解决方案，使它们实现跨系统对接，使数据交换畅通无阻。在语义互操作性方面，统一科学数据相关专业术语，形成全国统一标准，有助于不同基础设施之间的数据交换。在组织互操作性方面，制定一套组织沟通之间的规则，确定组织之间共同商定原则等。在法律互操作性方面，统一数据协议，并制定出一套在不同地区数据监管限制政策下能相互实施的政策体系。

EOSC 规范了用户和数据集。EOSC 在管理数据政策方面提出了 AAI 和 PID，分别用于确定用户身份认证服务和确保数据集的全局唯一性、持久性和可解析性。AAI 和 PID 就好比居民身份证，它可以确定用户和数据集的身份，如用户是来自哪个机构，数据集是由哪个基础设施产生并上传的。有了这两个身份牌就能更好地管理科学平台上的用户和数据集。

2020 年出版的《EOSC 执行委员会的工作报告》中的调查报告显示，欧盟应答的国家中，大多数（61%）的成员国和关联国家有关于开放获取学术出版物的政策，但只有 34% 的国家有关于 FAIR 数据的政策。25.53%（12 个）的国家没有提及 EOSC 相关政策，而 38.30%（18 名）的受访者计划将其纳入未来的政策中。有 3 个国家（保加利亚、丹麦和罗马尼亚）在其资助标准中提及 EOSC，一半的国家没有为 EOSC 相关工作提供资金或制定标准，10 个国家计划纳入 EOSC 的资助或资助标准。超过一半的国家已经提名开放科学联络点（25 个，占 53.19%）和 EOSC 联络点（20 个，占 42.55%）。

通过这些数据不难看出，很多欧盟国家开始加入到 EOSC 及其资助的一系列项目中，通过 EOSC 这一载体，欧盟开放科学的政策已经逐渐被欧洲的政府、科学研究机构及科研人员所接受。

第三节 德国国家研究基础设施建设项目

一、政策任务

2017年4月，德国科学信息基础设施委员会发布《关于加入国家研究数据基础设施的目标和先决条件的讨论文件》，建议创建旨在连接、增强和补充现有基础设施的国家研究数据基础设施项目，可以实现系统地管理科研数据，长期提供公共资助研究的数据库，并使数据库易于查找和访问，以及制定和建立数据管理标准，保证数据在国内外均可公开获得，这也是德国国家研究基础设施建设项目的政策任务。

德国在开放数据的实践中，不仅建设了数据基础设施保障数据使用——如德国联邦教育及研究部建立科学数据中心以增强数据处理能力，还发布了一系列政策来规范数据的访问和维护、元数据的交换及数据使用过程中的署名等问题。

二、政策工具

德国国家研究基础设施建设项目中使用的政策工具主要是数据中心与数据计划。

（一）数据中心

1. 科学数据能力中心

科研人员数据的采集、处理、存档及共享能力直接影响开放数据的进程。为推进科学数据应用，2022年6月，德国联邦教育及研究部（Bundesministerium für Bildung und Forschung，BMBF）资助建立了科学数据能力中心，让科学家线上进行数据的合作和跨学科分析，以及开发新的数据科学方法。在科学数据能力中心的帮助下，将促进研究数据使用的变革，并推动数据创新。通过这种方式，数据技能将更高效地引入德国研究领域。科学数据能力中心作为联邦政府数据战略和BMBF研究数据行动计划的一部分，将进一步促进科研人员数据共享，增强学术界科学数据处理能力。

2. 地球科学数据中心

除科学数据能力中心之外，德国还建立多个分学科数据中心如地球科学数据中心、德国电子同步加速器中心等，推进本领域的数据共享开放。

人员构成与组织分工是德国数据中心建设的关键，在机构与用户之间发挥桥梁作用。德国地球科学数据中心（Geo Forschungs Zentrum，GFZ）职责分工清晰，不断完善自身组织架构。GFZ主要包括董事会、科学委员会、执行委员会和行政等部门。组织架构如图1-2所示，其中董事会是执行机构，负责相关项目的所有事项和决定；执行董事会负责就与数据中心的发展、管理和其他有关的事项向董事会提供建议；科学顾问委员会负责向董事会和执行董事会提供建议，包括涉及GFZ研发工作的战略和规划、成果的利用、与国家和国际机构的合作以及任命事项；各部门负责相关领域项目进展规划等情况。

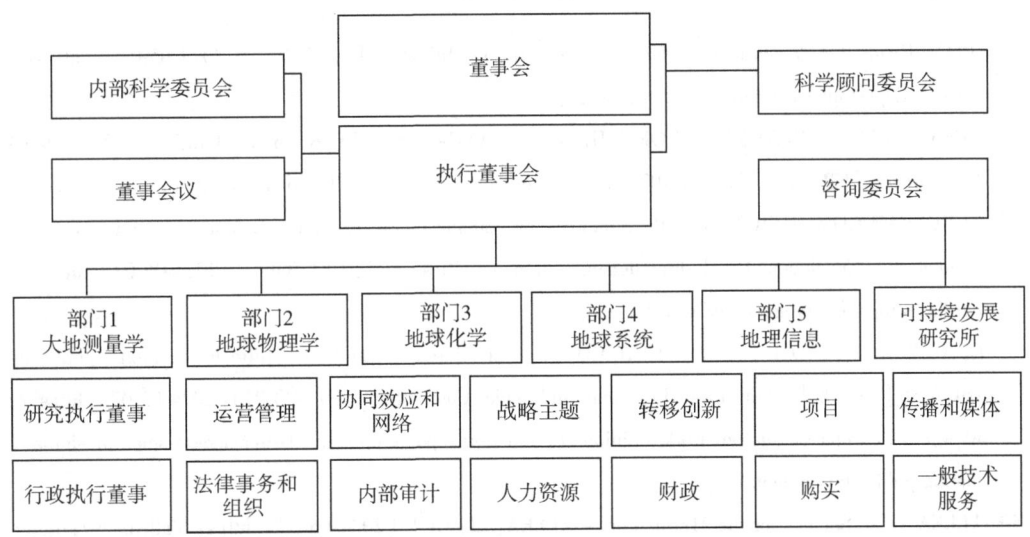

图1-2　德国地球科学数据中心组织架构图

来源：BMI. Open-Data-Strategieder Bundesregierung[EB/OL].[2023-03-05]. https://www.bmi.bund.de/DE/themen/moderne-verwaltung/open-government/open-data/open-data-node.html.

（二）数据计划

德国为推动政府向公民开放数据，增加政府透明度，制定了《德国执行G8开放数据宪章的国家行动计划》，以挖掘政务数据潜力、激励社会创新活力、提高公共服务成效、增强社会和经济价值。同时，将开放数据作为政府的义务和国策，上升为"塑造德国未来"的高度。目前，为了合理合法、充分利用新技术推动开放数据，德国已颁布了系列法律，包括《联邦数据保护法案》、联邦版权法、联邦中央登记法、信息扩展应用法案，还有空间数据存取法、环境信息法、消费者信息法、《信息自由法》和开放式数据法案（Open-Data-Gesetz）等。另外，还针对有关数字空间数据访问入口和联邦、各州空间数据的采集、储存制定了一系列法律法规。

三、政策评价

德国依托国家研究数据基础设施项目，通过制定政策支持科研数据的系统管理，使其能够被查找和访问，并制定数据管理标准以支持数据公开获取。德国科学数据能力中心的建设，促进数据的合理使用与创新，更好地发挥数据支持研究的作用；德国建立地球科学数据中心促进了数据共享开放。目前，德国地球科学数据中心建设体系较完善，地球科学领域数据中心的建设数量为109个。《德国执行G8开放数据宪章的国家行动计划》的发布和落实明确了开放数据"塑造德国未来"的作用，并通过立法等方式支持开放数据的高效利用。

参考文献

[1] BOAI. Read the Declaration-Budapest Open Access Initiative[EB/OL].[2024-05-07]. https://www.budapestopenaccessinitiative.org/read/.

[2] OPEN ACCESS - INITIVATIVES OF THE MAX PLANCK SOCIETY. Berlin Declaration | Max Planck Open Access[EB/OL].[2024-05-07]. https://openaccess.mpg.de/Berlin-Declaration.

[3] EUROPEAN COMMISSION. Seventh framework programme of the European Community for research and technological development including demonstration activities (FP7)[EB/OL].[2024-05-07]. https://cordis.europa.eu/programme/id/FP7.

[4] EUROPEAN ECONOMIC AND SOCIAL COMMITTEE. Better access to scientific information - public investment[EB/OL]//European Economic and Social Committee.(2017-08-01)[2024-05-07]. https://www.eesc.europa.eu/en/our-work/opinions-information-reports/opinions/better-access-scientific-information-public-investment.

[5] ALLEA. Open Science for the 21st century - ALLEA[EB/OL].[2024-05-07]. https://allea.org/portfolio-item/open-science-for-the-21st-century/.

[6] EUROPEAN COMMISSION. The RECODE project recommendations for Open Access to Research Data are now available | Shaping Europe's digital future[EB/OL].(2015-06-17)[2024-05-07]. https://digital-strategy.ec.europa.eu/en/news/recode-project-recommendations-open-access-research-data-are-now-available.

[7] EUROPEAN COMMISSION. Horizon 2020 - European Commission[EB/OL].[2024-05-07]. https://research-and-innovation.ec.europa.eu/funding/funding-opportunities/funding-programmes-and-open-calls/horizon-2020_en.

[8] TSOUKALA V, ANGELAKI M, KALAITZI V, et al. Policy guidelines for open access and data dissemination and preservation[R/OL]. Zenodo, 2015[2024-05-07]. https://zenodo.org/records/1297497. DOI:10.5281/zenodo.1297497.

[9] EU MONITOR. Directorate-General Research & Innovation (RTD) - EU monitor[EB/OL].[2024-05-07]. https://www.eumonitor.eu/9353000/1/j9vvik7m1c3gyxp/vg9ibeitf3yw.

[10] EOSC HUB. EOSC-hub key exploitable results[EB/OL].[2024-05-07]. https://www.eosc-hub.eu/.

[11] PLAN S. What is cOAlition S?[EB/OL].[2024-05-07]. https://www.coalition-s.org/about/.

[12] 崔丽媛,刘春丽. 开放获取S计划演进历程、动因及对我国的启示[J]. 图书情报工作,2021,65(4):102-110.

[13] PLAN S. Plan S rights retention strategy[EB/OL].[2024-05-07]. https://www.coalition-s.org/rights-retention-strategy/.

[14] EUROPEAN COMMISSION, DIRECTORATE-GENERAL FOR RESEARCH AND INNOVATION[EB/OL].[2024-05-07]. https://commission.europa.eu/about-european-commission/departments-and-executive-ageucies/research-and-innovation-en.

[15] EUROPEAN COMMISSION MEMO. Unleashing the potential of cloud computing in Europe - What is it

and what does it mean for me? [EB/OL]. [2023-12-07]. https://ec.europa.eu/commission/presscorner/api/files/document/print/en/memo_12_713/MEMO_12_713_EN.pdf.

[16] EUROPEAN COMMISSION. High-performance computing: Europe's place in a global race[EB/OL]. [2023-10-11]. https://eur-lex.europa.eu/LexUriServ/LexUriServ.do?uri=COM:2012:0045:FIN:EN:PDF.

[17] EUROPEAN COMMISSION. Towards a modern, more European copyright framework: Commission takes first steps and sets out its vision to make it happen[EB/OL]. [2023-10-11]. https://digital-strategy.ec.europa.eu/en/news/towards-modern-more-european-copyright-framework-commission-takes-first-steps-and-sets-out-its.

[18] THINK TANK. European Parliament, a digital single market strategy for Europe[EB/OL]. [2023-11-01]. https://www.europarl.europa.eu/thinktank/en/document/EPRS_BRI(2015)568325.

[19] COMMISSION E. European Cloud Initiative-building a competitive data and knowledge economy in Europe[EB/OL]. [2023-11-08]. https://eur-lex.europa.eu/legal-content/EN/TXT/PDF/?uri=CELEX:52016DC0178.

[20] EUROPEAN COMMISSION. Implementation Roadmap for the European Open Science Cloud[EB/OL]. [2023-11-08]. https://research-and-innovation.ec.europa.eu/news/all-research-and-innovation-news/implementation-roadmap-european-open-science-cloud-2018-03-14_en.

[21] EUROPEAN COMMISSION. Briefing Paper – EOSC Federating Core Governance and Sustainability [EB/OL]. [2023-11-08]. https://www.eosc-hub.eu/sites/default/files/EOSC-hub%20Briefing%20Paper%20-%20EOSC%20Federating%20Core%20Governance%20and%20Sustainability%20Public.pdf.

[22] EUROPEAN COMMISSION. Persistent Identifier (PID) policy for the European Open Science Cloud (EOSC) [EB/OL]. [2024-05-07]. https://op.europa.eu/en/publication-detail/-/publication/35c5ca10-1417-11eb-b58e-o1aa75ed7/a//language-en.

[23] EOSCPILOT. About EOSCpilot[EB/OL]. [2023-11-09]. https://eoscpilot.eu/.

[24] EOSC-HUB. EOSC-hub key exploitable results[EB/OL]. [2023-11-09]. https://eosc-hub.eu/.

[25] EINFRA CENTRAL. European E-Infrastructure Services Gateway[EB/OL]. [2023-11-12]. http://einfracentral.eu/.

[26] EOSC SYNERGY. About EOSC synergy[EB/OL]. [2023-09-16]. https://www.eosc-synergy.eu/.

[27] EOSC-LIFE. What is EOSC-Life? [EB/OL]. [2023-11-08]. https://www.eosc-life.eu/.

[28] EOSC-PILLAR. EOSC-pillar final report-building an EOSC from national contributions [EB/OL]. [2023-08-25]. https://www.eosc-pillar.eu/.

[29] EUROPEAN COMMISSION. Innovation, landscape of EOSC-related infrastructures and initiatives: report form the EOSC executive board working group (WG) landscape[EB/OL]. [2024-05-09]. https://op.europa.ea/em/publication-detail/-/publication/cbb40bf3-fbfb-aaea-991b-o/aa75ed7/a/.g.

[30] BMI. Open-Data-Strategieder Bundesregierung[EB/OL]. [2023-03-05]. https://www.bmi.bund.de/DE/themen/moderne-verwaltung/open-government/open-data/open-data-node.html.

[31] 唐素琴, 曹婉迪. 对我国科学数据权属界定的若干思考[J]. 科技与法律(中英文), 2023(2):

32-41.
[32] 刘敬仪,江洪,廖宇.德国地球科学领域科学数据中心调查与启示[J].数字图书馆论坛,2019,15(12):52-58.
[33] 齐法制,陈刚,程耀东.建立权责明晰且能力健全的科学数据开放共享机制——以高能物理领域为例[J].中国科学基金,2019,33(3):229-236.

第二章 开放科学的科研诚信

全球范围内科技创新的竞合加速和开放科学的推进,使科研环境进一步复杂化。科研诚信是科学研究的基石,对于营造良好的科研环境,促进各国和地区的科学研究意义重大。本章以欧盟科研诚信标准操作程序项目、德国科研诚信的准则和规则、《英国维护科研诚信协约》和日本科研诚信推进室为例,说明开放科学的科研诚信的具体实践。

第一节 欧盟科研诚信标准操作程序项目

一、政策任务

科研诚信标准操作程序(Standard Operating Procedures for Research Integrity,SOPs4RI)项目是由欧洲的"地平线2020"计划资助的,由来自欧洲10个不同国家的13个合作伙伴提供专业知识和见解、欧盟委员会进行资助的为期4年(2019—2022)的多国合作伙伴项目。SOPs4RI的政策任务是在欧洲科研诚信行为准则的原则和框架下,促进和加强科研诚信文化。总体目标是创建一个免费且易于使用的在线工具箱,其中包含高质量的研究诚信标准操作程序和指南,用以帮助科研组织(Research Performing Organisations,RPOs)和资助组织(Research Funding Organisations,RFOs)制订科研诚信促进计划(Research Integrity Promotion Plan,RIPPs),以培养科研诚信文化并减少科研不端行为。

欧洲科学院联盟(ALL European Academies Federation,ALLEA)和欧盟委员会为提高科研活动的质量,在征集各方意见的基础上于2017年递交了《欧洲科研诚信行为准则》(European Code of Conduct for Research Integrity)。与旧准则相比,新准则考虑到了开放科学的需要、明确了相关机构的责任并在内容上更加简明。为了使新准则在各成员国能够广泛推行,同时发挥出预期的效果,"地平线2020"计划资助了SOPs4RI项目。

二、政策治理

SOPs4RI的政策主体是欧盟委员会与来自10个不同国家的13个合作伙伴(表2-1),

欧盟委员会为项目提供资助，13个合作伙伴组成的大会是最终决策机构。SOPs4RI的政策对象为科研组织和资助组织，为其科研诚信建设提供可操作的指导。

表2-1 SOPs4RI合作伙伴

合作组织	国家	英文名称
奥胡斯大学	丹麦	Aarhus University（AU）
阿姆斯特丹大学医学中心	荷兰	StichtingVUmc（VUmc）
斯普利特大学医学院	克罗地亚	University of Split School of Medicine（MEFST）
埃塞克斯大学	英国	University of Essex（UoEx）
奥地利科研诚信机构	奥地利	The Austrian Agency for Research Integrity（OeAWI）
雅典国立技术大学	希腊	National Technical University of Athens（NTUA）
莱顿大学	荷兰	Leiden University（CWTS）
健康研究委员会	爱尔兰	Health Research Board（HRB）
鲁汶大学	比利时	Katholieke Universiteit Leuven（KUL）
伦敦经济和社会科学学院	英国	London School of Economics and Social Science（LSE）
欧洲研究管理人员和行政人员协会	比利时	European Association of Research Managers and Administrators（EARMA）
特伦托大学	意大利	University of Trento（UoT）
华沙大学	波兰	University of Warsaw（UoW）

来源：Research-Integrity-and-Quality-Assurance-Plan［EB/OL］.（2022-8-31）［2022-09-12］. https://sops4ri. eu/deliverables/.

为保证项目的正常运行，协调合作伙伴的工作，SOPs4RI制定并实施了由所有项目合作伙伴批准并签署的联盟协议（Consortium Agreement，CA），在这份协议中明确了项目合作伙伴之间的工作组织、项目的管理及合作伙伴的权利和义务。

如图2-1所示，整个项目的组织结构包括以下机构。

大会（The General Assembly）是项目的最终决策机构。为保证产出高质量的研究成果，研究流程需要的要素类似于工业产品产出过程中的要素：良好的原材料，相关的工具或机械及适当的质量控制。13个合作伙伴组成的联盟不仅为SOPs4RI提供了专业的知识和见解，并且通过一系列会议对项目每个阶段产出的成果是否合格做出决策。

执行委员会（The Executive Board）负责监督项目的执行，同时向大会报告并向大会负责。协调员（Coordinator）作为法人实体，起到咨询委员会、欧盟委员会和资助机构之间的中介人的角色，并执行协议中所分配的任务。

欧盟委员会（European Commission）负责对各小组成员进行委任，并推动项目成果

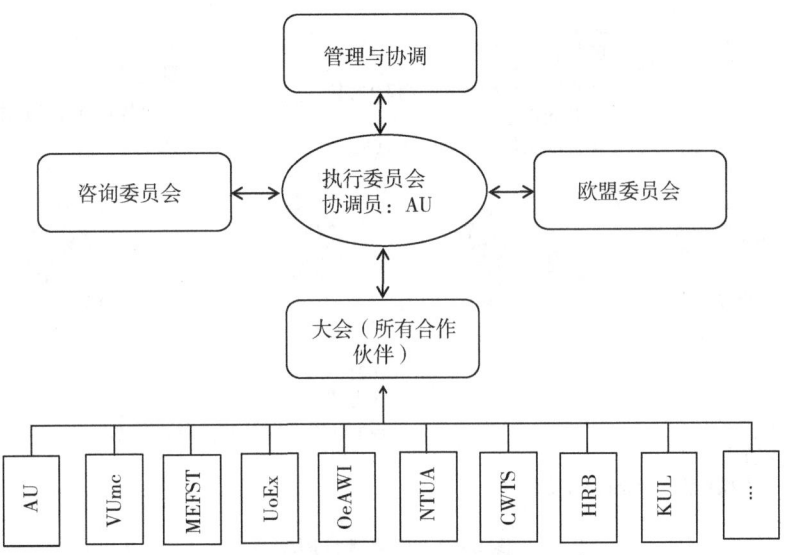

图 2-1　SOPs4RI 的组织结构

来源：Research-Integrity-and-Quality-Assurance-Plan[EB/OL].(2022-8-31)[2022-09-12]. https://sops4ri.eu/deliverables/.

在欧盟各成员国中的传播和推广。同时，协调公立和私立的资助机构和专业组织为项目提供资金和专业知识。

咨询委员会（The Advisory Board）仅具有顾问角色，没有决策权。为了进一步帮助 SOPs4RI 生产高质量的成果，需要借助国际咨询委员会的专业知识和经验。因此，SOPs4RI 项目团队在科研诚信领域挑选了 7 位具备制定标准操作程序和准则方面专业知识的专家组成了咨询委员会。

三、政策工具

欧盟科研诚信标准操作程序的政策工具是项目。整个 SOPs4RI 项目基于混合方法和共同创造的方法进行研究并经过 4 个周期的迭代（图 2-2），最终形成可靠的研究成果。第一周期于 2019 年进行，通过撰写文献综述、德尔菲调查法与专家访谈产出了标准操作程序和指南的最初版本；第二周期开始于 2020 年，通过焦点小组研究与共同创造研究产出了第二版与第三版标准操作程序和指南；2022 年，通过中间阶段试验进行进一步调整，产出了标准操作程序和指南的最终版本。

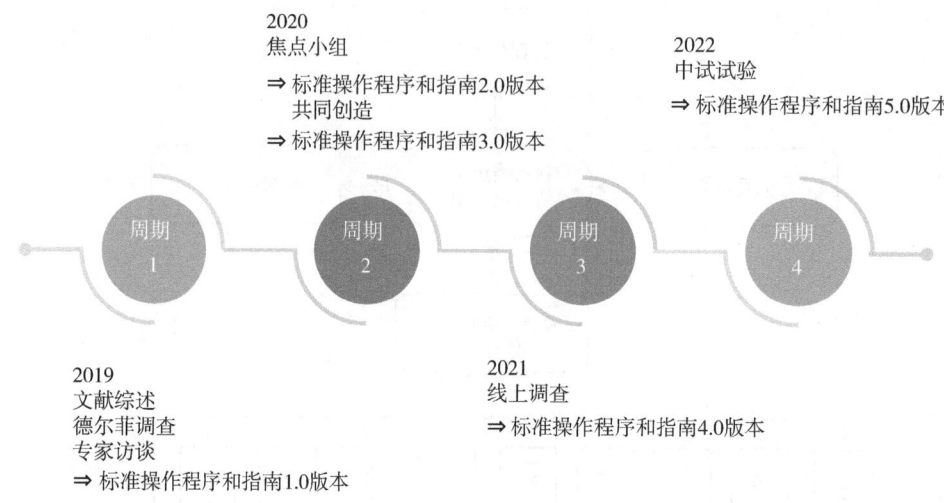

图2-2 项目运行周期

来源：根据 Detailed-protocol-on-how-the-pilot-tests-will-be-carried-out-and-how-the-results-will-be-analysed（2022）自制。

（一）周期1

为了能够开发一个工具箱来支持科研组织和资助组织在科研诚信文化方面的建设及预防、审查和处理组织内部的科研不端行为，首先需要明确科研诚信建设当中最重要的主题是什么。在第一周期，SOPs4RI团队专家组通过范围审查、专家访谈和德尔菲法达成这一目的。

在整个项目的起点，SOPs4RI团队希望能够对科研诚信的相关资料进行全面检索来编写文献综述，而这个检索的前提是需要进行两次范围审查以确定科研组织和资助组织中促进科研诚信的最佳实践及影响这些实践的因素。同时，为了保证研究的科学性和严谨性，SOPs4RI研究团队遵循了乔安娜·布里格斯研究所（Joanna Briggs Institute，JBI）审查手册中发表的范围审查方法和指导方针。

第一次范围审查主要针对的问题是科研组织和资助组织在促进科研诚信和避免不端行为的过程中进行了哪些实践。检索的文献来自同行评审的出版物和灰色文献，团队以《欧洲科研诚信行为准则》中的术语和定义作为基础，与图书馆员合作设计检索策略并选择了不同的数据库进行检索。最终通过检索获得了33 000份左右的文档，在去重后得到了近27 000份文档。为了能够提取到标准的可供分析的数据，由两名研究人员对27 000份文献进行筛选，并先由专业人员对其中少部分数据做前期的尝试，以达成筛选标准的共识。得到可供分析的数据后研究团队从不同的维度对获取的文献进行分析，一个维度是它们的来源、学科领域及所属组织；另一个维度是这些文件中提到的科研诚信实践的类型。例如，这些做法所针对的准则、标准程序和目标群体。

第二次范围审查和第一次相比，整个研究的设计和流程基本相同，唯一的不同在于第二次范围审查主要关注的问题是影响实施科研诚信政策的因素。同时，研究团队需要把两次范围审查从执行搜索到获取文献再到最终分析的过程，以 PRISMA 流程图的形式呈现，直观地表示整个过程，以便读者可以评估结果的有效性。

为了进一步确定文献综述的内容，项目团队使用了专家访谈法。整个访谈的主要目的是了解科研组织和资助组织中科研诚信的实施情况及在实践过程中对科研诚信产生积极或消极影响的具体因素，所以在进行访谈时，访谈的问题是半结构化的，并且问题可以随时更新。因为接受访谈的专家经历过严格的挑选，所以其意见有非常重要的作用，整个采访过程都会以录音的形式记录下来。最终会将语音全部转录并使用定性分析软件 NVivo 和主题分析方法进行分析。

为了确定 SOPs4RI 项目的工具箱中应纳入的主题，SOPs4RI 的研究团队采用了德尔菲法开展共识研究。正式进行德尔菲法调查的第一步是招募相关的小组成员，项目团队招募的成员必须是来自不同学科的科研组织或资助组织中的研究科研诚信或伦理道德的政策专家，这是因为其认为不同背景的专家能保证研究视角的全面性。之后，根据检索到的标准操作程序和准则文件、小组成员的专业知识及之前范围审查收集到的数据制作一份主题列表呈现给专家。

传统的德尔菲法有四个阶段。首先，研究团队会招募一个专家小组，各专家之间会保持匿名，然后由研究团队设计调查表并将其发送给专家小组。在每两轮调查之间会向专家提供上一轮结果的反馈，最终得到一个相对趋同的结果。

SOPs4RI 团队为了达到研究目的，对传统的德尔菲法的流程做出了一定程度的修改（图 2-3）。这项调查一共进行了三轮，对科研诚信计划应包括哪些主题达成了共识。在第一轮调查中，将设计好的主题列表发送给专家。同时，要求专家们评估每个主题的重要性，并回答选择该主题的理由。除此之外，专家们还可以提出新的问题，以弥补在创建初个列表时漏掉的主题或问题。在主题重要性方面，评分为 10 分，1~3 分表示不同意，4~6 分表示中立，7~10 分表示同意。如果 7~10 分的占比达到 67%，就认为达成共识。在分析了第一次调查的回答后，研究团队在大多数主题上已经获得了共识。第二轮调查则要求专家对主题的重要性进行排名。在第三轮中，探索了专家排名的理由。同时在每个排名之间，为专家提供了上一轮结果的摘要，并为他们提供了添加其他

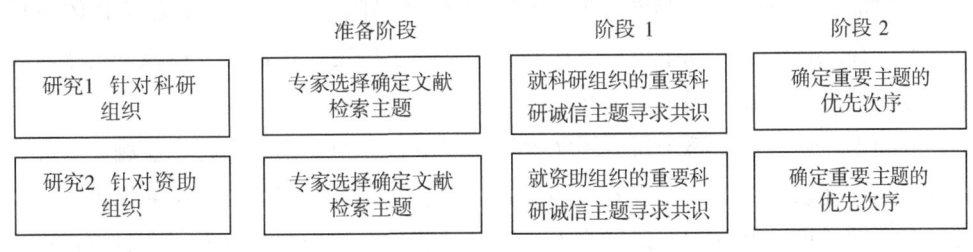

图 2-3 德尔菲法流程

来源：根据 Protocol-for-the-literature-review-the-expert-interviews-and-the-Delphi-procedure（2022）修改。

评论或发表评论的机会。最后对获得的数据进行分析得出结论。

（二）周期 2

在第二周期，SOPs4RI 研究团队通过焦点小组和共同创造研讨会设计了标准操作程序和指南的 2.0 和 3.0 版本。在来自不同欧洲国家的众多科研人员的帮助下，描绘了一幅针对特定学科的需求图，同时推出了工具箱的第一个在线版本。之后，组织了多场共同创造研讨会来完善科研诚信实践的框架。

为了了解科研组织和资助组织对科研诚信的看法及科研诚信在不同学科领域实践方面遭遇了哪些相同或不同的挑战，SOPs4RI 研究团队设计了一次焦点小组研究，在 8 个欧洲国家和所有主要研究领域（包括人文科学、社会科学、自然科学、医学等）进行了 32 次焦点小组访谈。其中一半的访谈专注于大学和其他科研组织可以做些什么来支持研究人员，另一半专注于资助组织可以做些什么。

焦点小组研究开始前，团队首先为工作流程制定了路线图，主要包括具体任务、截止日期和负责人的姓名。然后开始对焦点小组研究进行详细的设计。首先，根据希望从焦点小组研究中得到什么来定义研究问题，确定研究的参与者，并为其写邀请函；之后，开始设计访谈，包括主持人的问题及其在访谈中的排序，以便能够比较对主要研究领域中不同科研诚信主题重要性的看法。同时，还为受采访的参与者编写了隐私政策，让其在采访前签署同意书。

由于焦点小组访谈在 8 个不同的国家进行，这样的情况使焦点小组数据的收集变得极具挑战。因此，研究团队认为使用对国家和地方条件背景相对熟悉且具有洞察力的主持人对于指导个人焦点小组的讨论至关重要。同时为了能够更有效地分析数据，该团队为主持人开发了一个非常详细和结构化的研究过程脚本和主持人指南，增强结果的可验证性。在取得访问数据后根据通用指南在匿名情况下转录所有访谈，以提高准确性和可靠性。随后，借助 NVivo 对所有转录的访谈进行编码，以进行数据管理分析和报告，最终识别主要研究领域和不同背景下科研诚信实践的差异和相似之处。

共同创造是一种新兴的定性研究方法，起源于营销和设计技术领域。与其他制定政策指导的方法（如正式和非正式的共识方法）相比，共同创造具备一些特殊的优势。例如，通过使用开放式方法，让更多的利益相关者能够在开发与某个特定主题相关的想法方面尽可能地发挥作用。当然，共同创造也存在局限性。它并不适合项目的具体表述。因此，在共同创造研究结束后，指南并不会完全确定，仍需要一些额外的手段来使指南和建议的表述更加精确和格式化。

在共同创造研究中，整个研究团队都通过以下程序组织指南的每个主题。首先，将现有的文献和建议转换成图像或短文的形式。然后，把这些寄给前两个共同创造研讨会的参与者。在前两个共同创作研讨会上，研究团队将专注于创建内容。在讨论过后，通过分析数据制定指南的初稿。然后把初稿发送给优化指南的参与者，进行两个探讨会后得到指南的最终版本。受到新冠疫情的影响，之后研讨会采取了线上形式。虽然参会者无法面对面交流，但优点是可以邀请来自世界各地的参与者，能够更有效地进行共同创作工作。

（三）周期 3

为了能够将该工具箱顺利推广，第三周期 SOPs4RI 研究团队在欧盟成员国及经济合作与发展组织（OECD）的部分国家进行了一场大规模的在线调查。

首先，研究团队希望可以从欧洲各地及选定的经合组织国家的研究人员那里收集到关于工具箱第三个版本可行性和有效性的信息。具体来说包括工具箱中的内容是否有缺漏；各国家/组织和学科之间的差异；分析成本收益，并确定实施的潜在障碍。

整个调查会在线上进行，并使用 Qualtrics 进行问卷调查。问卷开始时问题的设计将会引导参与者触发几个包含特定领域问题的调查分支，例如，与统计方法有关的问题将只询问参与定量分析的研究人员。所有调查问题与工具箱的制作在不同阶段经由合作伙伴协商制定，之后会经过更多团队中的专家进行审查，最终形成一份草案并对其进行正式的测试。

需要注意的是，在选择测试访谈的样本量时，研究团队注意到，随着样本量的增加，访谈能够持续发现新的和独特的问题。然而，这需要与继续增加样本量的成本相权衡，因为使用小的样本量可以发现很高比例的高影响问题，而且随着样本量的增加，所有的问题并不太可能被穷尽。经过考量，研究团队确认了 4 个研究领域的 8 个参与者作为样本，并在测试后，在选定的国家进行试点。

（四）周期 4

试点阶段 SOPs4RI 专家团队使用在项目前三个周期中所开发的工具，在不同的科研组织和资助组织（一般包括私人和公共的基金会及高校、研究院）进行试点。整个试点期包含 3 个阶段：在前期设计和规划阶段，主要是评估组织需求和试点机构的期望，为机构量身定制科研诚信促进计划做出前期准备；第二阶段则主要包括 3 个元素，实施指南、内容导览和内容帮助台，以及自我评估。在实施指南中研究团队负责建立一个框架，同时也为科研组织和资助组织就如何建立科研诚信促进计划及如何使用工具箱中的工具和资源提供具体建议。内容导览和内容帮助台帮助项目成员和试点机构之间建立对话，并让各机构参与项目主题的制定。自我评估是在专家指导下将那些为科研组织和资助组织开发的一般主题转化为科研诚信促进计划。在最后一阶段，项目成员和专家共同针对每个机构的需求量身定制科研诚信促进计划，并测试使用这些工具（标准操作程序和指南）的难易程度，还有其成本和收益，以对工具箱最后一个版本的内容做最终微调。

四、政策进展

SOPs4RI 提供了一个在线、可自由访问且易于使用的"工具箱"，这个工具箱分别针对执行组织和资助组织制定了可供相关人员借鉴和使用的工具。针对执行组织，制定了研究环境、研究伦理结构、研究合作、监督与指导、处理违反研究诚信的行为、利益声明、科研诚信培训、数据管理、出版与交流9个主题的114个工具；针对公共和私人资助机构，制定了申请人应遵守的研究诚信标准、评估拨款申请的标准和程序、监测供资赠款、对研究执行组织的期望、利益声明冲突、处理内部违反研究诚信的行为6个主题的25个工具。

该工具箱的上线成为"地平线欧洲"计划的重要参考文件之一，在欧洲得到了广泛的使用和影响。例如，丹麦Report.dk发布文章称该工具箱为没有或很少实施科研诚信政策的机构提供了可借鉴的模板，而对已经有所动作的研究机构则可以从中找到灵感以进一步制定科研诚信政策。埃塞克斯大学（University of Essex）社会学系公众理解科学和研究诚信的专家尼克·阿勒姆（Nick Allum）教授通过领导国际研究诚信调查（IRIS）发现，与美国相比欧洲对科研诚信培训和相关政策的研究更薄弱，在SOPs4RI项目推出并被人们了解后，科研诚信培训得到了欧洲研究人员的广泛支持。

第二节 德国科研诚信的准则和规则

一、政策任务

随着科技创新的竞争加剧及科研环境的变化，科技监管在促进国家科学基础研究方面的地位和作用越来越重要，因此，世界各国高度重视科研诚信建设。德国的科研诚信建设开始于20世纪90年代，虽然起步相对较晚，但现已建立起相对完善的科研诚信体系。在德国，政府并不直接参与到科研诚信的监管中，而是由德国科学基金会（Deutsche Forschungsgemeinschaft，DFG）开展自治和监督。

为了提高德国的科研诚信水平，1998年，DFG出版了白皮书《保护良好科学实践》，并把科研诚信确立为研究和教学的一部分，也为德国学术界治理学术不端行为提供了重要依据。到2018年，由于数字化转型及出版机构、科研机构在结构和合作形式等方面的新发展，学术不端行为多样化与复杂化加剧，治理难度随之不断提升，DFG执行董事会投票决定修订新的白皮书来应对这些变化。新的守则为德国科研诚信建设提供了一个框架以保障公众对研究工作的信心，同时确保制定政策和准则以保护投诉人，尽可能促进无罪推定原则。2019年8月，DFG发布了新版《维护良好科学实践的行为准则》（以下简称《准则》），用于替代1998年版的白皮书，并制定了与之配套的《处理学术不端行为的程序规则》（以下简称《规则》），两者共同构成了DFG应对学术不端的政策体系，其政策任务是防止和惩戒学术不端行为，提高本国的科研诚信水平。《准则》注重事前预防，对良好科学实践的行为予以明确；《规则》侧重事后惩戒，对学术不端行为的处理程序进行了说明。德国所有的大学和科研机构申请得到资助的前提是满足 DFG 新版准则及其配套规则。

二、政策治理

德国科研诚信建设的政策主体为德国科学基金会（DFG）。DFG 是德国国家科学研究资助机构，致力于促进大学和非大学研究机构最高质量的研究，在维护德国科研诚信方面发挥着重要作用。

德国科研诚信建设的政策对象为大学、科研机构及其负责人，研究团队负责人，研究人员等。德国所有的大学和科研机构只有在保证遵守《准则》及《规则》的前提下，才能申请 DFG 的资助。

三、政策工具

《准则》与《规则》是 DFG 科研诚信体系建设的政策工具。前者阐明了良好科研实践的原则和标准流程，侧重"源头治理"与"事前预防"；后者制订了对学术不端行为的处理程序，侧重"诚信监督"与"事后惩戒"。

（一）良好科学实践的基本原则

按照《准则》的定义，良好科学实践的基本原则和工作标准包括按照科研规范工作并记录结果、对科研结果保持自我怀疑等。高校和科研机构必须参照该准则制定适用于本机构的良好科学实践准则，并将制定的准则报 DFG 科研诚信办公室审查确认，然后才可以组织实施。

《准则》分为六条一般原则和十一条涵盖整个研究过程关键环节的准则。守则的最后还提出了两条准则，规定了处理科研不端行为的程序。

1. 一般原则

准则 1　对一般原则的承诺。高等院校和非高等院校的研究机构在其成员的参与下，共同制定了良好研究行为的准则，确保其员工了解这些准则和相关政策法规，并要求其员工在适当考虑相关学科领域的研究类型的情况下遵守这些准则和政策法规。同时，研究人员个人有责任确保自己的行为符合良好研究行为标准。

准则 2　职业道德。研究人员有责任将研究的基本价值观和规范付诸实践，并倡导这些价值观和规范。在学术教学和研究培训的最初阶段，就应开展良好研究原则的教育。各个层次的研究人员都应定期学习有关良好研究实践标准的知识。

准则 3　研究机构负责人的组织责任。高等院校和非高等院校研究机构的负责人创建了研究的基本框架，负责制定和推广行为规范，并为所有研究人员提供适当的职业规划方面的指导。

准则 4　研究团队负责人的责任。研究团队的负责人对整个团队负责。团队内部的协作设计应确保整个小组能够完成任务，实现必要的合作与协调，保证所有成员都了解自己的角色、权利和义务。

准则5　绩效指标和评估标准。评估研究人员的绩效需要采用多维方法，除学术和科研成就外，还要考虑其他方面。绩效评估主要以定性指标为基础，定量指标在适当区分和斟酌后才能纳入总体评估。

准则6　监察员。高等院校和非高等院校研究机构至少任命一名独立监察员，可以为其成员和雇员解答与良好研究实践有关的问题，也可以在涉嫌不端行为的情况下向监察员求助。这些机构应确保成员了解本机构的监察员是谁。同时，每位监察员都必须有指定的替代人员，以防出现利益冲突问题或监察员无法履行职责的情况。

2. 科研过程中关键环节的准则

准则7　跨阶段质量保证。研究人员对研究过程的每一个步骤，在公开发表研究成果（狭义上是指出版，广义上是指通过其他交流渠道）和开发新方法时，必须解释所使用的质量保证机制。

准则8　利益相关者、责任和作用。参与研究项目的研究人员和研究辅助人员必须在项目的每个阶段明确自己的责任和作用。

准则9　研究设计。研究人员在规划项目时应了解当前的研究状况。为了确定相关和合适的研究问题，他们要熟悉公共领域的现有研究。高等院校和非高等院校研究机构需要为此建立必要的基本框架。

准则10　法律和道德框架、使用权。研究人员应以负责任的态度对待宪法所保障的研究自由，遵守权利和义务，特别是法律要求和与第三方签订的合同所规定的权利和义务。关于研究项目，应详细评估研究的潜在后果，并对伦理问题进行评估。

准则11　方法和标准。为了解答科研问题，研究人员应使用科学合理的方法。在开发和应用新方法时，应特别重视保证质量和建立标准。

准则12　文档。研究人员应按照相关学科领域的要求，清晰地记录与产生研究成果有关的所有信息，包括不支持研究假设的个别结果，以便对成果进行审查和评估。如果有针对具体学科的审查和评估建议，研究人员应根据这些指导原则编写文件。如果文件不能满足这些要求，则应明确说明限制条件及其原因。

准则13　向公众提供研究成果。通常情况下，研究人员会将所有成果中的一部分公开发表。不过，在特殊情况下，研究人员可能会选择不公开成果，但这一决定不得依赖第三方。研究人员在适当考虑相关学科领域惯例的情况下，自主决定是否、如何及在何处传播其成果。如果决定在公共领域提供成果，研究人员应清楚、完整地描述成果。在合理的情况下，要提供基础的研究数据、材料和信息，以及所使用的方法和软件，并充分说明整个工作过程。研究人员应将自己编程的软件连同源代码一并公开。

准则14　作者。作者是指对研究出版物的文本、数据或软件内容做出真实、可识别贡献的个人。除非另有明确说明，对于所有作者都同意发表的最终版本，他们将共同承担出版责任。作者应尽可能确保出版商或基础设施提供商能够识别其贡献，以便用户能够正确引用。

准则 15　出版媒介。作者应慎重选择出版媒介，要充分考虑其质量和在相关领域的知名度。担任编辑的研究人员也要慎重选择在何处开展这项活动。应牢记稿件的质量并不取决于发表的媒介。

准则 16　审查过程的保密性和中立性。评估所提交稿件、资助提案或个人资格的研究人员有义务对审查过程严格保密，但他们必须披露所有可能导致利益冲突的事实。

准则 17　归档。归档文件包括研究人员根据相关学科领域的标准，以适当的方式备份公开发表的研究数据和成果，以及这些数据和成果所依据的核心材料和使用的研究软件，并将其保留适当的时间。如果有正当理由不将特定数据归档，研究人员应予以解释。高等院校和非高等院校研究机构要确保建立必要的基础设施，以便进行归档。

3. 处理科研不端行为的规范和程序

准则 18　投诉人和被投诉人。高等院校和非高等院校研究机构负责审查不端行为指控的机构（通常是监察员和调查委员会）会采取适当措施，保护投诉人和被投诉人。对科研不端行为指控的调查必须严格保密，并坚持无罪推定原则。投诉人披露的信息必须是善意的，且披露的信息不得对投诉人或答辩人的研究或职业前景造成不利影响，蓄意虚假或恶意指控会被认为不当行为。

准则 19　涉嫌研究不端行为案件的处理程序。高等院校和非高等院校研究机构制定处理科研不端行为指控的程序时，应在相关法律依据的基础上制定条例。条例应规定构成不端行为的情况、程序规则及指控成立时应采取的措施。

（二）学术不端行为的处理程序

1. 学术不端行为的界定

DFG 在配套规则定义了两类人群的学术不端行为及惩戒措施，一类是项目申请人/负责人和项目成员，另一类是参与项目评审的领域专家及组织相关评审活动的 DFG 工作人员。

该规则对学术不端行为的界定归为四类：①造假：包括伪造、篡改研究数据和结果，对研究图表进行虚构及在项目申请过程中做出与研究有关的不实陈述。②剽窃：包括不正当地使用他人研究成果、抄袭他人学术观点、自我剽窃、利用评审身份将评审过程中获得的信息或数据透露给他人或供自己使用。③学术侵权：包括以各种形式侵犯他人的署名权、数据权，以及蓄意干扰、破坏他人研究活动。④隐瞒利益冲突：在项目评审活动中，专家未按 DFG 的要求说明潜在利益冲突，未尽到自己在合理监督、预防或阻止学术不端行为中的职责，或故意参与他人蓄意不当行为。

2. 处理程序

遵守良好科学实践的规则是科学值得信赖的基础。因此，DFG 以其职责范围为基础制定了一个处理疑似学术不端行为案件的程序。

在申请阶段，由自然人（研究人员）或机构通过 DFG 门户网站提交提案，并签署名字。在这份文件中，签署人会承诺遵守良好科学实践的原则义务，并承认处理科学不端行为的程序规则（VerfOwF）所具有的约束力。

根据 DFG 的程序规则，DFG 对科研不端行为的认定分为两个阶段，包括由办公室进行的非正式初步审查程序和由调查科研不端行为指控的委员会进行审议的正式程序。在全部的审查程序中，DFG 对涉嫌科研不端行为的审判需要坚持公平和保密的原则，并明确考虑无罪推定原则（图 2-4）。

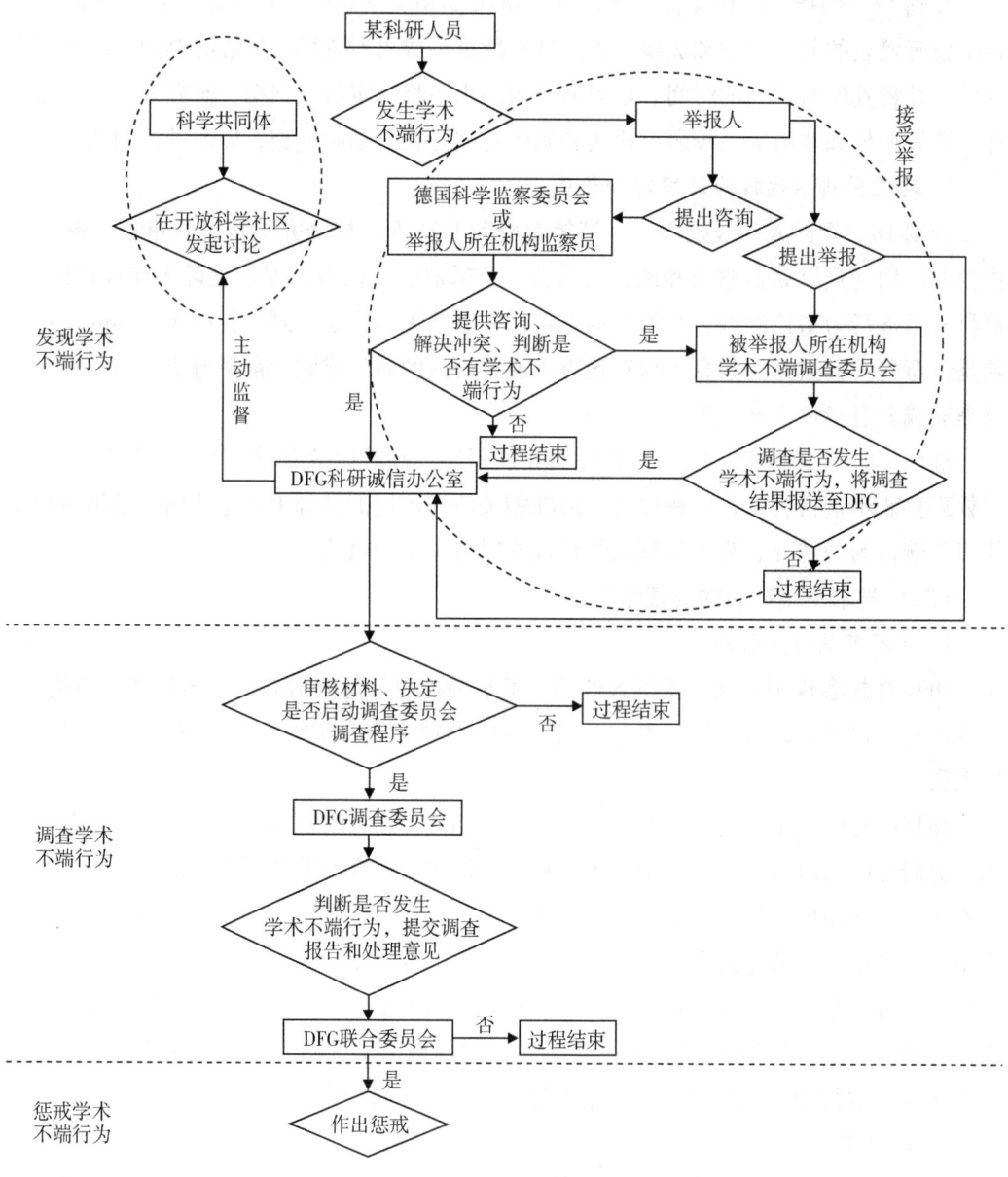

图 2-4 DFG 审查程序

来源：毛一名，冯永庆，李铭禄，等. 德国科学基金会应对学术不端行为的措施及其启示[J]. 世界科技研究与发展，2022，44（02）：275-281.

（1）初步审查

在此阶段，收到科研人员或机构对于科研不端行为的举报，会立即通知科研诚信委员会，由其安排相应的工作人员进行初步审查。审查期间涉嫌不端行为的个人有机会主动说明其有罪的事实和证据。在此期间，不能透露举报人的个人信息。

调查结束后，负责初步审查的工作人员将判断对被举报人科研不端行为的怀疑是否合理，决定是否终止程序。如果确定了较轻的科研不端行为，并且相关人员对澄清问题做出了重大贡献，则可以以不重要为由终止诉讼。

终止决定应首先通知举报人。如果举报人不同意终止审查程序，则有权在两周内向DFG秘书处提出上诉，但只能以新的证据为基础。然后，由科研诚信办公室审查该决定。如果不考虑终止诉讼，则由初步审查程序转入科研不端行为指控调查委员会负责的正式调查程序。

（2）正式的调查

由8名成员组成的科研不端行为指控调查委员会负责正式调查。8位成员分别代表人文社会科学、自然科学、生命科学和工程科学领域，由联合委员会选举产生，任期4年，且可以连任。调查委员会由DFG秘书长主持。秘书长没有投票权，如秘书长无法出席，应由一名有资格担任司法职务的部门负责人代表出席。在个别情况下，调查委员会可从所评估的科研事项领域任命最多两名无表决权的专家，以获取咨询意见。

在正式调查期间，科研不端行为指控调查委员会以不公开的方式进行审议。审议过程中，给予被指控从事科研不端行为的科学家以适当方式提出意见的机会。应其要求，听取其口头阐述，可请其信任的人作为顾问，这也适用于其他被征求意见的人。委员会应自由评估证据，以确定是否存在科研不端行为，并采取相应的措施。如果委员会多数人员认为其不当行为已得到充分证实，需要采取行动，则委员会应将调查结果连同决定提案提交主委员会。否则，诉讼程序应终止。

根据对被举报人的调查结果及其行为的性质和严重性，DFG联合委员会将采取书面谴责、取消申请资格、撤回资助、勘误及取消评审员担任资格1~8年等一项或多项措施进行惩戒。

四、政策进展

自2019年8月1日起，所有大学和非大学研究机构必须以具有法律约束力的方式实施19项准则，才能有资格获得DFG的资助，不执行准则的机构没有资格获得供资。2020年12月10日，德文版"研究诚信"门户网站上线，英文版于2021年7月上线。该网站刊登了《准则》及其解释，此外还有新增加的内容，包括与一般事项和具体主题领域有关的评注、案例研究、常见问题摘要、法律框架和其他标准的参考资料、相关的发展基金声明和外部来源的参考资料。门户用户可使用各种检索和访问模式。该网站将对联盟成员组织和学术界其他主题的进一步贡献进行汇编、完善和不断调整，以反映研究实践的变化。

第三节 《英国维护科研诚信协约》

一、政策任务

2012年英国研究理事会等部门和单位签署的《英国维护科研诚信协约》〔又称为《英国科研诚信协约》，以下简称《协约》（2012）〕发布，是英国关于科研诚信的国家政策声明，也是英国科研诚信领域的基本协议。《协约》的政策任务是提供一个国家层面的关于良好科研行为及其治理的综合性框架，使政府部门、公众和国际社会确信英国的科学研究始终坚持严谨与诚信方面的最高标准。其具体任务是：①更好地协调现有的科研诚信建设工作；②更有效地促进英国科研诚信建设情况的交流；③鼓励有关部门和机构担负起责任，使其制度更加透明；④激发人们反思目前的相关实践，找出可改进之处。而2019年的《英国科研诚信协约》〔《协约》（2019）〕则进一步阐明了对研究人员、科研机构和资助机构的要求，确保研究坚持最高标准的严谨性和完整性。该协议是对英国科研诚信框架的补充指南，不会取代现有用于管理研究实践的法定监管标准、特定学科的指导规范或资助机构的资助条件。

二、政策治理

科研诚信是一个必须不断重新审视的问题，以确保其原则被广泛理解和接受。因此，在英国科研诚信办公室（UK Research Integrity Office，UKRIO）专家的协助下，英国癌症研究中心、北爱尔兰经济部、威尔士高等教育基金管理委员会、英国国立卫生研究院、苏格兰基金委员会、英国大学联盟、英国研究与创新中心、惠康基金会、英国国家学术院、GuildHE 10个部门和机构共同签署了新修订版的《协约》（2019），于2019年10月25日发布。最新的《协约》（2019）是对科学技术委员会2018年所提出建议的回应，成为英国科研诚信领域最新的指导纲领，且《协约》（2019）将每5年进行一次定期审查，确保该协定仍然符合目的。

《协约》（2019）规定了从事研究的人必须做出的五项承诺，以确保研究活动严格遵守最高的诚信标准。协定的签署方承诺：第一，在研究的各个方面坚持最高标准的严谨性和完整性；第二，确保根据恰当的道德法律、专业框架、义务和标准进行研究；第三，支持以诚信文化为基础，立足于良好治理、最佳实践和支持研究人员发展的研究环境；第四，使用透明、及时、稳健和公平的流程来处理科研不端行为的指控；第五，共同努力加强研究的完整性，并定期公开审查进展。这些关键承诺适用于研究人员、科研机构和资助机构，遵守承诺是包括英国研究与创新中心在内的许多研究资助机构提供赠款的条件。

三、政策工具

《协约》（2019）运用的主要政策工具包括追究问责机制、定期审查机制、保密的举报机制、明确的主体权责机制。

（一）追究问责机制

相比 2012 年版，2019 年版的《协约》更加重视及时性、问责制及各主体责任，在名词定义与语言表述上也有新变化。《协约》（2019）在科研诚信的核心要素中增加了"问责"的条款，建立违反《协议》的追究问责机制。资助机构、科研机构和研究人员必须共同创造一个研究环境，在这个环境中个人和组织有权且能够掌握研究的全过程。研究人员的行为未达到协议规定的标准时，需要追究个人和组织的责任。此外，为确保公开性和问责制，《协约》（2019）的签署方将共同制定一份关于科研诚信的年度叙述性声明，该声明将基于协定签署方的意见由协约秘书处编写。

为了实现在研究的各个方面坚持最高标准的严谨性和完整性，应确保沟通透明和公开，关心和尊重所有研究对象与参与者，保证研究记录的完整性，建立违反《协议》（2019）的追究问责机制。研究人员必须了解与他们的研究相关的预期标准，保证在研究中始终保持最高标准的严谨性和完整性；科研机构需要维持一个能够确保开展良好研究实践并融入科研诚信文化的研究环境，支持研究人员理解并按照预期标准、价值观和行为行事。当研究人员遇到困难时为他们辩护，证明他们按照最佳实践标准进行研究。除此之外，科研机构还需要维护科研诚信体系，使用透明、稳健和公平的程序来调查涉嫌研究不端的行为。资助机构需要明确声明他们对研究人员及科研机构在专业和诚信方面的要求，在制定政策和流程时充分考虑科研诚信，将《协约》（2019）内容与其资助条件挂钩。

同时，任何研究都应受一系列伦理、法律、专业框架、义务和标准的约束。规范研究实践的框架与道德问题会随着时间而改变，新的法律义务和专业标准也在不断引入，问责机制也应随之更新，并确保各方充分了解适用于其工作的框架、标准和义务等内容。

（二）定期审查机制

为了将科研诚信的文化融入研究环境，各签署方需要支持以诚信文化、良好治理、最佳实践和支持研究人员发展为基础的研究环境。这需要合适的环境，需要大学、科研机构、资助机构、专业代表性机构及具有监管作用的个人组织共同努力。科研机构及所有从事、支持或以其他方式参与研究的人应共同维持"鼓励良好实践"的文化。一个有助于开展良好研究实践并融入诚信文化的研究环境具有明确的标准，这些标准会随着时间的推移而发展完善。因此，科研机构应建立定期审查研究实践和文化的机制，以确保实践仍然适合目的。

在定期审查机制中，审查标准应明确研究人员需要掌握的工作框架、标准和义务的最新信息，参与维护"鼓励科研诚信"的研究环境，将诚信和道德实践贯穿研究方法设计、具体研究和成果报告的全过程。

与此同时，科研机构应明确一个融入科研诚信文化的研究环境有哪些特征，并将这些特征嵌入到它们自己的系统、流程和实践中，反映公认的最佳实践，在研究环境中实施《协约》（2019），并参加定期审查，证明其已履行《协约》（2019）中的要求。此外，科研机构还要为研究人员和学生提供培训和发展的机会，指定一名高级职员来监督科研诚信的履行情况；确保人员信息实时更新并在机构的网站上公布，确定机构内负责对外解答科研诚信问题的联系人，并将其最新联系方式在机构网站上公开。

资助机构则应促进《协约》（2019）在研究界内的推广，通过政策和计划支持《协约》（2019）的实施。在其组织内确定负责监督科研诚信的高级职员，并确保相关信息在组织的网站上公布；在组织内确定科研诚信的指定联系人，确保此人的联系方式随时更新并在官网公开。研究资助机构还应考虑他们的政策和流程是否会阻碍积极研究文化的融入，并与科研机构和人员合作，将诚信文化融入研究界，将《协约》（2019）与资助条件挂钩。

一个有助于开展良好研究实践并嵌入科研诚信文化的研究环境必须具有以下特征：拥有支持研究人员的明确政策、实践和程序；提供研究伦理和科研诚信方面的培训；提供适当的学习、培训和指导机会，以支持研究人员在整个职业生涯中的技能发展；建立健全的管理体系，以确保与研究、科研诚信和研究人员行为相关的政策得到实施；研究人员充分了解自身应遵循的标准和行为；拥有可早期识别潜在问题的系统；拥有向需要帮助的研究人员提供支持的机制；拥有提出科研诚信问题的明确流程。通过建设符合上述标准的研究环境，有助于达到研究的最高标准。

（三）保密的举报机制

《协约》（2012）强调"使用透明、可靠和公平的流程来处理出现的科研不端行为指控"，《协约》（2019）在此基础上增加了"及时"的要求，强调处理科研不端案件需要更加注重即时性和时效性。科研机构必须建立健全透明和公平的程序及时快速地处理不端行为的指控，采取合理措施解决调查期间发现的任何问题，提高应对科研不端案件的反应速度。当科研不端行为报告给资助机构时，资助机构应及时采取资助制裁或强制性改进等惩罚措施。在处理科研不端行为的指控时，《协约》（2019）要求使用透明、及时、可靠和公平的流程。科研不端行为不符合道德、研究和学术标准，会浪费资源、破坏研究记录并损害研究的可信度。《协约》陈述了"编造""伪造""剽窃""未能履行（法律、道德和职业义务）""虚假陈述"5个科研不端行为的定义。必须通过恰当的程序有效且公平地处理对科研不端行为的指控。用人单位对其聘用的研究人员负有关照义务，需要对各方权益进行适当保护。

无论是提出指控还是被要求参与调查，研究人员都必须认真对待科研不端行为的指控，并采取合理的措施，确保调查小组提出的建议得到落实，以适当的方式处理潜在的科研不端行为；研究人员需要根据情况向科研机构、资助机构、专业和/或法定和监管机构报告不端行为，并采取相应行动处理利益冲突。

科研机构必须有明确且保密的举报机制，并建立健全、透明和公平的程序处理指控，包括招募除正式调查小组以外的独立外部成员协助调查、明确上诉渠道和途径。科研机构应确保所有研究人员和其他工作人员都知晓举报的联系方式和流程，在不损害举报人利益的情况下采取行动，包括采取合理措施维护他们的声誉，避免不当使用保密协议等法律文书；采取合理措施解决调查期间发现的任何问题；采取合理措施保护被免责的个人的名誉；根据资助条件和其他法律法规、专业要求等规定，向资助机构、专业和/或法定机构提供有关科研不端行为调查的信息；在研究人员被要求向专业和/或法定机构报告时，帮助其提供恰当的信息；指定联系人或合适的第三方作为举报人的保密联络人。

资助机构应发布"科研不端行为构成"的明确声明，确保被资助者了解举报和调查科研不端行为的要求，并将这些要求进行公开说明；资助机构对所有指控保密并遵守有关数据管理的数据保护法；当被资助者的科研不端行为报告给资助机构时，资助机构应采取适当的惩罚措施，最严重的情况包括资助制裁或强制性改进。

（四）明确的主体权责机制

针对科学技术委员会的调查，《协约》（2019）协约阐明了研究人员、科研机构和资助机构履行五项承诺的具体职责，以帮助确保研究坚持最高标准的严谨性和完整性。科研人员在享受科研选择自由的同时，需要负担起坚持科研诚信的责任；科研机构有责任对科研不端行为采取制裁、纠正科研记录等措施。《协约》（2019）赋予资助机构对科研不端行为实施制裁的权利，可采取适当的惩罚措施。

四、政策评价

1. 完善了英国现有的科研诚信框架

英国的科研诚信已经形成了成熟的研究伦理流程、专业实践标准及法律和治理义务，在此基础上，《协约》建立了一个科研方面的共同承诺，证明各科研主体能够认真履行责任，明确了各方的互补角色和职责，有助于恰当处理不端行为，确保整个研究界遵守始终如一的高标准，为各方共同合作和支持科研诚信的未来发展提供了一个具体的标准。

2. 提高了英国在科研诚信方面的国际声誉

在国际上有许多既定的科研诚信原则，如《新加坡科研诚信声明》（2010）列出了负责任研究的四项原则，并概述了所有优秀研究应共同承担的责任。《关于跨界科研合作中科研诚信的蒙特利尔声明》（2013）规定了与合作伙伴相关的责任。2017年，修订版的《欧洲科研诚信行为准则》发布。英国以现有国际科研诚信声明为参考，紧跟时代脚步制定了《英国维护科研诚信协约》，提高了研究完整性，提升了英国在创新研究方面的国际声誉，确保政府、企业、国际合作伙伴和公众能够继续对英国科学研究及其研究人员充满信心，为良好的研究行为及其治理提供了一个国家框架。

3. 加强了科研诚信文化环境建设

研究环境是科研诚信的重要影响因素，保持研究的最高标准需要合适的研究环境。《英国维护科研诚信协约》中规定建立一个以诚信文化为基础，且注重良好治理、最佳实践和支持研究人员发展的研究环境，明确了大学、科研机构、研究资助机构、专业和代表机构维护科研诚信研究环境的责任。《协约》中使科研诚信文化融入研究环境的要求，有利于英国科研诚信氛围的建设。

第四节 日本科研诚信推进室

一、政策任务

2015年4月，日本文部科学省设立了科研诚信推进室，其政策任务是约束学术不端行为，推动、指导、检查与跟进科研机构学术不端治理的责任。

进入21世纪以来，日本政府制定了一系列制度来规范学术不端行为。2006年发布的《研究活动中不端行为应对指导方针》，以及2014年的修订版，进一步强化了科研机构的管理责任，为科研治理主体制定规章制度、发布行为规范提供了实施依据。2015年设立了科研诚信推进室，2018年修订出台了《推动科学创新繁荣发展相关法律》，首次在法律层面对学术不端做出了规定。

二、政策工具

日本文部科学省的科研诚信推进室设立了科研诚信活动推进专家委员会，开展对学术不端行为的日常管理工作。专家委员会是日本科研诚信推进室的主要政策工具。科研诚信推进室定期召开科研诚信活动推进专家会议，研究年度实施方针与计划，处理学术不端案例、案例调查结果，调整相关制度。

1. 人员构成

科研诚信活动推进专家委员会由各高校、研究所、有关机构的科研诚信专家组成。专家会议由委员互选设立主任，主任担任专家会议的议长，主持议事，当主任发生意外情况暂时无法履职时，由其事先指定的委员代理其职务。

2. 主要职责

专家委员会主要职责包括：第一，具体审查、分析与指导科研机构所采取的预防学术不端行为的措施；第二，审查科研机构学术不端行为规章制度的制定与调整情况，并提供咨询服务；第三，对研究人员和科研机构就不端行为采取的措施提供意见。

3. 履职情况调查与指导

在规定的履职期内，委员会将通过书面访谈、实地调研等方式对科研机构与人员开展履职情况调查（图2-5），在履行情况调查的基础上向科研机构提供管理方面的指导，就机构对不端行为案件所采取的措施提出建议，并对没能及时完善学术不端治理体制的科研机构进行处罚，必要时委员会可向机构以外的人员请求协助。

对个别科研机构进行审议或调查时，需要排除利益相关方。委员会成员中与被审议或调查的科研机构有利害关系的人不具备审议的表决权或参与调查的资格。被视为利害关系人的情形包括：担任（含拟任职）该科研机构的教职员工或高级管理人员职位（包括兼职），专家会议对委员能否中立公正地进行审议或调查存在疑义的其他情况。

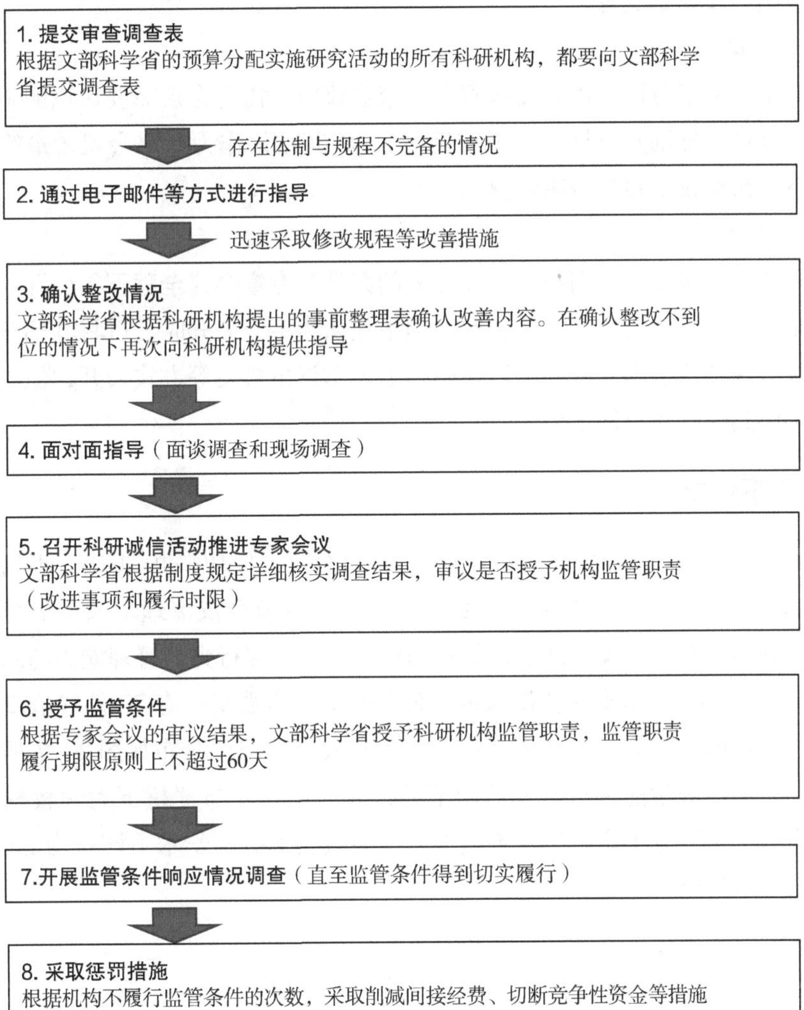

1. 提交审查调查表
根据文部科学省的预算分配实施研究活动的所有科研机构，都要向文部科学省提交调查表

存在体制与规程不完备的情况

2. 通过电子邮件等方式进行指导

迅速采取修改规程等改善措施

3. 确认整改情况
文部科学省根据科研机构提出的事前整理表确认改善内容。在确认整改不到位的情况下再次向科研机构提供指导

4. 面对面指导（面谈调查和现场调查）

5. 召开科研诚信活动推进专家会议
文部科学省根据制度规定详细核实调查结果，审议是否授予机构监管职责（改进事项和履行时限）

6. 授予监管条件
根据专家会议的审议结果，文部科学省授予科研机构监管职责，监管职责履行期限原则上不超过60天

7. 开展监管条件响应情况调查（直至监管条件得到切实履行）

8. 采取惩罚措施
根据机构不履行监管条件的次数，采取削减间接经费、切断竞争性资金等措施

图2-5　调查指导流程图

来源：根据日本文部科学省《ガイドラインに基づく体制整備等の不備に対する調査・指導の流れ》编制。

4. 保密原则

各委员应遵守下列各项事项：不能向外界泄露因职务知悉的个人信息及对科研机构的调查内容；在职务上获取的信息应与其他信息区别开来，由管理者承担主要义务并进行管理；与专家会议有关的材料应以履行与专家会议有关职责为目的，并在其目的范围内使用，依照规定公开的材料除外。

三、政策程序

1. 会议议题

专家会议的主要议题一般包括：首席审查员选任、年度推进科研诚信活动的工作状况与工作实绩、年度实施方针与计划、年度学术不端案例的公布与探讨、年度制度调整结果、调查结果实时状况等。

2. 书面表决

委员会主任因不得已的理由无法召开专家会议时，需将会议需要讨论的事项概要书面通知各个委员，征询其意见（赞成或反对），将其结果作为专家会议的最终决议，主任应当在下一次会议上报告表决情况。

3. 公开原则

由于审议内容包括与个别利益直接相关的案件，专家会议全程不得公开。专家会议的材料原则上通过网站发布等方式公开，但主任认为不应公开时，可将其部分或全部不公开。专家会议的议事内容原则上以在网站上公布议事摘要等方式公开，但主任认为不应公开时可将其部分或全部不公开。

四、政策效果

自 2015 年以来，日本科研诚信活动推进专家会议已成功举办 21 次，平均每年都要召开 2~3 次，成效显著。一方面，从数据上来看，专家会议审理学术不端案件的数量较多；另一方面，专家会议提升了科研机构对于学术不端行为的管理能力与水平。

2015—2021 年，日本专家会议认定、公布的学术不端案件有 70 件（表 2-2），涉及盗用、篡改与捏造 3 种行为（图 2-6），涉事人员的岗位分布如图 2-7 所示。2021 年度审议了"昭和大学前讲师研究活动不端行为的认定"与"桥下大学教授研究活动中不端行为的认定"等十多起学术不端案件，通过实例分析学术不端行为的发生原因，营造健康的学术环境。

表2-2 年度学术不端案件统计

	2015	2016	2017	2018	2019	2020	2021	合计
自然科学系	3件	5件	8件	3件	3件	6件	7件	35件
人文社会系	6件	4件	7件	4件	6件	4件	4件	35件
合计	9件	9件	15件	7件	9件	10件	11件	70件

来源：根据日本文部科学省《研究活動における不正行為への対応》等编制。

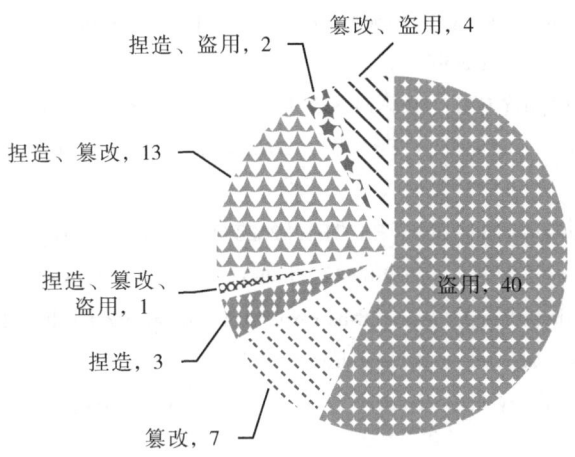

图2-6 学术不端行为类别统计（单位：件）

来源：根据日本文部科学省《研究活動における不正行為への対応》等编制。

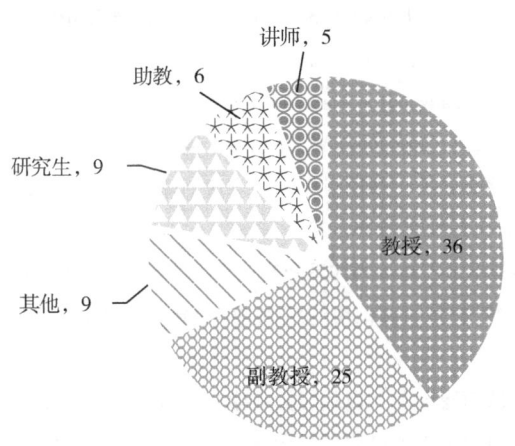

图2-7 学术不端行为岗位统计（单位：人）

来源：根据日本文部科学省《研究活動における不正行為への対応》等编制。

专家委员会通过实地访问等形式，对科研机构的制度建设等状况进行定期检查，主要内容包括：科研不端行为相关制度和规则的制定情况、是否努力培养研究伦理意识、研究数据的保留和公开情况及防止学术不端行为的其他措施。专家会议对发现体制建设等不完备的科研机构进行指导并提出建议，纠正了科研机构的制度缺陷（包括对特定学术不端行为定义和内容的规定)。有必要时,专家委员会还会公开实际调查的结果,作为其他科研机构的参考。

参考文献

[1] Research-Integrity-and-Quality-Assurance-Plan[EB/OL].[2022-09-12]. https://sops4 ri. eu/deliverables/.

[2] Protocol-for-the-literature-review-the-expert-interviews-and-the-Delphi-pro-cedure[EB/OL].[2022-09-12]. https://sops4ri. eu/deliverables/.

[3] PETERS M G, GODFREY C M, MCINERNEY P, et al. The joanna briggs institute reviewers' manual:Methodology for JBI scoping reviews[EB/OL].[2022-09-12]. Httpa://www. researchgate. net/publication/294736492.

[4] Protocol-for-the-focus-group-interviews[EB/OL].[2022-09-12]. https://sops-4ri. eu/deliverables/.

[5] Protocol-for-the-survey[EB/OL].[2022-09-12]. https://sops4ri. eu/deliverables/.

[6] Detailed-protocol-on-how-the-pilot-tests-will-be-carried-out-and-how-the-results-will-be-analysed[EB/OL].[2022-09-12]. https://sops4ri. eu/deliverables/.

[7] The Toolbox gains visibility in Denmark[EB/OL].[2022-8-31]. https://sops4ri. eu/news/the-toolbox-gains-visibility-in-denmark/.

[8] International survey identifies key areas for organisations to strengthen research integrity[EB/OL].[2022-8-31]. https://www. essex. ac. uk/news/2023/01/10/international-survey-on-research-integrity.

[9] Guidelines for Safeguarding Good Research Practice[EB/OL].(2022-10-13)[2022-10-13]. https://wissenschaftliche-integritaet. de/en/code-of-conduct/.

[10] Verfahrensordnung zum Umgang mit wissenschaftlichem Fehlverhalten[EB/OL].(2022-08-19)[2022-11-21]. https://www. dfg. de/formulare/80_01/index. jsp.

[11] 毛一名,冯永庆,李铭禄,等. 德国科学基金会应对学术不端行为的措施及其启示[J]. 世界科技研究与发展,2022,44(2):275-281.

[12] 韩婷芷,沈贵鹏. 英美学术不端治理体系及其对我国的启示[J]. 教育探索,2019,39(4):120.

[13] 吴艳,杨志维.《英国维护科研诚信协约》(2019)的新发展及其启示[J]. 科学管理研究,2020,38(3):152-155.

[14] 孙平. 英国加强科研诚信建设及其启示[J]. 科学中国人,2013,21(12):28-30.

[15] 王静. 英国科研监督与评估措施概述[J]. 全球科技经济瞭望,2018,33(8):30-37.

[16] 冯磊. 英国学术不端治理体系的结构及特点研究[J]. 高教探索,201834(5):69-74.

[17] UNIVERSITIES UK. The Concordat to Support Research Integrity[EB/OL].[2023-05-11]. https://www. universitiesuk. ac. uk/sites/default/files/field/downloads/2021-08/Updated%20FINAL-the-concordat-to-support-research-integrity. pdf.

[18] 齐海伶,刘萱. 国外学术环境治理机制及我国的优化对策研究[J]. 今日科苑,2022,26(3):32-43.

[19] 李珊. 日本如何强化科研机构治理学术不端责任[EB/OL].[2023-01-04]. https://

baijiahao. baidu. com/s? id = 1718651806501116121&wfr = spider&for = pc.

[20] 文部科学省. ガイドラインに基づく体制整備等の不備に対する調査・指導の流れ[EB/OL]. [2023-01-04]. https://www. mext. go. jp/content/20200803-mxt_kiban02-100000300_1. pdf. pdf.

[21] 文部科学省. 研究活動における不正行為への対応等[EB/OL]. [2023-01-04]. https://www. mext. go. jp/a_menu/jinzai/fusei/index. htm.

第三章 公民科学项目

公民科学是指通过鼓励和培训使公众实际参与科学研究,从而在提升公众科学素养的同时,帮助拓展科研边界的各类科研项目。随着公民素养的提高,公民科学也得到了国际上的广泛认可。本研究通过公民科学的兴起与发展、美国国家航空航天局 Aurorasaurus 公民科学项目、美国面向工业自动化的敏捷机器人竞赛项目和 COVID-19 公民科学项目对公民科学进行介绍。

第一节 公民科学的兴起与发展

一、涵义

公民科学是一个相对灵活的概念,因此在其快速的发展进程中,尚未形成单一的、标准的定义。简单来说,公民科学是指一种让公众参与科学研究的活动,包括公民理解科学和公民参与科学两个方面。公民理解科学是随着公民受教育程度的提高,使得公民能够更好地理解科学的进展、科学的原理和项目的运作过程。公民参与科学是本章着重介绍的内容,因此选择公民参与科学的项目来介绍公民科学。它是指有可能以一种有影响力的方式将科学、政策制定者和整个社会结合起来。通过公民科学,所有人都可以参与科学过程的许多阶段,从研究问题的设计,到数据收集和志愿者绘图、数据解释和分析,再到结果的发表和传播。公民科学也是一种科学工作的方法,可以作为更广泛的科学活动的一部分。公民科学的政策任务是在提升公众科学素养的同时,帮助拓展科研边界的各类科研项目。

近年来,随着社会和经济的发展,公民科学受到了更多重视,主要原因有以下几点:一是公众所受的教育程度越来越高,文化素养在提升的同时,科学素养也在不断地提升,越来越多的科学爱好者对科学领域相关问题的关注日益增加;二是一些国家的政府部门看到了公民科学在科学研究中所起到的作用,出台相关政策,开展活动激励公众参与,促进公民科学的繁荣与发展;三是除政府部门以外,如高校、科研机构等主体也在积极组织开展公民科学项目,助力公民科学的进步;四是随着大数据时代的到来,如深度学习等人工智能相关技术的发展使数据的分析技术与分析能力得到了很大的提升，从技术层面支撑着公民科学的前进。也正是在这样的背景之下，越来越多的科学爱好者和公众积极参与公民科学项目，为科学研究添砖加瓦，贡献自己的力量。

二、兴起和发展

（一）特点

虽然目前还没有形成标准的公民科学的定义，但其基本含义都是利用社区和公众的集体力量来识别研究问题、收集和分析数据、分析和解释结果、做出新的发现并开发技术和应用。公民科学是一个概括性的术语，描述了公众参与科学的各种方式，其主要特点包括以下6点。

1. 参与的广泛性

参与的广泛性是指任何人都可以参与。一般而言，只要对这个项目感兴趣，就可以加入该项目并成为其中的一名参与者，与科学家或研究人员建立伙伴或合作关系。参与公民科学项目的人往往是非专业科研人员，来自各行各业。他们可以是用自己的特殊技能在专门设计的程序中来分析折叠的蛋白质结构和塑造生命的组成部分的在线游戏玩家；也可以是希望在课堂之外获得更多实践经验的教育工作者和学生；还可以是希望亲眼看到关键数据的环境正义倡导者等。

2. 数据的一致性

数据的一致性是指所有参与者都使用相同的协议。一旦一个公民科学项目建立起来，需要确定数据收集协议，即需要收集什么数据及数据提交方式和格式等，确保所有参与者均使用相同的协议。这样就能将从不同参与者那里获取到的数据进行合并，以进行后续的有效分析，同时也在一定程度上保证了数据的质量。

3. 结果的有效性

结果的有效性是指参与者贡献的数据可以帮助科学家得出具体的科学结果，如回答一个研究问题或是对保护行动、管理决策或环境政策提供支撑。

4. 数据的开放性

数据的开放性是指只要有可能，公民科学的项目数据和元数据都会作为公开信息向大众开放获取，但其中涉及个人隐私的敏感信息应当被去除。研究结果也会公布在一个公开的平台上。

5. 领域的多样性

公民科学可以发生在许多不同的领域，包括天文学、生态学、医学、统计学、心理学、计算机科学及历史等领域。

6. 形式的丰富性

为了吸引更多的参与者，以及让参与者更加深入地参与公民科学项目，组织者推出许多不同的参与形式，如通过游戏化、开发智能手机应用程序、设置有奖竞赛等形式激励科研爱好者和公众参与。

(二) 组织与机制

随着公民科学的快速发展，国际上出现了一些公民科学组织和机构，如美国公民科学协会（Citizen Science Association，CSA）、欧洲公民科学协会（European Citizen Science Association，ECSA）、澳大利亚公民科学协会（Australian Citizen Science Association，ACSA）、苏黎世公民科学中心（Citizen Science Center Zürich，CCCS）等。这些组织和机构共同构成了全球公民科学伙伴（Global Citizen Science Partnership），其基本目标包括为寻求与全球公民科学界合作的政府、非政府组织和商业伙伴提供协调的切入点，支持各国公民科学协会的发展及为新的公民科学的建立提供指导，创建数据目录与构建开放数据门户，了解并跟踪公民科学对支持可持续发展的贡献等。

1. 美国公民科学协会

CSA 是一个由会员驱动的组织，它将来自各行各业的人围绕一个共同的目标联系起来，于 2013 年在美国成立，在 2017 年认定为慈善组织。CSA 基于多样性、尊重和协作、可及性、参与性，以及完整性和透明度的价值观指导其日常活动，以及对未来的展望。当前，CSA 的会员数量超过 5000 名，志愿者数量超过 100 万人，公民科学项目数量超过 2000 个。其核心服务包括举行两年一度的会议，开源同行评审期刊《公民科学：理论与实践》，分享工具、技能和反思的网络研讨会及九大工作组等。目前，CSA 正在为其制订的一个 2019—2022 年为期 3 年的战略计划而努力。该计划设定了 4 个战略目标，分别是提高公众对公民科学诚信和卓越的关注；创造将人们连接到多维度和多学科领域的空间；建立一个具有开放、透明和参与文化的充满活力的协会；努力促进和支持应对跨越边界的挑战。

除了 CSA，美国还有一些其他的公民科学组织和机构，如联邦政府的 citizenscience.gov 网站，该网站汇集了包括美国国立卫生研究院、国家航空航天局、国家科学基金会、环保署、地质勘探局等部门的公民科学项目，以此来协助各联邦机构成员联网并共享数据。据该网站统计，截至 2024 年 5 月，美国各联邦部门支持的公民科学项目包括了天文、考古、生态、气候、计算机科学等多个领域，共计 503 个，其中已完成的项目数量为 157 个。除此之外，该网站还提供相关且主题多样（如公民科学的评估、开放式创新工具、跨学科研究等）的期刊文献供公众阅览，以及开放与开展公民科学有关的工具包和指南供公众参考。

2. 欧洲公民科学协会

ECSA 成立于 2014 年，是欧洲的一个非营利性协会，它的成立旨在鼓励公民科学在欧洲的发展，并支持公众参与社会科学、人文科学与艺术的研究过程。ECSA 在各个部门建立了来自 27 个欧盟国家、美国、澳大利亚和巴西的广泛组织网络，包括：非政府组织、大学、研究机构、博物馆、民间社会组织、中小企业、政策制定者和决策者，以及其他地方和国家机构。ECSA 还制定了公民科学良好实践基础的 10 项原则，以及帮助不同利益者识别哪些活动被视为公民科学项目的 10 项特征，还专门建立了分享公民科学项目、资源、工具和培训等的平台 eu-citizen.science，该平台获得了欧盟"地平线 2020"研究与创新框架计划的资助，目前已有 206 个项目。

三、进展

截至目前，美国国家科学基金会（National Science Foundation，NSF）和欧洲研究理事会（European Research Council，ERC）已资助多项公民科学项目，促进了公民科学的发展。2016—2017 年，美国分别颁布了《科学众筹与公民科学法案》和《美国创新与竞争力法案》支持公民科学。后者中的《众包和公民科学法》赋予联邦机构使用众包，特别是公民科学的广泛权力。自该法案确定后，citizenscience.gov 目录中记录的联邦赞助项目的数量增加量超过 25%。2018 年，在美国科学院（National Academy of Sciences，United States，NAS）提供的公民科学服务平台上记录的公民科学项目超过 2700 项。截至 2020 年底，公民科学协会网站已记录了全世界超过 2000 个公民科学项目。2019 年美国"第四个开放政府国家行动计划"发布，该计划中明确提出，其卫生和公众服务部的首席技术官办公室会发起一系列"开放创新奖"的挑战，以利用联邦开放数据、患者驱动的研究、开放科学、开放源码和开放创新（如众包、公民科学和创新的公私伙伴关系）来改善基于价值的医疗保健。2022 年美国国家海洋与大气管理局（National Oceanic and Atmospheric Administration，NOAA）发布《公民科学战略》，这是 NOAA 继人工智能、云计算、数据、组学和无人系统制定的第六个科学和技术重点领域战略，通过公民的力量来更好地观察、预测环境及管理、保护自然资源。NOAA 的公民科学活动将继续帮助美国引领开发创新，获得具有成本效益和协作的解决方案，以解决棘手的环境和技术问题。

欧盟在"地平线 2020"中设立了"科学与/为了社会计划"（Science with and for Society，SWAFS），提出将公民科学和众包服务纳入欧盟研究与创新计划中的要求。"地平线欧洲"是第九个欧洲研究与创新框架计划（2021—2027 年），在其制订的第一个"地平线欧洲"战略计划（2021—2024 年）中强调在监测和评估该战略时所采取的共同设计活动可以扩展到相关的"地平线欧洲"活动，特别是通过公民科学、开放科学实践和社会创新开展的活动。"地平线欧洲"还将支持和促进民间社会、公共参与、公民科学和用户主导的创新模式的研究和创新。欧盟委员会设立了公民观察站计划以支持公民科学项目列入其研究资助计划。

奥地利联邦教育、科学和研究部资助了一些教育、科学和普通大众之间的倡议和方案，如"闪光科学"研究计划，支持包括"不同生活方式下炎症对心肌梗死或中风的影响"、"奥地利德语演进分析"，以及"入侵物种日本紫菀的传播方式"等公民科学项目。

四、政策评价

加大对公民科学的重视程度、大力推动公民科学进一步发展对科学研究及人类可持续发展具有重要意义。公民科学作为科学研究的补充，具有诸多方面的优势，获得了长足发展。

一是激发了公众对科学的兴趣，提高了公众的科学素养。很多公民科学项目的开展形式轻松且有趣，收集科学家需要的数据有的只需要志愿者用智能手机或相机拍照记录，有的是通过玩免费的在线游戏，有的还能参加挑战赛赢得奖金。这样的开展形式能够很大程度地激发公众对科学研究的兴趣。同时，参与者通过不断关注自己参与的项目，还能学到许多相关的科学知识，科学素养也能得到一定的提升。

二是增强了公众对科学的信任感。公民科学项目给非专业研究人员提供了一个机会，让其参与科学研究。在参与项目的过程中，能够很好地促进研究人员与公众之间的交流与互动，帮助研究人员更好地理解公众的想法与观点，并融入决策支撑，增强公众对学科的信任感。

三是使科学研究更加民主化。通过公民科学项目，公众可以更好地参与部分甚至整个研究过程，包括研究设计、数据收集、分析和传播等，增加了研究深度的同时，还能使科学研究达到更加民主化的效果。

四是节约了大量的人力、物力和财力。项目的开展离不开人财物，特别是对于劳动密集型任务，而公民科学项目通过招募志愿者，让公众自愿地加入其中贡献自己的力量，很大程度上解决了人力资源这一问题。另外，多数情况下志愿者收集数据也不需要组织单位提供工具，物和财的消耗也得到了极大减少。

五是提高了数据的收集效率，扩大了数据的采集范围。许多关于物种、生态等领域的数据，如果仅靠专业的科学家去收集，不但获取不到科学研究所需要的数据量，还会耗费大量的时间。发动公众一起参与，发挥其得天独厚的优势，将会极大提高数据收集的效率，为科学研究节约大量的时间成本。同时，由于多数公民科学项目是非营利性质的，它可以号召更大范围的志愿者参与项目，很好地扩大了样本的采集范围。

六是提高了科学研究的质量。在科学研究中，研究人员可能为了得到更好的结果，会选择有利于得到该结果的方法，这样会导致研究结果或结论具有一定程度的主观性。公民科学作为科学研究的补充，可以较好地弥补这方面的不足，用更多不同的方法去研究同一个问题，使研究更加全面，结果也更客观。

第二节 美国国家航空航天局 Aurorasaurus 公民科学项目

一、政策任务

美国国家航空航天局（National Aeronautics and Space Administration，NASA）比较善于利用挑战赛、创客运动等形式激励公民科学家参与公民科学项目，已经成功开展的公民科学项目有月球着陆器挑战赛、绘制暗物质挑战赛等。围绕观察极光建立的 Aurorasaurus 是目前正在进行的一项公民科学项目，该项目始于 2012 年，因其研究团队围绕地球空间、非正式科学教育和"人本计算"① 的创新跨学科目标而获得美国国家科学基金会（National Science Foundation，NSF）的资助。

Aurorasaurus 公民科学项目的政策任务如下：一是从公民科学家那里收集实时的、基于地面的极光数据；二是将收集到的这种新型的数据纳入与极光有关的科学调查之中。目前，这两个基本目标均已基本实现。2016 年 NASA 为其提供部分资金，将该项目作为空间科学教育联盟及其全国教育目标的一部分。

二、政策治理

2016 年之前，Aurorasaurus 公民科学项目由 NSF 提供资金支持，包括博士后资助、运营资金等，该项目围绕观察极光展开。该项目目标后被纳入 NASA 空间科学教育联盟及其全国教育目标的一部分，NASA 也为该项目提供了部分资金支持。

三、政策工具

顾名思义 Aurorasaurus 公民科学项目中应用的政策工具类型就是项目，该项目对 NASA 和外界都是开放的，其研究团队包括 NASA 的全职员工及外部合作伙伴。参与者没有限制，包括看到极光并希望提交有关极光观察结果的公民科学家及任何有兴趣通过验证推文来帮助验证有关极光众包数据的人。据 NASA 估计，在 2017 财年至 2018 财年有 5000~10 000 名参与者参与 Aurorasaurus 公民科学项目。

公民科学家通过填写并提交一份附有照片的简单表格，说明他们是否见过极光，表格的内容至少要包括日期、时间、地点，众包参与者只需对一条可能实时看到极光的推文提交投票（是或否）。截至 2018 年底，已经有 7000 份表格提交，投票和用户对推文的行动超过 500 000 次。

---

① 人本计算的核心思想是将用户也纳入互联网当中，强调人的参与，激励人更多地贡献知识，而不仅仅依靠机器。

四、政策进展

Aurorasaurus 公民科学项目推动了太阳物理学的发展,并成为 NASA 其他项目的典范。此外,它还推进了 NASA 的教育、外联、科学参与、伙伴关系和科学素养的目标。公民科学家围绕着近地空间天气环境中最美丽、最容易获得和最鼓舞人心的现象之一,为 NASA 的科学发现做出了切实的贡献。他们的贡献以多种方式激发了公众和全体 NASA 人员的热情。

这项工作已被多个媒体报道,包括《纽约时报》、《科学星期五》、天气网和探索新闻等。这项工作已经促进了多个科学领域出版物的发表,其特点是利用公民科学的创新方法来验证和改善空间天气模型。Aurorasaurus 公民科学项目表明,公众可以有力地检测和记录以前未知的极光特征,并可以影响太阳物理学和公民科学界的多个领域。

第三节 美国面向工业自动化的敏捷机器人竞赛项目

一、政策任务

美国联邦政府利用有奖竞赛和挑战来刺激创新,吸引公民解决棘手问题,已经有相当多的成功实践,面向工业自动化的敏捷机器人竞赛是其 2018 年启动的众多竞赛当中的一个。该竞赛由直属于美国商务部的国家标准与技术研究院(National Institute of Standards and Technology,NIST)牵头赞助,围绕工业自动化领域所使用的机器人的反应敏捷度问题,面向公民发起有奖竞赛寻求解决方案。参与本次竞赛的 NIST 工作人员与工业界密切合作,了解他们在制造应用机器人系统方面的挑战,并围绕这些主题开展竞赛。通过激励研究团队在比赛中解决这些行业挑战,NIST 支持技术解决方案的开发,以帮助美国工业在全球市场上更具竞争力。

工业自动化敏捷机器人竞赛项目的政策任务是解决工业环境中使用的机器人所存在的一个关键限制:它们没有达到需要的敏捷性。许多机器人不能快速检测故障或从故障中恢复,它们不能感知环境的变化并相应地修改其行动。工业自动化敏捷机器人竞赛的目标是通过利用人工智能和机器人规划方面的最新进展,使车间内的工业机器人更具生产力和自主性,并能对车间工人的需求做出反应。NIST 不仅想通过该竞赛解决具体的问题,同时还寻求并强调创新的理念,推进科学研究并促进技术开发。

二、政策治理

该竞赛所需要的资金由 NIST 科学研究和技术服务账户提供(拨款),总预算为 160 270 美元,其中 100 000 美元用于与开源机器人基金会签订合同,用于比赛开发基础设施（如建立和托管比赛的网络平台），并协助进行自动评分；17 500 美元用于奖金；23 500美元用于获奖者参加研讨会的差旅费；19 270 美元用于管理费用。

三、政策工具

工业自动化敏捷机器人竞赛的政策工具是项目与奖励，其目标受众是来自工业界和学术界对机器人控制软件有研究的科学家和工程师。要想获得现金奖励，参赛者无论是个人、团队还是法律实体，都必须注册参赛。在参赛时，正式代表（如果是团体项目，则为个人或团队负责人）必须为年满 18 岁的美国公民或美国领土的永久居民。如果是私营企业，该企业必须在美国或其领土上注册并持有一个主要营业场所。参与者不能是联邦政府或在其工作范围内行事的联邦雇员，NIST 的雇员也没有资格参加。此外，鼓励不符合获奖资格要求但对此感兴趣的参赛者（既不是美国公民也不是美国永久居民的个人或非美国企业）参加比赛。这些参赛者取得的成绩在工业自动化敏捷机器人竞赛网站上的显示方式与有资格赢得现金奖励的参赛者相同。

NIST 在脸书和 X 平台（原推特）等社交媒体、Challenge.gov 官方网站和相关邮件列表上征集参赛作品，作品类型可以是一个想法，也可以是分析、可视化及算法。

获奖者由 NIST 主任任命的 3 名评委（1 名 NIST 员工和 2 名来自工业界的个人）组成的小组决定。采用了如下评审标准：第一，基于挑战赛正式规则中所述的评分标准的总体表现（80 分），使用自动评分标准，第一名获得 80 分，第二名获得 70 分，第三名获得 60 分，以此类推；第二，方法的新颖性和与竞赛精神的一致性（20 分）。评委们认为，如果参赛作品在解决机器人敏捷性挑战方面有新的方法，并且其方法符合竞赛精神，即提出工业上可实施的方法，帮助工业界更好地利用其机器人平台，则可获得最多 20 分的奖励。每个方案最多可以得到 20 分，且不止一个解决方案可以得到全部 20 分。这种将自动评分与评委评分相结合的方法提供了一个额外的机制来奖励新颖的方法，是一个成功比赛的有效结构，奖励了符合比赛目标和精神的优秀解决方案。

四、政策效果

工业自动化敏捷机器人竞赛作为公民科学典型案例，为公民积极参与棘手问题的解决提供了重要渠道并取得了显著效果。该竞赛于 2018 年启动，并于当年结束。在 2018 年 1 月 26 日至 2018 年 5 月 17 日，共有 50 个团队参加了挑战赛，6 个团队进入了决赛，3 个团队获得了奖项。

此次竞赛产生了 6 种解决制造业机器人挑战的独特方法，直接解决了工业界的痛点问题。以签订合同的方式完成该任务所支付的经费会比竞赛所需的奖金高得多，而且不会有多样化的解决方案。与拨款或合同等传统机制相比，有奖竞赛使 NIST 能够以较低的成本获得更丰富的工业挑战解决方案，并有助于提高 NIST 制造业机器人系统研究项目的知名度。

未来 NIST 打算继续其关于制造业机器人测量科学和标准的研究计划，并将适当利用有奖竞赛的方式来吸引民众，以推动这一领域研究问题的创新解决方案不断涌现。

第四节 COVID-19 公民科学项目

一、政策任务

面对突如其来的新冠疫情，世界各国纷纷采取行动抗疫防疫，关于该病毒的各项研究也迅猛展开。研究之初迫切需要大量数据作支撑，公民科学所具有的优势让其成为获取研究数据有效的途径之一，因此如政府、高校、科研机构及企业等主体竞相开展有关新冠感染的公民科学项目。由美国国立卫生研究院与国家生物医学成像和生物工程研究所资助，并由加州大学旧金山分校和美国国立卫生研究院的研究人员联合开展的 COVID-19 公民科学（COVID-19 Citizen Science，CCS）项目就是众多关于新冠感染公民科学项目中的一个。新冠感染公民科学研究有可能成为有史以来规模最大的前瞻性传染病流行病学研究。通过收集世界各地个人的每日数据，研究人员希望深入了解新型冠状病毒的传播方式，以帮助减少未来的感染。

CCS 公民科学项目的政策任务主要包括四点：一是发现减缓疫情的有效方法；二是确定公民被感染后可能出现的症状；三是寻找可以减轻新冠病毒对人类健康影响的因素；四是追踪新冠疫情对世界各地人们的真实影响。围绕这四点目标，CCS 的研究人员开展相关研究工作，并及时发布研究成果。

二、政策治理

CCS 项目托管于尤里卡研究平台（Eureka Research Platform），该平台是一个数字研究平台，由美国国立卫生研究院赞助，旨在为任何感兴趣的调查人员提供基于互联网的医学或健康相关研究。任何年满 18 周岁的公民都可以成为 CCS 项目的志愿者。

三、政策工具

CCS 的政策工具是项目和平台。参与者只需要用智能手机下载该项目推出的应用程序 UCSF Eureka Research（即数据平台，用以记录统计数据），通过该 App 提交所咨询问题的答案便可为研究人员贡献自己的数据。下载后有一个初始调查，大概需要 15~20 分钟，主要询问病史、习惯和其他细节，用于收集有关风险因素的统计数据。初始调查结束后，志愿者需要每天报告自我的症状，以及完成家庭成员及社交距离等简单的调查。另外，志愿者还可以贡献自己的位置数据，位置数据对研究人员而言十分有价值，它可以帮助研究人员研究位置因素如何影响新冠病毒的传播，即传播链。每周和每月都会询问一次额外的问题，以收集美国各地的避难令可能对公众心理健康产生影响的数据。App也会及时将更新的信息及与行为和症状有关的地图反馈给志愿者。

该应用程序还为参与者提供了选项，以提供几乎连续的GPS数据和潜在的额外健康数据，如体温、运动、体重和睡眠。2020年4月底，美国西北大学和美国肺脏协会宣布它们会与加州大学旧金山分校合作，努力增加参与者的数量并提高研究的产出。调查人员还邀请公民科学家提交他们自己的研究问题，收到了2000多个想法，把参与者的问题一个个地加入研究和调查中。

志愿者贡献的数据是私密性的，很可能包含着位置等敏感数据，因此隐私保护是各类公民科学项目不可忽视的一个重要问题，CCS项目也不例外。

CCS项目承诺，有关志愿者的背景、健康、行为和其他可能有助于研究人员预测、预防或治疗疾病的信息将根据需要收集，用于其选择加入的研究。这些信息将用于研究分析，分析的结果将在科学会议上介绍并发表。未经志愿者的明确许可，这些出版物不会显示研究中任何志愿者的信息。对志愿者选择加入的每个研究所收集的数据类型及数据的使用方式都有具体描述，志愿者可以根据知情同意的详细信息选择是同意还是拒绝参与。

四、政策效果

自2020年3月CCS公民科学项目启动后，截至2022年1月，已有超过10万名公民科学家加入CCS，研究人员利用收集的数据进行了几十项相关研究，取得较好的研究成果。例如，研究发现与老年人相比，年轻人更有可能对COVID-19检测呈阳性，老年人的风险较低虽然似乎有悖常理，但这一发现可能是由于在这个更脆弱的人群中，人们更加遵守社交距离准则和其他保护措施。一项分析显示，某些因素可能与导致COVID-19的感染流行有关，包括职业为医护人员、与至少一名学龄儿童一起生活、在家中养宠物及患有免疫缺陷等。另一项研究显示，某些指标可以预测COVID-19的病毒症状，包括高血压、吸烟和贫血。此外，另一篇论文强调了COVID-19检测在发烧或发冷并出现高温的人群中未必有很好的效果，这种低检测率可能就会导致病毒的传播。最后，一篇出版物深入探讨了CCS作为纵向数字健康队列研究的本质，为临床研究的未来提供了见解。CCS公民科学项目为公民参与新冠感染的抗疫与防疫工作提供了可行的参与路径，提高了公民参与新冠疫情防治的积极性，并取得了显著效果。

参考文献

[1] EU-CITIZEN. SCIENCE. What is citizen science[EB/OL].[2021-12-10]. https://eu-citizen.science/.

[2] SCISTARTER. What is citizen science[EB/OL].[2021-12-10]. https://scistarter.org/citizen-science.

[3] OFFICE OF SCIENCE AND TECHNOLOGY POLICY. Implementation of federal prize and citizen science

authority: fiscal years 2017-18[R/OL].[2022-04-01]. https://trumpwhitehouse.archives.gov/wp-content/uploads/2019/06/Federal-Prize-and-Citizen-Science-Implementation-FY17-18-Report-June-2019.pdf.

[4] NATIONAL AERONAUTICS AND SPACE ADMINISTRATION. Success story: mapping dark matter competition[EB/OL].[2021-12-12]. https://www.nasa.gov/content/mapping-dark-matter-competition-0/.

[5] AUSTRALIAN CITIZEN SCIENCE ASSOCIATION. The big bushfire bioblitz![EB/OL].[2021-12-12]. https://citizenscience.org.au/2021/12/09/the-big-bushfire-bioblitz/.

[6] GOVERNMENT OF CANADA. Flu Watchers[EB/OL].[2021-12-13]. https://www.canada.ca/en/public-health/services/diseases/flu-influenza/fluwatcher.html.

[7] THE WHITE HOUSE OFFICE OF SCIENCE AND TECHNOLOGY POLICY. Implementation of federal prize and citizen science authority: fiscal years 2017-18[EB/OL].[2022-03-28]. https://trumpwhitehouse.archives.gov/wp-content/uploads/2019/06/Federal-Prize-and-Citizen-Science-Implementation-FY17-18-Report-June-2019.pdf.

[8] THE WHITE HOUSE. Third open government national action plan for the United States OF America[R/OL].[2021-12-13]. https://obamawhitehouse.archives.gov/sites/default/files/microsites/ostp/final_us_open_government_national_action_plan_3_0.pdf.

[9] THE WHITE HOUSE. Fourth open government national action plan for the United States OF America[R/OL].[2021-12-13]. https://open.usa.gov/assets/files/NAP4-fourth-open-government-national-action-plan.pdf.

[10] NATIONAL OCEANIC AND ATMOSPHERIC ADMINISTRATION. NOAA finalies citizen science strategy[EB/OL].[2022-03-28]. https://www.noaa.gov/stories/noaa-finalizes-citizen-science-strategy.

[11] EUROPEAN COMMISSION. Research and innovation[EB/OL].[2023-12-29]. https://commission.europa.eu/research-and-innovation_en.

[12] THE FEDERAL MINISTRY OF AUSTRIA EDUCATION, SCIENCE AND RESEARCH. Citizen science [EB/OL].[2021-12-13]. https://www.bmbwf.gv.at/en/Topics/Research/Research-and-Public/Citizen-science.html.

[13] CITIZEN SCIENCE ASSOCIATION. Our core services [EB/OL].[2021-12-20]. https://citizenscience.org/about/.

[14] CITIZEN SCIENCE ASSOCIATION. Strategic plan 2019-2022[R/OL].[2021-12-20]. https://citizenscience.org/wp-content/uploads/2019/11/CSA-Strategic-Plan-2019.pdf.

[15] Citizenscience.gov. Federal crowdsourcing and citizen science catalog[EB/OL].[2021-12-20]. https://www.citizenscience.gov/catalog/#.

[16] UNIVERSITY OF CAMBRIDGE. Citizen Science: crowdsourcing for research[R/OL].[2021-12-23]. https://www.thisinstitute.cam.ac.uk/wp-content/uploads/2018/05/THIS-Institute-Crowdsourcing-for-research-978-1-9996539-0-3.pdf.

[17] COVID-19 CITIZEN SCIENCE. Our goals [EB/OL].[2022-01-05]. https://covid19.eurekaplatform.org/.

[18] KATIE COHEN. Citizen science in a pandemic: a fleeting moment or a new normal?[EB/OL].[2022-01-05]. https://www.crassh.cam.ac.uk/blog/citizen-science-in-a-pandemic-a-fleeting-moment-or-new-

normal/.

[19] EUREKA. Privacy policy[EB/OL].[2022-01-05]. https://info. eurekaplatform. org/privacy-policy-and-data-security-measures/.

[20] EUREKA. Privacy policy[EB/OL].[2022-01-05]. https://info. eurekaplatform. org/privacy-policy-and-data-security-measures/.

[21] 贾鹤鹏. 基于公众参与科学视角探索"公民科学"的中国路径[J]. 科学与社会, 2024, 14(2): 1-13, 97.

[22] DIBNER K A, PANDYA R. Learning through citizen science: enhancing opportunities by design. [M] Washington DC: National Academies of Sciences Press, 2018.

[23] 薛菁华. 公民科学发展研究及案例分析[EB/OL].[2023-05-23]. https://www. istis. sh. cn/cms/news/article/90/25671.

第四章 新兴技术和未来技术研发

新兴技术是正在成为现实增长动力的技术。而未来技术是指超出现实技术体系，能够形成未来产业，带动未来经济增长和社会发展的技术。未来技术是"无人区"技术，当前还不成熟或不存在，但却是未来增长动力。未来技术的主要来源是国家布局的战略领域、自由探索的基础研究、跨界交叉的美第奇点、企业或个人。本章以美国国防高级研究计划局（DARPA）颠覆性技术项目和爱尔兰颠覆性技术创新基金等为例介绍新兴技术与未来技术研发的具体实践。

第一节 美国国防高级研究计划局的颠覆性技术项目

一、政策任务

颠覆性技术一词最早是由哈佛商学院教授克莱顿·克里斯坦森在1997年提出的，认为颠覆性技术要具备"简单、方便、便宜"的特点。为强调产生颠覆性创新的技术，近年来一些学者将颠覆性技术定义为："能够改变某一行业主流产品和市场格局或改变某领域'游戏规则'或操作方式的技术。"颠覆性技术对国民生活质量的提高、市场经济效益的获取、国家安全的保障起着至关重要的作用，相关技术的研发已成为世界主要国家竞争的焦点之一。政府的政策对于颠覆性创新具有重大的催生作用，美国DARPA的成功为各国颠覆性技术创新提供了经验借鉴。DARPA长期从事国防军事领域颠覆性技术研究，系统性地培育高风险、高回报的技术，其政策任务是使美国政府能够维持其在军事上的技术优势，防止其他国家的"技术突袭"对美国国家安全造成危害。DARPA专注于高风险、高难度的颠覆性技术原始性创新，拥有预算自主权及稳定的政府资金支持，使其可以长期支持具有超前性和巨大潜力的项目。

二、政策治理

DARPA的组织结构具有扁平化特征，是一个"小核心、大外围"的扁平化组织，具有规模小、灵活的特点,有效减少组织层级,加速体制运转,提高项目流程效率。DARPA扁平化组织结构特征,使各项目经理在具有较强专业硬实力的基础上具有极大自主权,减少了层级间权力交接时间,降低了项目流转过程中的阻力,大大提高了决策效率。在纵向垂直结构上形成了由"局长办公室—技术办公室—项目经理人"组成的权责较为清晰明确的工作体系。DARPA设有7个技术办公室,包括100名左右项目经理人,每年大概有30亿美元的预算分配给200多个研究项目。DARPA的具体组织结构如图4-1所示。

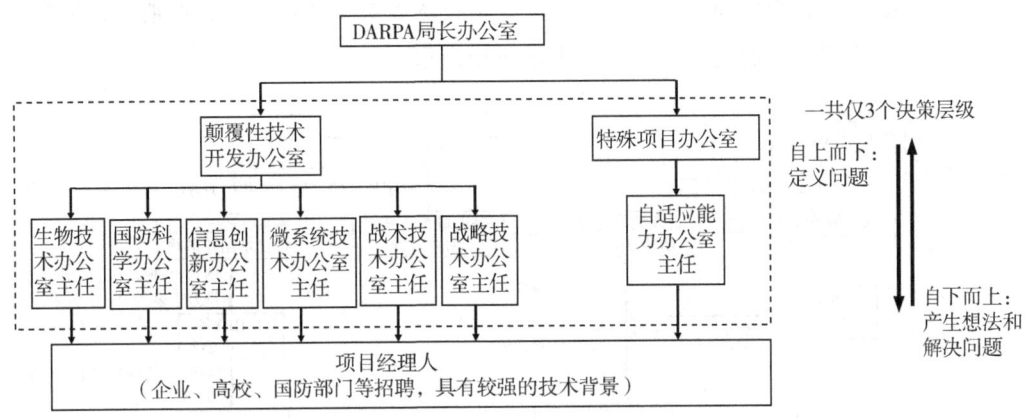

图4-1 DARPA的组织结构

来源:根据李林莉等(2023)编制。

其中DARPA局长主要负责与国防部沟通,寻找项目资金及制定中长期战略规划的工作;各技术办公室主管负责人才及资金调配的相关工作,如招聘项目经理、调拨资金等;项目经理人则是DARPA的创新核心,主要职责是识别未来高新技术,并确保高新技术通过迭代创新移交到需求部门。

2019—2023年颠覆性技术开发办公室的六大领域分支部门的计划经费投入为:生物技术领域12.91亿美元、国防科学领域21.47亿美元、信息与通信技术领域20.92亿美元、电子微系统技术领域19.06亿美元、战术和战略领域13.86亿美元,可见国防科学领域、信息与通信技术领域、电子微系统技术领域的计划经费投入占比较高。

三、政策工具

DARPA所采用的主要政策工具是项目。

(一)选题决策

选题决策阶段主要是选出具有战略意义的影响国家安全的颠覆性技术,确定研究范围。选题依据如下:一是选题目的及意义;二是目前研究进展及相关局限性;三是解决当前局限性的方法提案及初步预期效果;四是项目成功后的主要应用意义;五是研究假设中期测验、最终测验和完全应用的依据;六是项目所需资金数额。

如图 4-2 所示，DARPA 选题决策阶段的具体步骤为：确定颠覆性技术研究领域、获取颠覆性技术创新选题构想、完善颠覆性技术创新选题、审核并确定颠覆性技术创新选题。首先由 DARPA 局长与各方协商交流，确定重点技术领域，然后获取颠覆性技术创新选题构想，构想来源除来自国防部和政府当局的需求外，也汇聚民间的新思想、新概念。选题构思确定后，项目经理研究相关技术和领域，并与学术界、产业界等交流确定技术的关键问题和相关方法以完善和调整选题。接下来项目经理将完善初始计划并由相关领域的办公室主任进行审核，审核通过后，主任将协助项目经理获得 DARPA 局长对选题的批准。最后交由局长审批，届时往往由技术委员会协助审查，但他们只能向局长提供建议。选题一旦通过局长审核，决策阶段结束。

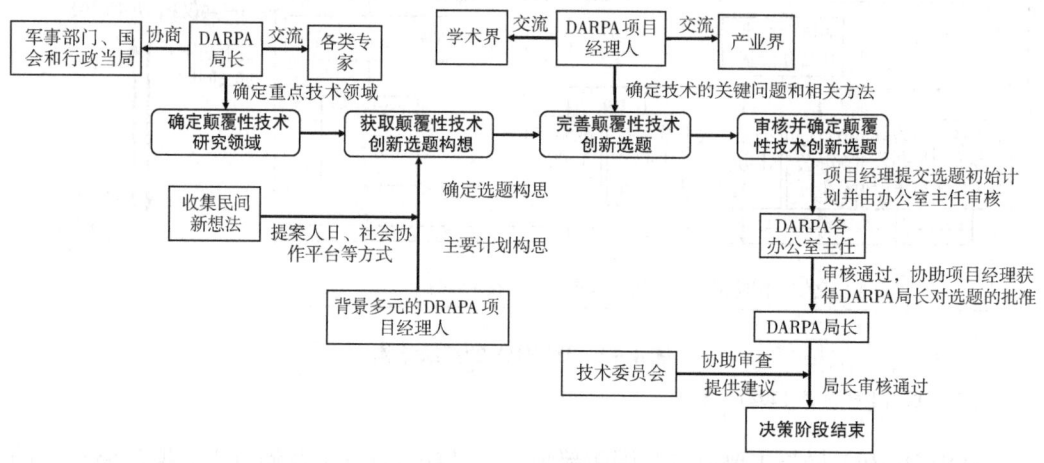

图 4-2　颠覆性技术创新选题决策阶段具体流程

来源：根据 DARPA（2021）编制。

（二）项目立项

第二阶段是项目立项阶段，主要是向工业界、学术界等征求颠覆性技术创新建议，从而筛选确定颠覆性技术选题可实现的技术方法及合适的合作伙伴。

如图 4-3 所示，DARPA 立项阶段的具体步骤为：公开发布颠覆性技术创新计划、发布颠覆性创新信息征询书（RFI）、发布广泛机构公告（BAA）、召开"提案人日"会议、提案评审和遴选、确定合作伙伴并签署合同。首先由项目经理人公开发布颠覆性技术创新计划，然后发布颠覆性创新信息征询书，征询书中一般包括项目背景、概要等，接着发布广泛机构公告，开始收集颠覆性技术创新项目提案，包括项目概述、资金信息等。接下来举办"提案人日"会议，展现项目的整体构想，并评审和遴选提案。评审工作由 DARPA 副局长、项目经理负责处理，此外还有技术专家组成的科学审查团协助审查，最终由项目经理参考颠覆性技术创新审查结果来确定是否对相关提案进行立项。

第四章 新兴技术和未来技术研发

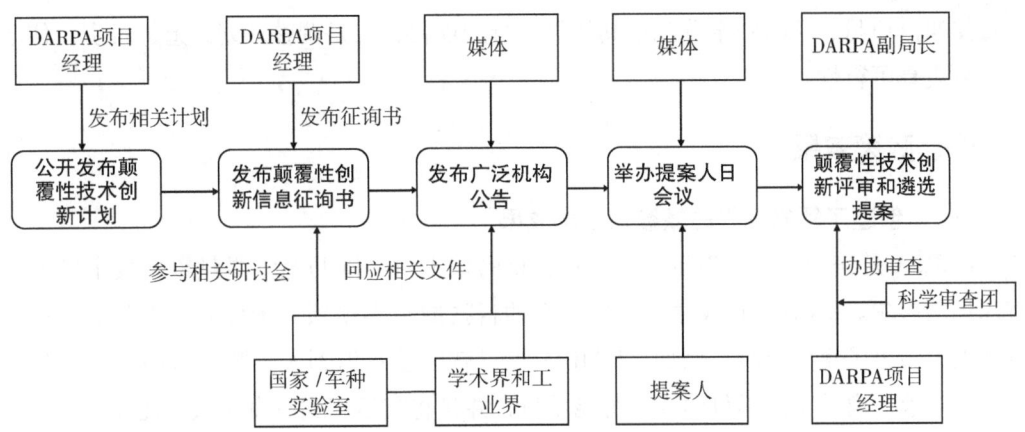

图 4-3 项目经理人负责的颠覆性技术创新选题项目立项阶段具体流程

来源：根据 DARPA（2021）编制。

（三）项目执行

第三阶段是分阶段动态性的颠覆性技术创新项目执行阶段，主要依据计划表分阶段动态性执行并验收项目。

如图 4-4 所示，DARPA 执行阶段的具体步骤为：制订颠覆性技术创新研究计划表、执行项目与研讨交流、阶段审核与重新规划。首先，在项目开始时项目经理制订研究计划表并与参与者讨论，依此制订更加细致的阶段性计划；然后，在项目每一阶段的执行过程中，项目经理通常要求负责执行的机构定时反映项目的进展与问题，同时也会进行现场访问，以了解整体进展；最后，进行阶段审核与重新规划，在审查时，项目经理会审核当前进展成果。如果审核通过，则划拨下一阶段经费。如果审核未通过，则分为两种情况：一是如果项目与计划产生巨大的偏差需要超预期的资金支持，则项目经理

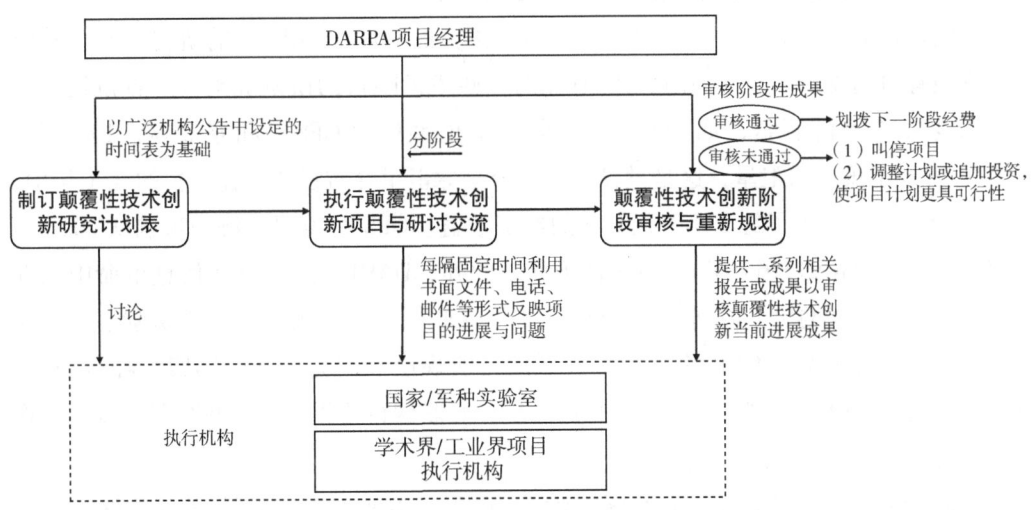

图 4-4 分阶段动态性的颠覆性技术创新项目执行阶段

来源：根据 DARPA（2021）编制。

会直接叫停项目，并将资金分配给其他更可行的项目；二是调整计划或追加投资，使项目计划更具可行性。

四、政策效果

（一）创造了领先世界的颠覆性技术成果

DARPA 是美国核心的创新引擎，其孵化的技术对美国乃至世界颠覆性技术发展均有深远的影响。DARPA 自成立至今所研发的科技成果多项领先于世界，为美国保持其科技实力做出了重要贡献。例如，DARPA 很早就已经意识到人工智能将解决一系列国家安全需求，启动了跨学科的人工智能项目，并且将其运用到军事领域，提高其军事化水平。同样，DARPA 机器人挑战赛也正在推动机器人的发展，DARPA 在人工智能领域的一系列颠覆性技术成果，对美国军事及其他相关科技领域的发展有着深刻影响，确保了美国的科技领先地位。

（二）DARPA 模式为美国科技发展提供借鉴

DARPA 的瞩目成就也为美国其他各领域、各行各业的发展提供了发展范本。因 DARPA 的资助项目对科技的颠覆性贡献及对军事、产业等发展的巨大推动，其成功做法和经验被一些专家学者总结为"DARPA 模式"。诸多美国机构开始效仿 DARPA 的运作机制，成立类 DARPA 机构，也取得了良好的效果，如情报高级研究计划局（Intelligence Advanced Research Projects Activity，IARPA）、能源高级研究计划局（Advanced Research Projects Agency-Energy，ARPA-E）等。可见 DARPA 的成功为美国的科技发展提供了很好的榜样，有助于美国探索出适合其国情的研发模式，满足其在国际竞争方面的需求。

（三）颠覆性技术创新成果带来持续的经济效益

即使是在美国经济不景气、大幅削减国防预算的时候，DARPA 的研究经费仍然能够得到强有力的支持。与此同时，DARPA 的一些举世瞩目的研发成果也一直持续为美国带来庞大的经济利益，如 DARPA 的全球定位系统（GPS）和互联网。1963 年，DARPA 发射了第一颗卫星，这是世界上第一个全球卫星导航系统。在过去的几十年中，该 GPS 计划已经产生了约 1.4 万亿美元的经济效益。GPS 对美国经济的影响从 2007 年的 200 亿美元增长到 2017 年的 3000 亿美元。此外，DARPA 的研究在信息革命中发挥了核心作用。互联网协会数据显示，到 2018 年互联网行业已为美国经济贡献了 2.1 万亿美元产值，约占美国 GDP 的 10%。互联网行业现已经成为美国的第四大经济部门，仅次于房地产、政府和制造业。该研究还发现，互联网行业提供了近 600 万个直接工作岗位，占美国工作岗位的 4%。

总体来说，GPS 技术每年为美国贡献了 3000 亿美元 GDP，互联网则贡献了高达 2.1 万亿美元，分别占美国年 GDP 的 1.5% 和 10%。预计在不久的将来，这两个行业都将持续享有较高的增长率。

五、政策评价

DARPA 的主要运行机制是以项目经理为核心的项目模式，项目经理在项目流程的运转中具有极大自主权，节省了很多跨级流程，大大提高了项目运转效率。DARPA 项目经理全权负责团队成员的招募、技术细节的管理。在项目经费的使用方面，项目经理拥有高度的自主支配权，有权决定资金的削减及重新分配。DARPA 局长不干预各个技术办公室的日常工作，只负责战略性的规划与协调，确保流程。

同时，项目经理自身具备较强的专业背景，也保证了颠覆性技术创新的专业化程度。DARPA 项目经理背景多元，有的来自美国军方部门，是可以准确定位美国军方实战需求的退役军官；有的是经验丰富的技术型人才，在产业部门工作多年，深刻了解产业需求，能将创新技术向市场引进；有的来自世界顶级大学，是基础研究实力雄厚的资深科研人员。这使得 DARPA 能够选择出既满足军方实际需求，又具备高科技含量和产业前景的研究项目。

DARPA 秉持鼓励首创、包容失败、正视风险、管理风险、敢于承担风险的创新投资理念，在很大程度上促进了 DARPA 的成功。颠覆性技术多聚焦于未来科技前沿领域，研发风险必然高于一般的技术领域，因此只有拥有不惧高风险的投资心态，正确看待其可能带来的风险，才能够准确识变、科学应变。

DARPA 专注于投资具有战略意义的前沿技术领域，致力于瞄准未来需求进行前瞻技术研发，对某些新技术的研究往往比其实际应用提前数十年，主要为具有战略影响作用、但常伴有高风险的研发项目提供资金，以此保证美国在关键技术领域占据领先优势。如由 DARPA 研发的享誉全球的互联网技术、GPS 全球定位系统及苹果语音助手 Siri 等颠覆性创新成果，均呈现出高达 875 000 倍等十分可观的投入产出比，具体如表 4-1 所示。

表 4-1 DARPA 多个高投入产出比的技术项目

技术领域	DARPA 投资额/百万美元	工业产出值/百万美元	投入产出比/倍
互联网	4	3 500 000	875 000
GPS	6	70 000	11 667
Siri	5	14 000	2800

来源：根据李丹丹等（2016）编制。

第二节 爱尔兰颠覆性技术创新基金

一、政策任务

为了利用颠覆性技术带来的创新和经济发展的巨大潜力，爱尔兰建立了一个资本金约 5 亿欧元的颠覆性技术创新基金（Disruptive Technologies Innovation Fund，DTIF），该基金将投资于商业开发中的颠覆性技术和应用的研究、开发和部署。

爱尔兰 DTIF 由"爱尔兰 2040"项目下的国家发展计划（The National Development Plan，NDP）创建。"爱尔兰 2040"是爱尔兰政府在 2018 年提出的国家总体发展战略，在其中提出了 10 个国家战略成果作为未来目标，包括"城镇紧凑式发展""增强区域交通通达性""加强农村经济和社区建设""环境可持续性的交通发展""由企业、创新和技能支撑的强大经济""国际连接"等。爱尔兰 DTIF 的政策任务是以"由企业、创新和技能支撑的强大经济"这一国家战略成果为总体目标，并在实施中兼顾其他的战略成果目标。具体而言，一是支持爱尔兰本地企业，推动相关企业充分利用颠覆性技术带来的市场机会；二是在关键技术领域促进公共机构和企业之间更深入、更广泛的研发与创新合作，充分激发出科技创新产生的经济效益；三是支持爱尔兰企业和公共机构能够积极迈向欧洲和全球，围绕颠覆性技术的开发和部署展开合作。

二、政策治理

爱尔兰商业、企业和创新部牵头，爱尔兰科学基金会、企业局、投资发展局等多部门共同组成指导委员会，协同推进爱尔兰 DTIF 运作。此外，爱尔兰政府还成立了利益相关者咨询委员会，负责对爱尔兰 DTIF 的管理运作提出专业指导意见，推进决策科学化。

爱尔兰 DTIF 将支持人工智能、机器人、虚拟现实、先进制造等颠覆性技术，以期提升生产效率，提高社会福利。整个爱尔兰 DTIF 希望通过投资开发和部署颠覆性技术项目，为爱尔兰经济发展建立新的进路，创造未来的就业机会。爱尔兰颠覆性技术 2018—2023 年优先领域和方向如表 4-2 所示。

表 4-2　DTIF 2018—2023 年技术发展的优先领域和方向

优先领域	优先领域方向
信息、通信、技术（ICT）	未来的网络、通信和物联网，数据分析管理、安全、隐私，机器人，人工智能（包括机器学习），增强现实及虚拟现实，数字平台、内容和应用
生命健康	健康和独立生活，医疗设备、诊断、治疗
食物	健康食品、智能食品和可持续食品的生产和加工
能源、气候、可持续性	能源系统的脱碳和可持续生活
制造业和材料	先进智能制造、制造新材料
服务和业务流程	服务和业务流程的创新

来源：Department of Business, Enterprise and Innovation. Disruptive Technologies Innovation Fund[EB/OL]. (2018-07-27)［2020-05-01］. https://dbei.gov.ie/en/What-We-Do/Innovation-Research-Development/Disruptive-Technologies-Innovation-Fund/Presentation-on-DTIF.pdf.

三、政策工具

(一) 申请流程与标准

爱尔兰 DTIF 的政策工具是项目。项目申请流程和大部分的研究项目申请没有太大差异,第一是 DTIF 发布申请意向和指南;第二是相关企业、研究机构等组成联合体并进行意向书撰写和提交;第三是 DTIF 组织专家审查和决定资助名单;第四是项目执行。其中值得关注的是项目提案将由来自国际的技术和商业领域专家独立进行评估。通过评估阶段的项目将提交指导小组审批,然后由爱尔兰商业、企业和创新部部长最后批准。

爱尔兰 DTIF 根据所关注的颠覆性技术研发特点,制定了针对资助项目的申请门槛,不进行普惠式的资助方式。具体要求包括:第一,项目执行时间及涉及技术的潜在影响期要超过 3 年。第二,申请 DTIF 资助的金额至少为 100 万欧元,DTIF 资助金额与企业的供款比例在 1:1～1:3 左右;对中小企业参与者而言,最高可获得 50% 研究费用(包括经常开支)的资助。第三,联合体最少由 3 个独立实体组成,其中 2 个必须是企业(其中 1 个必须是中小企业)。整个联合体要有一个主要的牵头参与者,以及一个坚实的项目管理结构。第四,允许不在资助类型中的合作伙伴参与,但 DTIF 的资助仅限于位于爱尔兰的、符合要求的企业和研究机构。

最后项目组进行专家打分,项目将组织国际专家进行评审,并按照竞争性原则进行前后两轮的评价。国际专家根据表 4-3 所示的评分标准进行初步评分,达到每个标准最低门槛的项目将被推进到第二阶段,并将根据相同的评分系统再次评分,目的是在同阶段候选项目中进行比较,实现择优支持。在整个申请阶段,如果可资助的项目多于可获得的资助金,符合每个标准最低门槛的提案将根据其累积分数进行排名选择。

如表 4-3 所示,整个评价分为 4 个维度,包括颠覆性技术强度、整体提案和方法的优秀程度、经济和市场的影响、合作的质量和效率。每个维度设置了评价的标准(表 4-4)、评分范围和最小阈值等,能够让评价者有章可循。

表 4-3 提案评分范围和阈值

评价维度	评分范围	最小阈值
颠覆性技术强度	0~10	6
整体提案和方法的优秀程度	0~5	3
经济和市场的影响	0~10	6
合作的质量和效率	0~5	3
总计(最大值)	30	18

来源:Department of Business, Enterprise and Innovation. Disruptive Technologies Innovation Fund: Reference Document for Applicants[EB/OL]. (2018-06)[2020-05-01]. https://dbei.gov.ie/en/What-We-Do/Innovation-Research-Development/Disruptive-Technologies-Innovation-Fund/DTIF-Reference-Document-for-Applicants.pdf.

表 4-4 4个评价维度的标准

颠覆性技术强度

1. 提案表明,在爱尔兰本地或市场环境中开发或部署颠覆性技术具有很强的潜力。
2. 提案将以优秀的科学研究为基础,并通过推动研究获得新的解决方案。
3. 提案表明,其涉及的技术领域与爱尔兰政府提出的颠覆性技术领域高度一致。
4(1). 提案大部分聚焦于工业研究。
4(2). 提案需要进行欧盟委员会第 651/2014 号法规中定义的"工业研究",同时申请时技术研发阶段应属于"技术准备程度"的 3~7 级。
5. 提案经过风险评估认为,此项目需要国家支持,如项目展示了颠覆性创新伴随的风险;特别是该颠覆性创新在推动经济增长、持续性发展和生产力提升方面存在风险。

整体提案和方法的优秀程度

1(1). 项目目标在科学、技术和创新方面具有明确性和针对性。
1(2). 项目目标具有明确性和针对性。
2. 项目拟使用方法的概念和可信度。
3. 拟开展的工作在多大程度上超越了现有技术水平、能否显示创新潜力,如突破目标、新概念和应用。
4. 基于提供的项目资料,项目是完整的、在 2~3 年的时间内未来成果可交付。

经济和市场的影响

1. 提案意义重大,有可能显著改变市场及其运作,并通过形成新的商业模式显著改变企业运作方式。
2. 提案表明,项目有潜力提高项目相关企业创新能力,包括研发和业绩、未来接触和部署颠覆性技术的能力;项目对中小企业能力的提升十分显著。
3. 提案表明,项目有潜力在 3~5 年的时间内创造重大的新市场机会和出口效益、能够创造就业机会、加强项目相关企业的竞争力和推动效益增长。
4(1). 该项目对更广泛的企业群体,特别是爱尔兰中小企业的溢出效益得到了证明。
4(2). 提案表现了经济上的可行性,并考虑了创新商业化所需的下一步阶段和活动。
5. 提案展示了与颠覆性技术相关的潜在分析和其他创业活动。
6. 该提案项目将有助于实现"爱尔兰 2040"中提出的"国家战略成果",特别是实现第五条"由企业、创新和技能支撑的强大经济"。

合作的质量和效率

1. 联合体中的企业具有实现项目目标的实力和可信度。
2. 联合体拥有一个强有力的牵头参与者及有力的管理结构。
3. 每个联合体必须至少包含一家中小企业,而且联合体中的中小企业在项目中发挥着不可或缺的作用。
4. 联合体在内部筹集资金和其他资源,实现除 DTIF 资助之外的恰当的共同投入。
5. 提案提交的工作计划或纲要的质量和效率水平,要评价预计分配的资源能在多大程度上契合目标。
6. 管理结构和流程的合适程度,管理中的风险和创新管理也要有足够的合适程度。
7. 项目参与者之间的互补性,以及整个联合体汇集必要专门知识的程度。
8. 任务分配的适当性,确保所有参与者在项目中都发挥有效的作用和拥有充分的资源来履行职责。

来源:Department of Business, Enterprise and Innovation. Disruptive Technologies Innovation Fund: Call 2 – Documentation. [EB/OL]. (2019-06-18)[2020-05-04]. https://dbei.gov.ie/en/Publications/Publication-files/DTIF-Call-2-Guide-for-Applicants.pdf.

(二)资金分配

爱尔兰商业、企业和创新部根据这些机构是高等教育机构还是其他类型研究机构,是爱尔兰本土企业或跨国公司等分类标准,决定资金分配的具体比例。爱尔兰 DTIF 的分配方式如下:企业和 DTIF 大致按照 1∶1 比例共同投入,差异在于中小企业的投入远远小于大型企业;同时,位于爱尔兰的研究机构则不需要投入,由 DTIF 代为投入。这样根据联合体构成的不同总体的比例从 1∶1 到 1∶3 不等。而其他类型的参与者(如爱尔兰以外的企业或者研究机构)中,如果是位于爱尔兰境外的企业合作伙伴,可以为项目提供资金,但 DTIF 不对其匹配相应资金。具体示例如表 4-5 至表 4-7 所示。

表 4-5 一个中小企业与一个研究执行机构资助示例

	共同资助	DTIF 资助	总预算
爱尔兰中小企业	33.3 万欧元	33.3 万欧元	66.6 万欧元
爱尔兰研究机构	0	66.7 万欧元	66.7 万欧元
总计	33.3 万欧元	100 万欧元	133.3 万欧元

来源:Department of Business, Enterprise and Innovation. Disruptive Technologies Innovation Fund. [EB/OL]. (2018-07-27)[2020-05-01]. https://dbei.gov.ie/en/What-We-Do/Innovation-Research-Development/Disruptive-Technologies-Innovation-Fund/Presentation-on-DTIF.pdf.

表 4-6 多个规模企业与研究执行机构合作资助示例

	共同资助	DTIF 资助	总预算
爱尔兰中小企业	25 万欧元	25 万欧元	50 万欧元
爱尔兰大型企业	275 万欧元	275 万欧元	550 万欧元
爱尔兰研究机构	0	200 万欧元	200 万欧元
总计	300 万欧元	500 万欧元	800 万欧元

来源:Department of Business, Enterprise and Innovation. Disruptive Technologies Innovation Fund. [EB/OL]. (2018-07-27)[2020-05-01]. https://dbei.gov.ie/en/What-We-Do/Innovation-Research-Development/Disruptive-Technologies-Innovation-Fund/Presentation-on-DTIF.pdf.

表 4-7 多个规模企业、研究执行机构及自筹资金参与者合作资助示例

	共同资助	DTIF 资助	总预算
爱尔兰中小企业	25 万欧元	25 万欧元	50 万欧元
爱尔兰大型企业	275 万欧元	275 万欧元	550 万欧元

续表

	共同资助	DTIF 资助	总预算
爱尔兰研究机构	0	200 万欧元	200 万欧元
其他参与者	200 万欧元	0	200 万欧元
总计	500 万欧元	500 万欧元	1000 万欧元

来源：Department of Business, Enterprise and Innovation. Disruptive Technologies Innovation Fund. [EB/OL]. (2018-07-27) [2020-05-01]. https://dbei.gov.ie/en/What-We-Do/Innovation-Research-Development/Disruptive-Technologies-Innovation-Fund/Presentation-on-DTIF.pdf.

（三）成果交付

爱尔兰 DTIF 对资助项目提交成果做出规定，要求所有交付成果必须符合"具体、可衡量、可实现、相关和有时限准则"。DTIF 明确规定，第一，在项目申请阶段要明确可交付成果的所有权和合作者。第二，在草创交付品时，应当有足够的说明性文字，以便评估人员能够评估交付品在项目中的相关性。第三，这些成果应与项目的总体目标明确挂钩。

四、政策进展

爱尔兰 DTIF 第 1 批项目申请超过了 300 个，包含超过 900 个参与单位。整个评审较为严格，最终获得资助的仅有 27 个（通过率为 9%）。其中包括爱尔兰廷德尔国家研究所（Tyndall National Institute）的 ficonTec 服务中心（ficonTec Service），它在 DTIF 的资助下与其他企业伙伴共同建立了国家光子技术制造中试线和国家光子学制造试点线。国家光子技术制造中试线是一个集成的光子技术制造生态系统，旨在推动颠覆性光子技术从概念到商业化的发展。同时，中试线对全球所有希望在一个专门的、经验丰富的生态系统中快速实现未来集成光子技术设备的公司开放。位于廷德尔国家研究所的国家光子学制造试点线，未来将和医疗技术、生命科学和通信等部门合作进行相关研究工作，初期投资为 600 万欧元，旗下拥有 15 个团队。这个项目与其他商业合作伙伴的深度合作，代表了研究人员与工业设备供应商之间、制造专家和产品设计人员之间的独特合作关系，将确保在爱尔兰和整个欧洲范围内形成可持续的集成光子学制造能力。

五、政策评价

爱尔兰 DTIF 是近年来正在实施的科技创新公私合作基金，聚焦于颠覆性技术领域，从组织方式到投资目标都具有很强的前沿性。其中可以总结为以下两点。

（一）根据创新领域特点设置资助方式

根据颠覆性技术开发的特征，爱尔兰 DTIF 在申请门槛和项目资助方式上进行了专门的设置。首先，颠覆性技术开发需要较大规模的投资，以及较长的时间跨度，所以对于申请企业的规模和项目申请的时间长度都规定了较高的门槛。其次，由于颠覆性技术创新需要研发、产业等多个环节协同推进，所以爱尔兰 DTIF 从项目申请开始就尽可能把创新环节各类主体都纳入其中，如强调了中小企业、研究机构要主动参与。最后，根据不同规模企业设置差异化的资助标准，尽可能地将不同情况的企业合作者容纳进来。

（二）设置多维度颠覆性技术项目评价标准

爱尔兰 DTIF 对颠覆性技术项目设置了可操作的评价标准，它通过设置"颠覆性技术强度""整体提案和方法的优秀程度""经济和市场的影响""合作的质量和效率"4 个评价维度，对项目方案的水平、项目包含的技术层次、未来影响、项目合作伙伴等进行全方位评估，提升了基金资助的效率。该评价指标具有较高参考价值，能够为未来评估研判其他相似公私合作研发项目提供良好的参照。

第三节 韩国创新挑战项目

一、政策任务

韩国创新挑战项目是一项高难度、任务型，以应对未来变化为核心目标，使用全新研发方式解决国家和国际重大挑战的跨部门研发项目，一旦成功将为社会带来颠覆性影响。2019 年 5 月，创新挑战项目在韩国科学技术相关长官会议上讨论的《国家 R&D 革新·挑战性强化方案》中首次提出，创新挑战项目的政策任务是以超高难度的研究创新成果为目标，力图改变现有以量化成果为考核标准的研发现状，强化国家研发的任务导向性和挑战性。

二、政策治理

韩国创新挑战项目由韩国科学技术创新本部主管，失败的可能性很高，但如果成功，将改变社会模式。其特点是通过各部门合作，为划时代地解决国家问题进行任务导向型研究。创新挑战项目作为跨部门研发项目，可以打破部门间的壁垒，对各类创新型研发项目进行大胆尝试。韩国科技部的有关负责人认为，创新挑战项目将为韩国国家科研工作带来更多的挑战与机遇，为国家研发创新画上浓墨重彩的一笔，具有代表性。

2020 年 5 月，郑敏炯被选任为创新挑战项目推进团团长——在韩国 R&D 中，采用的是项目经理（project management，PM）制度，推进团团长属于综合 PM。随后，通过部门-产学研对象征集、政府出捐研究机构对象说明会等方式，在环境、安全、健康等与国民生活密切相关的领域，挖掘了 400 多个研究主题。经过外部评价和相关部门的协商，确立了 2020 年度创新挑战项目的 5 大研究主题，之后约 5 个月的时间里，为推进各自的主题，个别研发主题在相关部门的参与下进行了详细企划。创新挑战项目的首批研发资金投入达 150 亿韩元，考虑到疫情的紧迫性，首个重点示范是研发代替人类进行治疗及防疫工作的智能机器人。

三、政策工具

韩国创新挑战项目最主要的政策工具是设立推进团团长、招募事业团团长和示范项目。

（一）设立推进团团长

为全面运营和管理创新挑战项目，韩国科学技术企划评价院设立创新挑战项目推进团和推进团团长。韩国科学技术信息通信部（以下简称"科技部"）部长应当制定推进团团长的选拔方案。为选拔推进团团长，另设推进团团长推荐委员会（以下简称"推荐委员会"），推荐委员会应根据遴选方案推荐团长候选人，科技部部长从推荐委员会推荐的入围候选人中任命团长，最终由韩国科学技术企划评价院院长聘任。推进团团长的任期原则上为 4 年，由后续考核评估决定是否能够连任。

科技部部长每两年制定一次推进团团长考核方案，对推进团团长进行考核。科技部部长可设立一个独立的专家委员会对推进团团长进行评估，且科技部部长应当向项目推进委员会报告推进团团长评价结果。

推进团团长应当做好下列工作：制定创新挑战项目推进战略、发掘研究主题、研究研发项目的规划问题、管理研发项目总体进度，参与处理对外合作、制度改进、推进团运营、部门之间的分歧调解与仲裁等相关事项。

设立推进团团长后还应进行研究主题的选定。研究主题指为体现创新挑战项目的目的而设置的研究对象和研究领域。创新挑战项目推进团团长选任后，通过部门－产学研对象征集、政府出捐研究机构对象说明会等多种方式，在环境、安全、健康等与国民生活密切相关的领域挖掘研究主题，经过外部评价和相关部门的协商，确立最终研究主题。

（二）招募事业团团长（专业 PM）

主管部门（指参与部门中负责相应研发项目的中央行政机关）负责人应当与合作部门（指参与部门中除主管部门外的中央行政机关）负责人协商后，制定事业团团长遴选方案。二者协商后，组成并运行选拔委员会，负责选拔工作，推进团团长也参与事业团团长的选拔过程。

事业团团长的主要工作职责为：制订研发项目的推进计划、分配研究经费、管理研发项目进度、制度改进、评估、管理研究成果、实证和推广等与事业团运营管理相关的事项，以及主管部门负责人认为管理业务所必需的其他事项。

关于事业团团长的考核，主管部门负责人可以设立一个由独立专家组成的指导委员会，对事业团团长进行评估，且主管部门负责人应当参加考核过程并向指导委员会报告考核结果。主管部门负责人与合作部门负责人协商后，制定事业团团长考核方案，对其进行考核，主要考核计划的基本方向、与业绩标准有关的事项（如预算分配和研究成果）及指导委员会认为必要的其他事项。

事业团团长可以用各种方式选择研究课题（由国家牵头，需要迅速推进的研究发展课题，且需经中央行政机构负责人批准），在30天内发布与所选择课题相关的详细计划。在专业研究人员数量有限、研究目标难度较高等情况下，为了提高课题选择的专业性，事业团团长可以组成研究课题评价团共同研判和选择课题。

事业团团长在选择研究课题时，可运用各种评价方式，包括合格/不合格判定评价、意见叙述式评价，国外专家书面评价，小组评价，发表会评价，讨论评价等。最后事业团团长应当向推进团团长和主管部门负责人报告课题选择结果。

在韩国创新挑战项目中，推进团团长负责整个创新项目的管理，事业团团长为研究主题之下个别研究项目负责。此外，韩国还设立项目推进委员会，对创新挑战项目进展情况进行检查，审议推进团团长制定的推进战略、研究课题的选择、后续项目推进进展，参与部门之间的合作和意见调解、仲裁事项等重点事项。

韩国创新挑战项目流程如图4-5所示，在完成设立推进团团长、选定研究主题、招募事业团团长、选定研究课题后还有如下步骤。

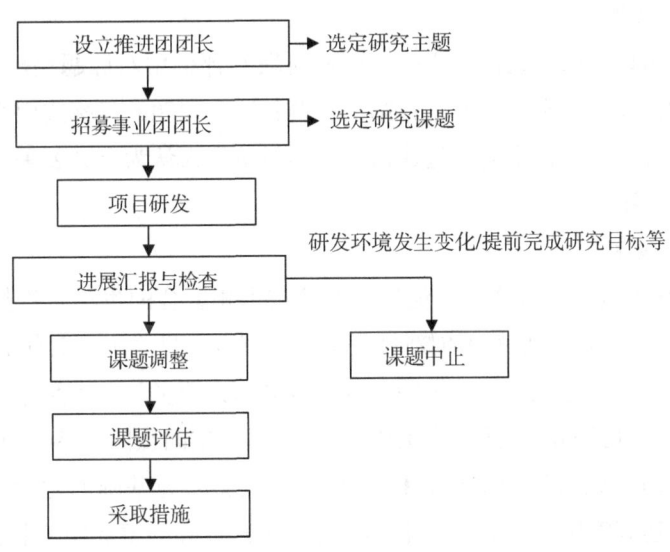

图4-5 韩国创新挑战项目流程

来源：根据《과학기술정보통신부.혁신도전프로젝트운영관리규정(최종)》编制。

1. 进展汇报与检查

事业团团长可以审核年度业绩、计划书，并据此随时检查课题的研究进度。进行进度检查时，应尽量减轻课题研究人员的行政负担。

事业团团长应向推进团团长报告各期研发项目的情况，包括研发项目的推进计划、课题进度管理情况，课题研发成果评价结果及评价后的措施。推进团团长可以根据报告结果要求事业团团长改进。

推进团团长应当向推进委员会报告下列各项进展情况：创新挑战项目的推进计划、研发项目的规划报告、改善政策和规章制度的情况及其他需要报告的事项。推进委员会可根据进度报告结果，要求推进团团长进行改进。

2. 研究课题调整或中止

事业团团长可以根据进度检查结果，调整下一年度的研发计划和研发费用，必要时也可调整课题的目标或内容。同时，在当前预测的研发环境已发生变化或提前完成研究目标等情况下，事业团团长可以选择在研究计划中的研究结束日期前停止课题的研发。

3. 课题评估

事业团团长对课题的研究成果进行阶段性评价和最终评价。事业团团长应每年制订评估计划，包括评估标准、评估程序和评估组的组成方案，并报告给主管部门负责人和指导委员会主席，发送给任务负责人和参与的研究人员。年度评价和终评可以采用不计分、不评定等级的意见叙述式评价；国外专家书面评价；小组评价；发表会评价；书面评价；讨论评价等多种方式。事业团团长在考核结束后，应当在 14 日内向推进团团长和主管部门负责人报告考核结果。

4. 评估后的措施

事业团团长可以采取下列措施之一，回应阶段性评价中对课题提出的意见：第一，调整下一阶段的研发计划和研发费用；第二，调整这些课题的目标或内容；第三，停止研发；第四，除评估小组提出的改进建议外，项目负责人认为有必要采取的其他措施。

（三）示范项目

1. 生活防疫技术

"应对传染病大流行，机器人、信息与通信技术相融合的生活防疫技术开发"（以下简称"生活防疫技术"）是韩国创新挑战项目的试点项目之一。其研究主题包括重症医学（最大限度降低医务人员感染风险，提供高效医疗服务）、生活治疗设施（轻症患者适用的机器人、自我隔离生活治疗系统）、日常生活空间预防（多用途设施和生活空间隔离/预防系统）。该项目的主要目标是开发以机器人为基础的生活防疫解决方案，无须人工干预，达到疾病感染率最小化。项目由公开招募的事业团团长开展课题组成、进度管理、评估评价等工作。

在新型冠状病毒全球扩散的背景下，"生活防疫技术"期许能够在没有人类介入的情况下，通过机器人的自主判断（移动、操作、作业）实现生活防疫等高难度目标。作为韩国创新挑战项目的试点项目，"生活防疫技术"的开发将通过竞争型 R&D、开放型 R&D（研究团队的灵活变更）等革新性研究计划推进与完成。

该试点项目试图验证新研究方法的有效性，在随后的 3 年半时间，韩国政府投资 154 亿韩元用于"生活防疫技术"的开发，事业团团长会预计传染病流行期间可能发生的所有情况与问题，以开发技术解决这些问题为目标，策划具体任务、选择最佳研究组并密切支持技术开发的整个过程。

此外,"生活防疫技术"的开发不仅以单纯的技术开发为基础,还计划加强相关部门间的合作。在开发期间通过医院、公共设施等的现场实证,划时代地提高技术完成度。通过这一计划,开发融合机器人技术、信息与通信技术等新方式的生活防疫解决方案,以大幅支援生活治疗设施,提高日常生活空间面对传染病大流行的应对水平。

2. 永久保存超大容量大数据的 DNA 技术

第四次工业革命的到来使数据产出呈现爆炸式增长。为解决当前人类社会正面临的数据骤增问题,提高单位面积存储容量的技术开发成为重要研究主题。DNA 存储技术无须删除剧增的人类数据,拥有划时代的压缩形态,可以实现超低电力、永久保存,从这一点来看具有创新性。目前,该技术在世界范围内还处于研究初期阶段,利用 DNA 精准快速地储存、合成与测序数据是需要高难度技术的挑战性主题。

3. 水空两用无人驾驶潜水器技术

由于调度准备所需时间长、通信中断及水流导致的船舶位置不明等原因,现有的灾害响应系统存在许多不足,特别是恶劣天气时根本无法出动。对此,通过开发水空两用无人潜水艇(Autonomous Underwater Vehicle,AUV),可以随时比救助队更早更迅速地进行空中移动、追踪事故船舶位置及早期搜索。在救援队到达之前进行快速空中移动,跟踪事故船舶的位置,构建一个支持后续救援活动的灾难响应系统是该项目的主题。

在海上事故发生后立即追踪和搜索船舶,大大提高了海上救援的速度和准确性。与直升机和船舶不同,该技术的创新之处在于它们可以在恶劣天气下进行操作,因此具有创新性,是一个满足水空两种不同环境、机体设计难度较高的挑战性项目。

4. 用于治疗自闭症的混合数字疗法

自闭症(孤独症)没有完整的治疗方法或药物,因此需要依赖于稳定剂和开发/学习活动来缓解症状,难以保证治疗的连续性,常常会加深为重症。因此,为了早期诊断自闭症,防止患者向重症发展,该项目希望开发一个能够在家庭和学校等日常生活中持续治疗和管理自闭症的数字疗法。它的创新之处在于可以在日常生活中治疗和管理自闭症。与一般的数字疗法不同,它结合了应用程序和游戏等软件及传感器、摄像头和虚拟现实等硬件,具有创新性。该技术的挑战性在于行为模式监测和数据分析技术。

5. 多功能平流层无人机技术

现有的以卫星为中心的气象观测体系,在随时、迅速、准确地预测台风、暴雨、暴雪等局部和突发性气象方面存在局限性。静止卫星虽然可以 24 小时观测,但很难精密观测地面,低轨道卫星虽然可以精密观测地面,但每天只能观测 15 分钟左右。因此,该技术致力于开发在云风微弱、太阳能丰富的平流层中可以长期运用的无人机系统,并建立补充卫星局限性的持续、精确的监测系统。

该技术可同时进行持续、精准的观测,消除现有气象灾害观测盲区,在环保和成本效益方面效果显著,具有创新性。在克服零下 70 ℃极端环境的前提下,设计一个低功耗长续航的系统难度较高，是一个具有挑战性的主题。

6. 废弃有机物再利用技术

现行通过回收、焚烧、填埋等处理废弃有机物的方法在成本和环境污染方面存在局限性，因此该技术是为了在不排放二氧化碳的情况下，将其回收为乙烯、乙炔等基础原料，进行再资源化。该项目的创新性在于可以将废弃有机物从高成本处理对象转变为高利润销售对象，并最大限度地减少焚烧、填埋和回收过程中产生的二氧化碳。这项将固、液、气体等所有形态的废弃有机物利用等离子体在超高温、短时间内转换为基础原料的技术，是在世界范围内的首次尝试，因此十分具有挑战性。

四、政策评价

韩国创新挑战项目采用任务导向型模式展开研究，设定超高难度但一旦成功将带来重大影响的研究目标，告别传统技术路线图的模式，采用从问题出发的任务导向型研究计划与集中创造成果的专业化管理方式，以此提高项目的战略性。随后设定挑战性目标，通过逆推法（back casting）导出实现目标所需的详细技术、课题。

韩国创新挑战项目的规划与权责划分清晰。为追求流程创新，引领科研新文化，推进组、主管部门、项目组将共同规划与管理项目实施，使规划意图通过项目推进过程得以延续，直至项目结束，同时保证研究与管理分开。研究人员从事专门的技术性研究工作，由专业的机构和人员负责具体的项目管理工作，充分发挥各自的优势，保证研发顺利进行。

韩国创新挑战项目鼓励创新性的想法，运营"疯狂想法加速器"（Crazy Idea Accelerator, CIA）论坛。为了发掘开放型日常计划和研究主题，创新挑战项目计划运营CIA论坛——一个供研究人员自由发掘、评估、发展创意和原创想法的在线平台，以便通过多种途径呈现改变世界的挑战性想法。

韩国创新挑战项目的研发制度灵活，引进与发掘"竞争型R&D""技术购买""目标再调整（moving target）""提前退出（early exit）"等在社会或海外R&D中广泛使用，但韩国政府R&D中没有使用的研究制度，并首先在创新挑战项目中运用。采用PM制度，设立综合PM与专业PM负责创新挑战项目的统筹与实施。科技创新本部选任推进团团长作为创新挑战项目的统筹管理者，负责管理项目整体运行情况。之后由事业团团长作为具体项目的总管理者，负责管理课题构成、进度管理、评估评价等项目开发过程的具体任务。

第四节 韩国"未来增长动力计划"

一、政策任务

韩国"未来增长动力计划"的政策任务是为应对第四次产业革命,依托韩国本身在信息通信技术上的优势,发展其衍生的新兴产业,为韩国创造新的增长动力,更好地实现大力发展创造型经济的国家政治目标。总体目标为带动经济增长、创造就业、减少社会支出并提高国民生活质量。计划设定的蓝图是实现人均国民收入4万美元的目标,创造新产业和新就业。具体目标是升级改造主力产业,抢占未来市场,福利、产业两手抓,打造可持续增长基础。

韩国自1991年起就推出系列动力增长计划。2014年韩国政府审议并出台发布了《未来增长动力发掘培育规划》,该规划作为实现韩国创造型经济的具体战略,确定了13个重点发展领域(表4-8)及负责部门,重点领域的培育也奠定了韩国新兴产业发展的基础。未来增长动力计划不断为创新增长领域注入新的动力,对新市场产业和亟待解决的项目进行大力支持。同年发布的《未来增长动力落实计划》作为2014—2022年中期发展规划为各领域制定了发展路线。《未来增长动力落实计划》确定了到2020年韩国政府在相关领域的政策和投资方向。

表4-8 十三大未来增长动力产业

类别		产业
九大战略产业	主力产业	智能汽车、5G移动通信、深海海洋工程设备
	未来新产业	智能机器人、可穿戴智能设备、实感内容
	公共福利产业	定制型健康管理、灾难安全管理智能系统、新再生能源混合系统
四大基础产业		智能型半导体、大数据、融复合材料、智能型物联网

来源:张翼燕,宋微. 韩国未来增长动力计划探析[J]. 全球科技经济瞭望,2018,33(6):19-24. DOI:10.3772/j.issn.1009-8623.2018.06.004.

2015年《未来增长动力落实计划》整合了产业通商部制定的《十三大产业引擎具体推进计划》,形成了《未来增长动力—产业引擎综合实施计划》,包含19个未来增长动力领域,时间跨度为2015—2020年。文在寅政府上台后,继续执行上任政府的未来增长动力计划,于2017年10月审议通过了《创新增长动力促进战略》。根据国际科技和产业发展态势及韩国的国政课题,新战略将原有的19个领域与《九大国家战略项目》进行统一。《九大国家战略项目》于2017年8月发布,其中,确保未来发展动力的有5个项目,分别为人工智能、虚拟/增强现实、无人驾驶汽车、轻质材料、智能城市;提高国民生活质量的4个项目,分别为精准医疗、碳资源化、雾霾机理与防治、生物制药。整合后重新确立的增长动力领域为13个。文在寅政府未来增长动力计划如表4-9所示。

表4-9 文在寅政府未来增长动力十三大领域

类别	产业
智能化基础设施	大数据:大数据开放与应用;新一代通信:5G、物联网产业化;人工智能:人工智能核心技术开发
智能移动体	无人驾驶汽车:高水平无人驾驶汽车;无人机:公用、商用无人机普及
融合服务	定制型健康保健:个人定制型精密医疗;智能城市:减少城市问题;虚拟/增强现实:个别产业与虚拟/增强现实融合;机器人:医疗、安全服务机器人
基础产业	智能半导体:人工智能半导体开发;尖端材料:航空零部件、汽车轻量化;创新药物:开发新药候选物质100个;新再生能源:扩大再生能源发展比重

来源:张翼燕,宋微. 韩国未来增长动力计划探析[J]. 全球科技经济瞭望,2018,33(6):19-24. DOI:10.3772/j. issn. 1009-8623. 2018. 06. 004.

为应对严峻的经济发展形势,挖掘未来增长动力,韩国政府计划2023年内发布30多个"新增长4.0战略"推进方案,确保未来产业增长动力,2023年2月,韩国政府发布"新增长4.0战略"路线图。其中,推进"全民人工智能(AI)日常化推进计划",利用AI服务解决民生问题,扩大研发民间主导的智慧医疗解决方案。在战略产业领域,韩国政府将为投资项目落地和新一代技术研发全力提供支援,包括构建大规模半导体园区、研讨国内新一代二次电池生产线、将显示产业列入可享受税收优惠的国家战略技术等。

二、政策治理

韩国"未来增长动力计划"的实施主体为政府机构,政策对象为中小企业及专业化大学、研究生院、在职教育机构等人才培育机构。主要推进战略包括:推进以未来市场需求为核心的研究开发;以共同增长模式为基础,培育中小企业和风险企业;繁荣内需市场,支持企业开拓海外市场;构建以产业发展全周期为服务对象的人力供需体系。

为推动计划落实,韩国政府确立了三大基本方向。一是同时培养战略产业和基础产业,促进各领域间的融合,提高产业的整体效果。在战略产业领域,将构建独资的由主力产业、未来新产业、公共福利产业三大领域构成的大规模产业生态系统。基础产业则将在保持传统产业特征的同时,作为基础要素与其他产业融合,创造可观的协同效应。二是梳理研究开发、人才培养、基础设施建设、活跃产业生态、改进法规制度等一揽子支援战略。计划将根据从研发到创业再到增长的不同发展阶段,制定各阶段所需的支援方案,实现从材料部件、软件到成品、服务价值链各个阶段的均衡发展。三是推进官民合作的期间计划。在计划确定的十三大未来增长动力中，将挖掘并支持中短期内可能产生成果且民间关注度高的项目作为期间计划。韩国将成立"官民联合创造经济推进团"，负责计划的挖掘、规划和执行。

三、政策工具

该计划的政策工具包括基础设施建设；基础技术、应用技术和设备开发；资金支持等。针对不同产业支持方式也不同，具体如下。

（一）主力产业

（1）智能汽车。目标是建成全球智能汽车产业第三大强国。具体推进战略为：推动汽车专用道路自主导航技术、基于信息通信技术的交通服务及车辆编队系统核心技术开发；构建基于信息通信技术的交通服务基础，配备车辆通信专用频段，整顿相关法规和制度；搞活以用户为中心的交通服务产业，通过"汽车–IT融合新商业支援团"等措施和手段，扶持中小企业进入汽车产业。

（2）5G移动通信。目标是到2020年5G标准专利竞争力及终端机市场占有率世界第一。主要措施为：开发和应用比4G快1000倍的未来移动通信技术，通过国际联合研究推进韩国技术和国际标准化进程；构建内容、平台、网络和设备四者融复合的创造型服务生态系统；建设用于包括信息通信技术等产业在内的创新产业整体的知识和信息高速公路；扩大对中小企业研发的支援比重，由2013年的25%提升至2017年的40%，并为企业提供技术辅导和开拓海外市场的一站式支援服务。

（3）深海海底作业设备。韩国旨在通过基础建设及商业化，实现韩国向海洋成套设备产业强国的跨越式发展，实现核心设备国产化。主要推进战略有：开发深海海底作业设备基础技术、应用技术和设备；建设核心基础设施；培养世界级核心设备隐形冠军企业；扩大专业化大学及研究生院，对在职者进行教育；制订并执行同海外机构的联合人才培养计划。

（二）未来新产业

（1）智能机器人。韩国旨在通过机器人技术的融复合化，逐渐向创造智能化服务的机器人化概念发展，计划到2020年机器人产值达到9.7万亿韩元。推进战略为：支持第3代核心基础技术（机器人智能、人机交互和远程控制）开发及部件的国产化；推进机器人与其他产业的融合研发，特别是用于应对灾难和健康护理的机器人；支持机器人技术的安全认证和国际标准化；培育机器人企业并创造新市场；开设以试验和实习为重点的创意融合型硕士课程和以预备就业者为对象的机器人服务融合软件开放学院。

（2）穿戴式智能设备。韩国的目标是实现100个穿戴式智能设备明星产品的商业化，并实现全球技术领先。主要推进战略为：推动零部件、材料、平台及服务核心技术开发，实现感官和文化融合的产品化、商业化，营造能实现可持续增长的产业生态系统。其中，开发半导体、智能传感器、嵌入式软件等核心零部件技术及同健康、感官、生活、安全等紧密相关的产品、服务及平台十分重要。

(3) 实感型数字内容。韩国的目标是抢占未来数字内容市场，将市场占有率由2013年的0.2%提高至2025年的5%，主要推进战略有：加强生态系统基础建设，并同其他产业对接，搞活融复合内容事业，培养明星企业；推动各部门对接虚拟现实、创意教育、实感型会议等合作研发；推进4D、数字标牌、用户界面和用户体验等核心关键技术的国际标准化研究；设立内容基金并组建大中型企业实感内容共生协会，培养并活跃文化内容一人创业企业；新设培养未来融合型专业人才（人文、设计、工学）的教育计划，扩充实感型内容制作及教育设施。

（三）公共福利产业

(1) 定制化健康护理。韩国的目标是到2020年进入定制化健康护理海外市场的世界前5名。主要推进战略有：开发服务内容及平台建设技术；改进法规制度，推进示范项目运行；开拓海外市场；设立开发专业和现场人力培养计划等。

(2) 智能灾难安全管理系统。韩国的目标是开发出现场定制型、综合型灾难安全技术，建设安全韩国。主要推进战略有：开发灾难感知、模拟等关键技术；开发综合服务平台，并实现内容尖端化；支持智能系统产业化。

(3) 新再生能源融合系统。韩国的目标是到2020年其世界新再生融合市场占有率达到10%。主要推进战略有：完善促进不同电源间融合的制度；建设系统验证及产业生态系统；开发国内外定制化项目模式；设立有企业参与的学士、硕士、博士人力培养计划及新再生能源标准认证研究院。

（四）基础产业

(1) 智能半导体。韩国的目标是通过确保软件及系统级芯片（SoC）的竞争力，实现韩国向智能半导体强国的跨越式发展。主要推进战略有：掌握"软件及系统级芯片"融合的核心技术；构建战略产业专业化的智能半导体平台，特别是推动智能汽车战略产业相对接的智能平台示范项目等；活跃战略产业分工合作的生态系统；设立"软件及系统级芯片"融合学科，实施政产学合作的智能半导体人力培养计划。

(2) 融复合材料。韩国的目标是成为世界材料第四大强国。主要推进战略包括：构建"原创材料研究团"等融合研究体系，掌握28项创新材料技术的专利及钛材料、化学材料的示范性试验平台关键技术及操作技术；打造材料技术商业化基础设施，推进碳纤维复合材料示范项目；营造与需求相对接的产业生态系统，为材料加工中小企业提供全周期支援体系及项目间对接、产品认证、技术推广等商业化支援。

(3) 智能物联网。韩国的目标是到2020年国内市场规模达到30万亿韩元，并建设成为能够领导超链接数字革命的国家。主要推进战略包括：建成创造性物联网服务；开发跨部门且民间开放的物联网平台；开发ICBM（物联网、云计算、大数据和移动互联网）平台服务；开发智能空间核心应用技术及智能传感器；推进具有发展前景的地区特色产品的智能化。

（4）大数据。韩国的目标是到 2020 年大数据国内外市场规模均达到 10 亿美元以上（2014 年韩国国内市场为 1.6 亿美元，海外市场为 1.4 亿美元）。主要推进战略包括：开发高性能计算、实时大数据流处理、大数据开放平台建设及应用等核心技术；活跃公共及民间领域的大数据利用，推动技术商业化，并构建和运行支援性基础设施；推进医疗、制造与加工、交通等主要产业领域的先导计划；培养不同层次人才，设立数据就业中心。

四、政策进展

韩国通过"未来增长动力计划"的实施，加强了技术、产业和项目间的跨界融合以推动产业协同共生发展。技术方面，韩国预见到以物联网为代表的信息技术与传统产业融合发展的广阔前景，积极推动传统产业与 ICT 的融合创新，如撮合三星等 IT 企业通过物联网技术与现代汽车等制造企业合作，开展智能化融合产品的联合研发与生产。产业方面，积极促进基础产业与战略产业间的融合，以可穿戴智能设备为例，与复合材料融合，将形成柔性材料、电子纤维和透明电子材料等；与智能汽车融合，将形成智能钥匙、脑波自动驾驶等。项目方面，《第六次产业技术创新计划》（2013 年）与十三大增长动力有 5 个领域交叉；《新产业创造项目》（2014 年）提出的十大未来融合产业与十三大未来增长动力产业有近一半领域的交叉。通过多维度的交叉融合，形成了推动产业发展的合力。

政府和企业在产业发展中更加注重合理分工和良性互动。韩国政府在促进未来产业的发展中，既发挥政府在产业培养方面的政策主导作用，同时也积极调动企业的积极性，形成了合理的分工协作体制。政府主要负责创新技术的开发和人才培养，企业则主要负责商用化技术、规模化生产和设备投资等。通过政府优先采购助力新技术产品的市场开拓，培育和做大市场对处于初级阶段的产业进行扶持。同时，政府通过减少产业发展限制、创造宽松政策环境及减税等手段鼓励企业积极向新增长动力产业扩大投资。

第五节 英国地平线扫描项目

一、政策任务

地平线扫描也叫环境扫描，最早是由美国哈佛商学院教授阿吉拉尔在 1967 年提出来的。以美国、英国、澳大利亚、OECD 等为代表的国家和组织对地平线扫描的研究由来已久，但各有侧重。OECD 认为地平线扫描是通过对潜在威胁和机遇进行系统检查以探测潜在重要发展的早期信号的方法。英国认为可以通过对信息系统性的扫描，识别出潜在威胁、风险、新出现的问题和机会，以便更好地做准备，并将地平线扫描的结果纳入到未来政策制定过程中。为更好地实施英国地平线扫描项目，英国政府构建了一套系统化的信息检验方法，以便在相关领域做好更充分的准备。英国政府将地平线扫描项目用于评估"新兴的趋势和当前政策实践的潜在影响"，评价政府服务所具备的能力和结构，预测风险和确认中长期机会，对英国未来的挑战提供跨部门有效、共享的战略分析。

英国设立了地平线扫描中心，其政策任务是以科学为基础，为公共部门直接提供跨部门的优先设计和战略结构。2012年，英国"政府战略思考：没有国家战略，切实可行的政府战略是否能出现？"报告发布，指出未来智力与安全前景网络是跨部门战略思维成功应用的例子，并将其主要功能明确为地平线扫描实际工作者的知识共享网络。2013年，英国发布"跨部门地平线扫描评议"报告，建议成立跨部门的地平线扫描枢纽，并于当年宣布建立新的地平线扫描程序取代跨部门的地平线扫描。2014年英国建立地平线扫描的两年计划，并发布"政府地平线扫描"（2013—2014年第9次报告），内阁大臣建立新的"地平线扫描团队"。

二、政策治理

英国地平线扫描项目的主体是政府各部门，政策对象是新兴趋势和与当前政策实践相关的各类政府活动，政府各部门据此开展扫描项目。英国政府建议各部门积极运用地平线扫描并建立各自的扫描项目，同时向各部门介绍如何使用未来分析工具及怎样把未来分析工具整合到战略政策发展中，并开发了相关的工具包来改善政府决策。除了促进跨部门的地平线扫描外，扫描中心还积极进行公共宣传并构建了公共、私人、学术和其他部门的专家网络，设立了未来分析专家论坛，用以交流新思想、新实践研究，鼓励参与者使用未来技术，促进公众投入以增加预测项目的价值。英国地平线扫描项目的组织结构如图4-6所示，该组织结构图的简要说明如表4-10所示。

表4-10 英国地平线扫描项目组织结构的简要说明

名称	职能说明
内阁大臣顾问组	地平线扫描活动的跨部门协调和指挥由英国政府内阁负责，内阁顾问组的成员是跨部门的内阁关键成员，一般是5~6名。当地平线扫描活动涉及相应部门，该部门高级代表需参加讨论
地平线扫描监督组	地平线扫描监督组成立的目的是确保相关活动实施，每季度举行会议。监督组由5~6个部门组成，包括政府科学办公室和内阁办公室的部门首长。其中，监督组主席由内阁大臣出任，监督组负责对政府部门负责人和利益相关方提出的调查结果予以质询，安排跨部门协作，并对出版物提出建议
部门领导	部门领导协助地平线扫描结果的实施，对于跨部门的地平线扫描分析应由指定部门领导协调，并由利益相关方实施，同时欢迎政策制定者、中小企业与学术界参与并反馈意见
地平线扫描秘书处	地平线扫描秘书处设置于内阁之下，为扫描过程提供支持，同时负责疏通信息渠道和维护数据库，以及鼓励知识共享等

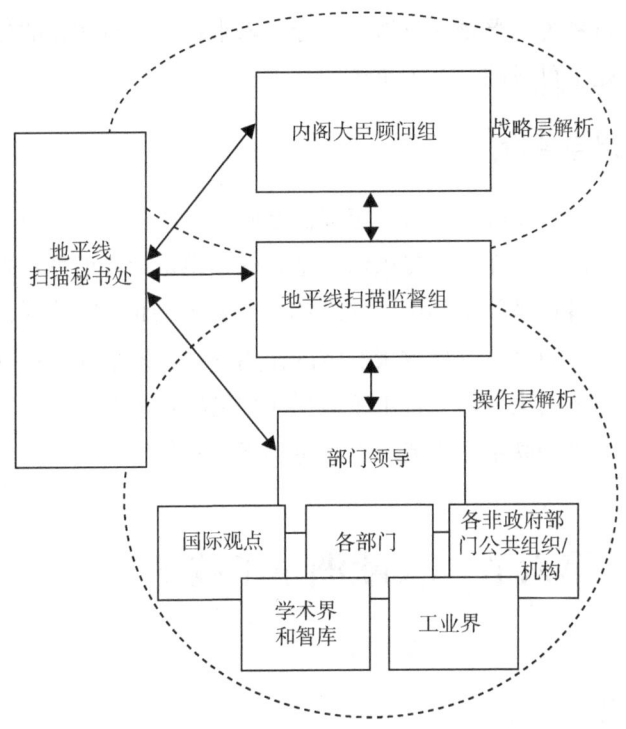

图 4-6　英国地平线扫描项目的组织结构

来源：杨耀云. 政府决策评价——英国地平线扫描的来源及演变[J]. 全球科技经济瞭望，2015，30（12）：67-71.

英国地平线扫描项目主要针对的是以下3种类型的政府活动：一是战略发展。用于支撑核心的政府战略谋划过程，以及设定高水平的长期目标，通过地平线扫描确认、监控、缓解总体风险水平。二是政策制定。为政策制定提供预测、验证，并促进所制定的政策更具灵活性。三是测试分析。用于测试特定系统的多种假设，探索其相互依存关系和在不同情况下的权重。

英国地平线扫描项目的综合预测过程包括早期监测、预测、制定政策选项3个阶段。早期监测阶段是第1阶段，主要是识别和监测问题、趋势、发展和变化。预测是第2阶段，主要是评估和理解政策挑战。制定政策选项是第3阶段，主要是展望未来和政策行动。

三、政策工具

英国地平线扫描项目可选择的政策工具共有20多种，涉及回顾法、因果分析法、德尔菲法、驱动力分析法、通俗分类法、博弈法、问题树法、建模和仿真法、技术路线图、情境法、STEEP法、趋势分析法等。地平线扫描项目通过对关键趋势和驱动因素的分析，发现和探索一些重要方向，有助于支撑政府做出精准决策，更好地利用各种机会并降低风险，迅速应对不断变化的发展形势。尽管通过地平线扫描项目不能完全精确地预测未来，但通过系统、严密的方法调查分析未来趋势，对潜在的机遇和风险进行挖掘，对于支撑决策是不可或缺、至关重要的。

四、政策效果与评价

英国地平线扫描项目能够为政策制定提供基础和方法。具体来说，包括提供信息基础的作用和支持政策制定的作用。提供信息基础的作用是指：地平线扫描项目能够为工具使用者和政策制定者提供关于环境中的新趋势和新发展的相关信息，可以通过简报、报告等形式进行保存和使用。支持政策制定的作用是指：地平线扫描项目形成的关键信息能够支持政策制定者的决策，并且由于地平线扫描项目的实施，专家团队与政策制定者之间会产生更加紧密的联系和交流，以支持创新政策的发展。

第六节 《欧洲量子技术宣言》

一、政策任务

量子技术是指利用量子力学原理来设计、制造和操控器件与材料的技术。与传统技术相比，量子技术利用了量子力学，如量子叠加态、纠缠态和隧道效应等的独特性质，以实现更强的信息处理和通信能力，是一种具有巨大潜力的前沿技术和未来技术。量子计算、模拟、通信、传感和计量都是具有全球战略意义的新兴领域，其发展迅速，在全球范围内取得了重大突破。这项新兴技术有可能改变包括医学、能源、通信、网络安全、太空、国防安全及气候和天气建模等诸多领域。

2023年12月，欧盟11个成员国（法国、比利时、克罗地亚、希腊、芬兰、斯洛伐克、斯洛文尼亚、捷克、马耳他、爱沙尼亚和西班牙）首次共同签署《欧洲量子技术宣言》（European Declaration on Quantum Technologies，以下简称《宣言》），其政策任务是建立一个具有全球竞争力的生态系统，支持广泛的科学和工业应用，确定量子技术将具有高度经济和社会影响的产业方向，并促进小型和大型公司的量子创新，成为世界的"量子谷"。2024年3月，欧盟成员国对该宣言进行了第二次签订。

《宣言》的雏形是2016年开始的，欧盟委员会发布的《量子宣言（草案）》，针对量子技术研发，围绕量子通信、量子计算、量子模拟、量子传感和计量四个领域分别制订了0~5年短期目标、5~10年中期目标及10年以上的长期目标。2018年，欧盟正式启动了为期10年的《量子技术旗舰计划》，其目标是充分利用欧洲在量子领域的科学优势，使研究成果更接近工业开发和实际应用，为整个欧洲的量子产业发展在宏观上奠定战略基础。2019年，欧盟启动了欧洲量子通信基础设施倡议，建设和部署横跨整个欧盟的安全量子通信基础设施。2020年，欧盟"欧洲量子技术旗舰计划"官网发布了

《战略研究议程（SRA）》报告，计划在未来三年内加紧建设欧洲的量子通信网络，完善和扩展现有数字基础设施，为未来的"量子互联网"奠定基础。2023年欧盟出台全球首个《量子技术标准化路线图》，加快推进量子技术标准化进程。并通过出台《欧盟标准化战略》《战略研究和行业议程》《量子技术标准化路线图》等文件，积极参与国际标准制定组织的活动，覆盖量子技术全生命周期的标准化工作，以巩固其在量子技术标准化方面的全球领导地位，提升全球市场占有率。

这一系列量子技术政策是组成《宣言》和构建欧洲量子未来的基石，为战略投资、有效合作提供了必要的框架，并为欧洲在量子技术领域的领导地位做出了贡献。

二、政策治理

自2023年12月欧盟11个成员国首次共同签署《欧洲量子技术宣言》以来，截至2024年5月，已有比利时、保加利亚、克罗地亚、塞浦路斯、捷克、丹麦、爱沙尼亚、芬兰、法国、德国、希腊、匈牙利、意大利、拉脱维亚、卢森堡、荷兰、波兰、葡萄牙、罗马尼亚、西班牙、斯洛伐克、斯洛文尼亚和瑞典23个成员国签署了该项《宣言》。《宣言》强调量子技术对欧盟科学发展和工业进步的战略重要性，提出共同创建一个横跨欧洲的顶级量子技术网络，最终目标是使欧洲成为世界的"量子谷"、全球卓越和创新的量子领先地区。

欧盟量子技术迅速发展，相比于2020年，2023年欧洲各国的量子技术战略和政策发生了显著变化。

（1）10个国家确认了支持量子技术的国家资助计划或战略：丹麦、法国、德国、匈牙利、以色列、意大利、拉脱维亚、荷兰、瑞士、英国。

（2）5个国家的量子战略处于不同的发展阶段：爱尔兰、罗马尼亚、斯洛伐克、西班牙、瑞典。

（3）5个国家的量子技术在政府资助方面有重大举措：奥地利、丹麦、西班牙、瑞典、瑞士。

（4）4个国家确认或制定了量子技术战略：匈牙利和拉脱维亚确认了专门针对量子技术的国家资助计划，罗马尼亚和斯洛伐克正在制定量子技术战略。

（5）9个国家在国家层面制定了量子技术战略（倡议或路线），但没有制定量子技术预算，不过提出了某些建议，并将量子技术作为本国的优先研究事项：丹麦、爱沙尼亚、芬兰、德国、希腊、卢森堡、挪威、罗马尼亚和土耳其。

（6）5个国家制订了资助量子技术研究的计划或倡议，并作为其国家复兴战略的一部分：奥地利、德国、意大利、拉脱维亚、西班牙。

（7）国家在量子技术战略或倡议中反映的主要战略目标：汇聚学术界和工业界的利益相关者，将研究成果转化为应用，重视量子计算项目。

三、政策工具

为实现《宣言》政策任务所采用的主要政策工具包括计划项目、协调网络、基础设施和生态系统，除此之外还有人才早期开发和资助。

（一）计划项目

协调欧洲各个国家和地区在量子技术方面的主要研发计划和举措，并启动合作项目，通过与国际合作伙伴和相关政府标准化机构合作制定量子标准，使欧洲成为全球领先的量子研发参与者和规范制定者。

（二）协调网络

强化协调网络建设，加快从"实验室"向"晶圆厂"的过渡，填补欧洲供应链的空白，促进高质量的欧洲量子研究向具有重大经济和社会价值的适销设备和应用的转变。支持量子能力集群的协调网络建设。这些能力集群的使命是促进成员国以量子为重点、以行业为导向开展研究、创新和活动，并支持其在欧盟层面建立网络。它们将根据每个成员国的偏好和目标，解决量子技术生态系统不同的组合问题。

（三）基础设施

在地面和太空的量子计算和模拟、安全通信及量子传感和计量领域共同建设未来泛欧量子基础设施。

（四）生态系统

进一步发展欧洲量子生态系统的所有领域，特别是通过支持初创企业和现有企业发展，以及鼓励私人融资的行动，包括鼓励许多相关产业内的大公司投资量子领域。支持和发展欧盟量子生态系统所需的技能研发和培训，并采取协调行动加以实施。开展活动，深入了解量子技术的社会和经济影响，以及量子计算可能给当前加密技术带来的挑战。监测全球量子技术前景，协调跨国合作，加强欧盟的经济安全，确定关键的发展、机遇和威胁，并积极参与制定发展未来欧盟层面的协议，以及与欧盟外国家和国际组织在量子领域的合作机会。支持对欧洲量子创新的更多公共投资，增强欧盟的经济安全和技术自主性。

（五）人才早期开发

除上述政策工具外，还有个明显的趋势是重视人力资本开发，特别是早期人才的开发。量子技术领域的人力资本开发被国家政策日益认可，旨在加强对研究人员的教育和支持，特别是在其职业生涯的早期阶段。此外，依托英才中心或创新中心，越来越多的国家开始建立由学术界、商业界和公共部门组成的相互支持的生态系统。

（六）资助

早在2016年欧盟委员会的《量子宣言（草案）》就呼吁欧盟成员国及欧盟委员会发起资助额达10亿欧元的"量子技术旗舰计划"，启动欧洲量子产业，扩大欧洲在量子研究领域的科学领导地位。经过一段时间的发展，截至2023年，大多数国家通过公开的自下而上的呼吁为量子技术研究提供资金，但没有为量子技术领域确定专题呼吁，其建议中也没有任何具体的优先领域。已有部分国家有针对性地征集了量子技术提案，具体如表 4-11 所示。

表 4-11 国家量子技术方案和倡议概览（2023 年）

国家	国家战略/议程/方案	其他国家举措	预算	持续时间	新进展*
奥地利		奥地利量子资助计划	1.07 亿欧元	2021—2026 年	√
丹麦	丹麦量子技术战略（DSQT）	用于量子技术领域量子技术绘图的政府预算拨款	DSQT：约 150 万欧元；政府对量子技术的拨款：2000 万欧元	DSQT：2024—2027 年；量子技术政府预算起始：2023 年	√
爱沙尼亚		爱沙尼亚研究、发展、创新和创业战略		2021—2035 年	√
芬兰		芬兰量子议程			√
法国	量子计划—法国国家量子战略		18 亿欧元	2021—2025 年	√
德国	经济刺激计划（ESP）	量子系统（QS）	ESP：20 亿欧元	ESP：2020—2025 年；QS：2022—2032 年	√
希腊		竞争力、创业和创新运营计划（EP-AnEK）国家智慧专业化研究和创新战略（RlS）		EPAnEK：2021—2028 年；RIS：2021—2027 年	√
匈牙利	国家量子信息实验室		1500 万欧元	2021—2026 年	√
爱尔兰	进行中				√
以色列	以色列国家量子计划（INQI）		约 3.5 亿欧元	2020—2025 年	√
意大利	意大利复苏计划（PNRR）；M4 教育与研究—第 2 部分从研究到商业		PNRR：1.7 亿欧元	2020—2025 年	√
拉脱维亚	欧盟复苏机制组成部分"数字转型"（DT）		约 60.19 亿欧元 + 预测大约 100 万欧元其他来源的投资	2022—2026 年	√

续表

国家	国家战略/议程/方案	其他国家举措	预算	持续时间	新进展*
卢森堡		卢森堡国家研究重点			
荷兰	荷兰量子德尔塔		6.15亿欧元	2021—2028年	√
挪威		研究和高等教育长期计划强调量子技术是研究和创新的一个特别优先领域		2023—2032年	√
罗马尼亚	进行中	包括数字经济、空间技术和先进功能材料的国家研究、创新和智慧专业化新战略第四个计划		2022—2027年	√
斯洛伐克	进行中				√
西班牙	进行中	量子西班牙（QS）量子通信计划（PQC）	QS：2200万欧元；PQC：7600万欧元		√
瑞典	进行中	瓦伦堡量子技术中心（WACQT）	8850万欧元	2018—2029年	√
瑞士	瑞士量子倡议（SQI）	SPIN—硅中的自旋量子位	SQI：1000万瑞士法郎 SPIN：4000万瑞士法郎	SQI：2023—2024年计划于2025—2028年追加资金；SPIN：2020—2023年	√
土耳其		土耳其第十一次发展规划		2019—2023年	
英国	国家量子战略（NQS）国家量子技术计划（NQTP）		NQS：25亿英镑 NQTP：10亿英镑	NQS：2023—2033年；NQTP：2014—2024年	√

* 与之前的出版物《量子技术—2020年欧洲公共政策》相比

来源：Quantum Technologies Public Policies in Europe 2023 [EB/OL]. [2023-09]. https://quantera.eu/quantum-technologies-public-policies-2023/.

四、政策进展

法国于 2021 年开始执行其为期 5 年的国家量子战略计划，总投资预算 1.8 亿欧元，预期产生的影响如下：到 2030 年在量化宽松领域创造 1.6 万个就业机会；量子技术活动出口项目占法国出口的 1%～2%；量子计算、量子模拟、量子传感器与计量得到发展；新概念的基础研究与开发。法国预计每年将为量子技术提供 2 亿欧元的公共资金，并将成为该领域获得最多资金支持的三个国家之一（另外两个国家是美国和中国），其主要目标是成为第一个拥有通用量子计算机原型的国家。

2023 年 1 月，比利时量子通信基础设施（Belgium Quantum Communication Infrastructure，BeQCI）项目启动，旨在引进、评估和开发量子通信基础设施。该联盟汇集了有关量子通信的理论、实验和工程专业知识，将不同的大学研究小组、研究中心、政府机构和私营公司聚集在一起。BeQCI 是欧洲 EuroQCI 计划的一部分，由欧盟通过数字欧洲计划和比利时联邦科学政策办公室通过联邦重新启动和过渡计划共同资助。

斯洛伐克的量子技术领域集中在量子和后量子通信网络、量子信息结构和计量学、量子模拟和计算复杂性 3 个领域。斯洛伐克的量子技术研究团体集中在 QUTE 中心。该中心最活跃的合作伙伴包括斯洛伐克科学院物理研究所；布拉迪斯拉发夸美纽斯大学数学、物理和信息学院；斯洛伐克科学院实验物理研究所；斯洛伐克科学院电气工程研究所；斯洛伐克科学和技术研究所国际激光中心及布拉迪斯拉发科技大学信息学和信息技术学院。QUTE.sk 的长期战略愿景是为斯洛伐克的量子技术产业做好准备，其重点是未来的工业和安全应用。

捷克系统支持量子技术研究的主要工具是 QuantERA 计划。捷克的技术和研究发展支持局（Technological Agency of the Czech Republic，TACR）于 2021 年加入 QuantERA II。因此，参与 QuantERA 的有两个国家资助机构：捷克的教育、青年和体育部（Ministry of Education, Youth and Sports，MEYS，该机构同时支持基础研究和应用研究）和 TACR（该机构仅资助应用研究）。目前，捷克没有直接从事量子技术的工业公司。不过，一些企业和机构已经对信息技术安全、密码学和生物统计学、电子基础设施或纳米技术领域的量子技术表现出兴趣。此外，IBM 中东欧公司提供量子计算机的使用权，并有意与当地公司开展合作。

爱沙尼亚正在迅速扩大其在量子技术的能力和研究、开发与创新的能力。爱沙尼亚研究委员会（The Estonian Research Council，ETAG）于 2021 年加入 QuantERA II，为国际研究联盟中的爱沙尼亚研究人员提供支持。根据量子旗舰战略研究和产业议程中描述的支柱，爱沙尼亚研发机构在量子计算和量子通信方面开展活动。此外，还有与量子信息生产相关的基础量子科学研究。在量子通信方面，塔尔图大学拥有一个量子密码学研究小组，由欧洲研究理事会、美国空军和国家资助。在量子计算方面，塔尔图大学拥有：由国家资助的物理研究所稀土掺杂晶体量子计算研究小组；物理研究所的一个研究小组，由北欧电子基础设施合作组织资助，国家资助可忽略不计；理论计算机科学研究小组，由 Horizon Europe（OpenSuperQPlus）和挪威研究理事会资助，国家资助微乎其微；国家化学物理和生物物理研究所拥有一个太赫兹和低温物理研究小组，由欧洲研究理事会资助，研究超导性，以拓扑量子信息为目标。爱沙尼亚没有量子技术旗舰 SRIA 意义上的量子技术产业。不过，有从事后量子密码学的公司（如 Cybernetica AS），以及两家与量子传感/计量学相邻的经典探测器技术初创公司。

在西班牙，量子技术研究得到了几个资助机构的支持。在国家一级，西班牙国家研究局（Agencia Estatal de Investigacion，AEI）通过国家公开呼吁为量子技术提供资金，工业技术发展中心专门为工业合作伙伴提供资金。在经济事务和数字转型部的领导下，西班牙国家量子战略正在制定中。该战略旨在在欧洲框架内协调和调整量子技术的所有州和地区的举措。已经启动了两项由国家复苏计划资助的国家举措：①Quantum Spain，这是一项 2200 万欧元的举措（项目），由经济部通过数字化和人工智能国务秘书推动。它旨在促进和资助西班牙框架结构中具有竞争力的完整量子计算。该项目涉及位于 14 个自治区的 25 个中心，其中大多数已纳入西班牙超级计算网络。②量子通信补充计划，这是一项由国家政府和西班牙自治社区共同管理和资助的研究计划，旨在促进量子数字技术的开发和实施，并加强西班牙的网络安全。该计划的总预算为 7600 万欧元，其中 5500 万欧元来自科学和创新部，2100 万欧元来自各地区。

另一个值得一提的举措是重大量子计算项目 CUCO 项目，这是西班牙第一个国家和商业层面的大型量子计算项目，该项目由西班牙国家工业技术开发署资助，并由科学和创新部根据复苏和转型计划提供支持。旨在通过工业技术发展中心和大学之间的公私合作，在量子算法的科学和技术知识方面取得进展。

在地区层面，加利西亚政府投资 3000 万欧元用于量子计算和通信的量子技术计划。

五、政策评价

欧盟以产业需求为导向，在量子技术研究方面明确了清晰的目标需求，部署了完善的技术发展路线图。《欧洲量子技术宣言》在保证欧洲各国技术研发自由程度的基础上，通过协调欧洲各个国家和地区在量子技术方面的主要研发计划和举措，努力将欧盟建设成为量子技术全球引领地。该《宣言》是欧盟整个量子技术发展部署中具有深远影响的战略性举措，有助于推动欧洲在量子技术领域的发展并取得领先地位。

《欧洲量子技术宣言》倡导各国合作和协调发展，其内容涵盖了从研发、产业化到人才培养等多个方面。首先是协调研发计划和举措，启动合作项目，支持建设量子能力集群的协调网络，促进成员国在量子技术方面的研究和创新活动。在多个领域共同建设未来泛欧量子基础设施，如量子计算和模拟、安全通信及量子传感和计量等。其次是加强产业化转型方面，加速研究成果高质量产业化落地，填补欧洲供应链中的空白。发展欧洲量子生态系统的所有领域，支持初创企业和现有企业扩张，鼓励私人融资。最后是加强人才及资金投入,通过支持公共投资和培养量子技术人才,支持公共投资用于欧洲量子创新,增强了欧洲在量子技术领域的经济安全性和技术自主性。

参考文献

[1] EUROPEAN COMMISSION. European Declaration on Quantum Technologies[EB/OL]. [2024-04-04]. https://digital-strategy.ec.europa.eu/en/library/european-declaration-quantum-technologies.

[2] QUANTERA. Quantum Technologies Public Policies in Europe 2023[EB/OL]. [2023-09]. https://quantera.eu/quantum-technologies-public-policies-2023/.

[3] 齐冠钧,尹政平,马培武,等. 发展新质生产力量子技术大有可为[J]. 国际商务财会,2024,38(6):3-5,20.

[4] 邹丽雪,刘艳丽. 欧盟量子技术战略研究及启示[J]. 世界科技研究与发展,2022,44(1):25-34.

[5] DEPARTMENT OF BUSINESS, ENTERPRISE AND INNOVATION. Disruptive Technologies Innovation Fund[EB/OL].(2018-07-27)[2020-05-01]. https://dbei.gov.ie/en/What-We-Do/Innovation-Research-Development/Disruptive-Technologies-Innovation-Fund/Presentation-on-DTIF.pdf.

[6] DEPARTMENT OF BUSINESS, ENTERPRISE AND INNOVATION. Disruptive Technologies Innovation Fund Reference Document for Applicants.[EB/OL].(2018-06)[2020-05-01]. https://dbei.gov.ie/en/What-We-Do/Innovation-Research-Development/Disruptive-Technologies-Innovation-Fund/DTIF-Reference-Document-for-Applicants.pdf.

[7] DEPARTMENT OF BUSINESS, ENTERPRISE AND INNOVATION. Research Priority Areas 2018 to 2023.[EB/OL].(2018-03-14)[2020-05-02]. https://dbei.gov.ie/en/Publications/Publication-files/Research-Priority-Areas-2018-to-2023.pdf.

[8] DEPARTMENT OF BUSINESS, ENTERPRISE AND INNOVATION. Disruptive Technologies Innovation Fund:Call 2 - Documentation.[EB/OL].(2019-06-18)[2020-05-04]. https://dbei.gov.ie/en/Publications/Publication-files/DTIF-Call-2-Guide-for-Applicants.pdf.

[9] 荆象新,锁兴文,耿义峰. 颠覆性技术发展综述及若干启示[J]. 国防科技,2015,36(3):11-13.

[10] FICONTEC PHOTONICS ASSEMBLY & TESTING. National Photonics Manufacturing Pilot Line[EB/OL].[2020-05-07]. https://www.ficontec.com/national-photonics-manufacturing-pilot-line/.

[11] COMMUNITY POWER ELECTRICITY SUPPLIER. Co-operative Energy Trading System on the way for Ireland.[EB/OL].[2020-05-07]. https://communitypower.ie/co-operative-energy-trading-sysyems-on-the-way-for-ireland/.

[12] 李昱,翟亚宁. 爱尔兰颠覆性技术创新基金的运行管理机制探究[J]. 世界科技研究与发展,2021,43(3):367-374.

[13] 과학기술정보통신부.혁신도전프로젝트운영관리규정(최종)[EB/OL]. [2022-10-10]. https://www.law.go.kr/LSW/admRulInfoP.do?admRulSeq=2100000188991&chrClsCd=010201.

[14] BioIn. 혁신도전프로젝트'20년도연구테마연구개발(R&D) 사업상세기획완료[EB/OL]. [2022-10-10]. https://www.bioin.or.kr/board.do?cmd=view&bid=division&num=306965.

[15] 과학기술정보통신부.과기정통부, 제2차혁신도전프로젝트추진위원회개최[EB/OL]. [2022-10-10]. https://www.korea.kr/briefing/pressReleaseView.do?newsId=156402620#pressRelease.

[16] Christensen C. The innovator's dilemma: When new technologies cause great firms to fail[M]. Boston: Harvard Business School Press, 1997.

[17] 李林莉, 李佼阳, 汤娟, 等. 美国DARPA近5年国防科研经费预算活动的趋势与特点[J]. 世界科技研究与发展, 2022, 45 (1): 77-86.

[18] DARPA. New program managers[EB/OL]. (2021-03-01) [2021-04-15]. https://www.darpa.mil/work-with-us/new program-managers.html. https://www.darpa.mil/default.aspx.

[19] BONVILLIAN W B, Van ATTA R, WINDHAM P. The DARPA model for transformative technologies: perspectives on the US defense advanced research projects agency [M]. Cambridge: Open Book Publishers, 2019: 233-235.

[20] DUGAN R E, GABRIEL K J. 'Special forces' innovation: how DARPA attacks problems[J]. Harvard Business Review, 2013, 91 (10): 74-84.

[21] 开庆, 窦永香, 王天宇. 生命周期视角下美国国防部高级研究计划局颠覆性创新项目管理机制研究[J]. 科技管理研究, 2022, 42 (15): 042.

[22] 袁成, 苏霓. DARPA技术研发项目立项流程概述[J]. 飞航导弹, 2018, 48 (1): 1-5.

[23] ARPA. Soliciting, evaluating, and selecting proposals under broad agency announcements and research announcements[EB/OL]. (2016-11-03) [2021-04-20]. https://www.darpa.mil/attachments/SolicitingEvaluatingSelectingProposalsBAA.pdf.

[24] 亲历者视角: 从MONET项目看DARPA的影响力[J]. 千人杂志, 2012 (7): 9-11.

[25] LIU S. DARPA: a global innovation differentiator[J]. IEEE Engineering Management Review, 2020, 48 (2): 65-71.

[26] SULLIVAN M J, MOLDAFSKYDmDURBIN C R, et al. Defense advanced research projects agency: key factors drive transition of technologies, but better training and data dissemination can increase success[R]. Washington DC: Government Accountability Office, 2015.

[27] ALEXANDROW, CATHERINE. "The story of GPS." Defense Advanced Research Projects Agency (DARPA). [EB/OL] (2010-08-19) [2023-05-30]. https://www.darpa.mil/attachments/ (2010) %20Global%20Nav%20-%20About%20Us%20-%20History%20-%20Resources%20-%2050th%20-%20GPS%20 (Approved) .pdf.

[28] O'CONNOR AC, GALLAHER MP, CLARK-SUTTON K, et al. Economic benefits of the Global Positioning System (GPS) [R]. Gaithersburg: the National Institute of Standards and Technology, 2019: 73-75.

[29] ARPANET, Defense Advanced Research Projects Agency. [EB/OL]. (2013-02-21). https://www.darpa.mil/about-us/timeline/arpane.

[30] 肖艳玲, 朱恬, 生艳梅, 等. 颠覆性技术创新及其政策支持[J]. 科学管理研究, 2020, 38 (4): 6.

[31] 徐小奇，钱振勤. 美国DARPA军民融合式科技创新发展路径探析[J]. 国防科技，2015，36（1）：65-67.

[32] 李丹丹，苏鑫鑫. 美国国防预先研究计划局组织管理运行机制分析[J]. 飞航导弹，2015（3）：84-86+89.

[33] OECD. OECD[EB/OL].[2020-05-03]. http://www.oecd.org/site/schoolingfortomorrowknowledgebase/futuresthinking/overviecdewofmethodologies.htm.

[34] GOV. UK. Horizon scanning programme: a new approach for policy making[EB/OL].[2020-05-01]. https://www.gov.uk/government/news/horizon-scanning-programmea-new-approach-for-policy-making.

[35] Defra definition of horizon scanning[EB/OL].[2019-12-20]. http://webarchive.nationalarchives.gov.uk/20070506093923tf-/http://horizonscanning.defra.gov.uk/.

[36] 白晨，朱礼军，张英杰. 地平线扫描的流程研究[J]. 中国科技资源导刊，2020，52(6):10-19.

[37] 张志娟，刘萍萍，王开阳，等. 国外科技创新治理的典型政策工具运用实践及启示[J]. 科技导报，2020，38（5）：26-35.

[38] HORIZON SCANNING CENTRE. Exploring the future: tools forstrategic thinking[R/OL].[2019-12-31]. http://webarchiv-e.nationalarchives.gov.uk/20100210165623/http://www.foresight.gov.uk/microsites/hsctoolkit/Horizon-scanning.html.

[39] HOUSE OF COMMONS PUBLIC ADMINISTRATION SELECT COMMITTEE. Strategic thinking in Government: without National Strategy, can viable Government strategy emerge?[R]. London: House of Commons. 2012.

[40] CABINET OFFICE. Review of cross-government horizon scanning[R]. London: Cabinet Office. 2013

[41] CABINET OFFICE. Horizon scanning programme: a new approach for policy making[R]. London: Cabinet Office/Government Office for Science, 2013.

[42] HOUSE OF COMMONS SCIENCE AND TECHNOLOGY COMMITTEE. Government Horizon Scanning, Ninth Report of Session 2013-14[R]. London: House of Commons, 2014.

[43] 杨耀云. 政府决策评价——英国地平线扫描的来源及演变[J]. 全球科技经济瞭望，2015，30（12）：67-71.

[44] NISTEP. 第11回科学技术予测调查 S&T Foresight 2019 综合报告书[EB/OL].[2020-03-14]. http://www.nistep.go.jp/archives/42863.

[45] ВЫСШАЯШКОЛАЭКОНОМИКИ. вГермании[EB/OL].[2020-02-14]. http://www.hse.ru/data/2010/12/31/1208182136/germany.pdf.

[46] BMBF. Background to BMBF foresight[EB/OL].[2020-02-14]. http://www.bmbf.de/en/18388.php.

[47] 张搏，张琳，汪文峰，等. 美国国防部颠覆性技术管理探析[J]. 战术导弹技术，2018，39（1）：60-64.

[48] WEBPAGE. Technical assessment: Data-enabled technology watch & horizon scanning[EB/OL].[2020-04-07]. http://www.defenseinnovationmarketplace.mil/resources/OTI_Data_Enabled_Tech_Watch_Horizon_Scanning_Tech_Assessment_vPublic.pdf.

[49] OFFICIAL SITE. Technology watch and horizon scanning（TW/HS）conceptual framework[EB/OL].[2020-03-04]. https://www.fbo.gov/index?s=opportunity&mode=form&id=9651b1d140a9561c3

cb04b9ef9db85a1&tab = core&_view = 0.

[50] 方勇,王璐菲,申淼. 美国国防部战略能力办公室如何推动科技创新[J]. 军事文摘,2016,24(11):6-9.

[51] CNBETA. 美国航空航天局(NASA)宣布了新的"空间技术"投资部门[EB/OL]. [2020-03-04]. https://m.cnbeta.com/iew/227238.htm.

[52] CNBETA. DARPA发布《面向国家安全创造技术突破和新能力》[EB/OL]. [2020-03-04]. https://m.cnbeta.com/view/227238.htm.

[53] 기획재정부. 박근혜정부 2013년경제정책기본방향[R]. 한국서울:재정부,2013.

[54] 미래창조과학부. 9대국가전략프로젝트[R]. 한국서울:미래부,2016.

[55] 张翼燕,宋微. 韩国未来增长动力计划探析[J]. 全球科技经济瞭望,2018,33(6):19-24. DOI:10.3772/j.issn.1009-8623.2018.06.004.

[56] 中国科学院量子信息与量子科技创新研究院. 欧盟发布新的量子技术联合宣言[EB/OL]. [2024-03-10]. http://www.quantumcas.ac.cn/2023/1215/c24874a624730/page.htm.

第五章 早期技术商业化

早期技术商业化就是对处于技术萌芽时期的原始创新予以支持,促进其产业化并成为市场产品的过程。相关方在技术产生的早期就开始介入,运用各种手段促使其商业化。早期技术商业化是推动科技创新和产业升级的重要途径,有助于促进经济结构的优化和升级。本章选取英国"监管沙盒"与德国现实实验室制度等为例说明一些国家支持早期技术商业化的最新政策工具。

第一节 英国"监管沙盒"

一、政策任务

大数据、云计算、区块链等新一代信息技术在金融领域各类业务的快速应用推动了英国金融科技产业的快速发展。2022年英国金融科技产业规模达到299亿美元,成为全球科技公司融资数额最多的国家之一。金融科技创新借助新一代信息技术虽然获得了飞速发展,但也带来了更为隐蔽的金融风险。

为了加强英国在金融科技领域的全球领先地位,同时平衡金融科技创新及其风险,在风险可控的范围内激发金融科技的创新活力,英国金融行为监管局(Financial Conduct Authority,FCA)于2014年设立了创新项目(project innovate),并增设创新中心(Innovation Hub),为创新企业提供与监管对接、帮助取得有限授权等各种支持。一年后,FCA研究了"监管沙盒"(Regulatory Sandbox)作为一项政策工具的可行性,最终由英国政府于2015年3月率先提出"监管沙盒"概念,并增设相应部门。同年11月,英国正式发布"监管沙盒"指引文件,首次完整提出"监管沙盒"的具体实施要求。"监管沙盒"简单来说就是以试验的方式,为进入"监管沙盒"的申请者提供一个"安全区域",在此区域内适当放松创新产品或服务的监管约束,获得一定程度的豁免权来激发金融行业的创新活力。

英国"监管沙盒"的政策任务是通过改善金融市场的运作来增加公共价值,为个人、企业和英国经济造福。为推进这一总体战略目标,该项目规划了3个经营目标,即为消费者提供适当程度的保护、保护和增强英国金融体系的完整性及促进消费者利益的有效竞争。

二、政策治理

英国"监管沙盒"由 FCA 实施,政策对象涉及众多领域。英国"监管沙盒"的申请者可以来自各个行业,金融机构和提供金融服务支持的非金融机构均可提出申请,具体来说,无论是未经授权的企业、限制性授权的企业、经授权的企业还是金融机构的技术支持企业都可以申请加入"监管沙盒"。"监管沙盒"的筛选标准具体如表 5-1 所示。

表 5-1 "监管沙盒"的筛选标准

标准	具体要求	积极指标	不利于获得准入的情形	申报需说明的内容
市场空间	主要目标市场为英国,接受英国监管	计划面向英国市场	不计划面向英国市场	所属监管业务类型;不受监管业务需说明与受监管业务关联
创新水平	与目前产品有明显差异性	市场上同类产品很少	已存在很多相似产品;仅是人为制造差异性	项目突破性创新点;市场上竞争对手情况
消费者利益保护	对消费者有明确益处	能直接或间接使消费者获益;能识别和减少消费者的风险;能有效促进市场竞争	可能对消费者和金融市场产生不利影响;有规避监管的倾向	直接和间接使消费者受益的方式;对消费者产生的潜在风险及解决方案
沙盒测试需求	存在沙盒测试的必要性	不符合现有监管框架;必须在真实环境中进行测试;无其他途径实现测试目标;短期测试申请正式牌照难度大	不必须在真实环境中测试;有其他途径完成测试;其他部门也能解决该企业问题	面向真实消费者测试原因;测试目的;无法在沙盒外进行测试的原因;对测试工具的需求情况
前期准备	对测试有充分准备	拥有完整测试计划;已经进行了测试尝试;拥有一定的测试资源;能为消费者提供完全保障和赔偿	无清晰测试目标或完整测试计划;未尝试过自行测试;无测试资源;无法为消费者提供保障或赔偿	测试时间节点;测试消费者类型及吸引方式;测试风险及降低方式;测试成功的衡量标准;退出计划;后续计划安排

来源:英国金融行为监管局网站,参考:胡滨,杨涵. 英国金融科技"监管沙盒"制度借鉴与我国现实选择[J]. 经济纵横, 2019 (11):103-114+2. 以及 FCA. Applying to the regulatory sandbox [EB/OL]. [2023-11-21]. https://www.fca.org.uk/firms/regulatory-sandbox/prepare-application.

总体来说,英国"监管沙盒"项目的审批非常严格,平均来看仅有三分之一的申请者能顺利进入"监管沙盒"。截至 2022 年 11 月,英国"监管沙盒"项目的申请和通过情况如表5-2所示。

表5-2 英国"监管沙盒"项目申请和通过情况统计

批次	申请截至时间	申请数量/项	批准数量/项	通过率/%	实际测试数量/项
第1批	2016年7月	69	24	34.78	18
第2批	2017年1月	77	31	40.26	24
第3批	2017年6月	61	18	29.51	18
第4批	2018年7月	69	29	42.03	29
第5批	2019年4月	99	29	29.29	29
第6批	2020年7月	68	22	32.35	22
第7批	2021年6月	58	13	22.41	13
第8批	2022年11月	48	13	27.08	13
合计		549	179	32.60	166

来源：FCA官网（https://www.fca.org.uk/），截至2022年11月。

此外，英国"监管沙盒"项目的分布领域较为广泛，分布式账单（distributed ledger technology，DLT）和区块链、基础设施和流程创新领域的项目数量居多，分别为36项和35项，其他领域的分布情况如图5-1所示。业务领域方面，零售银行的占比最高，具体如图5-2所示。

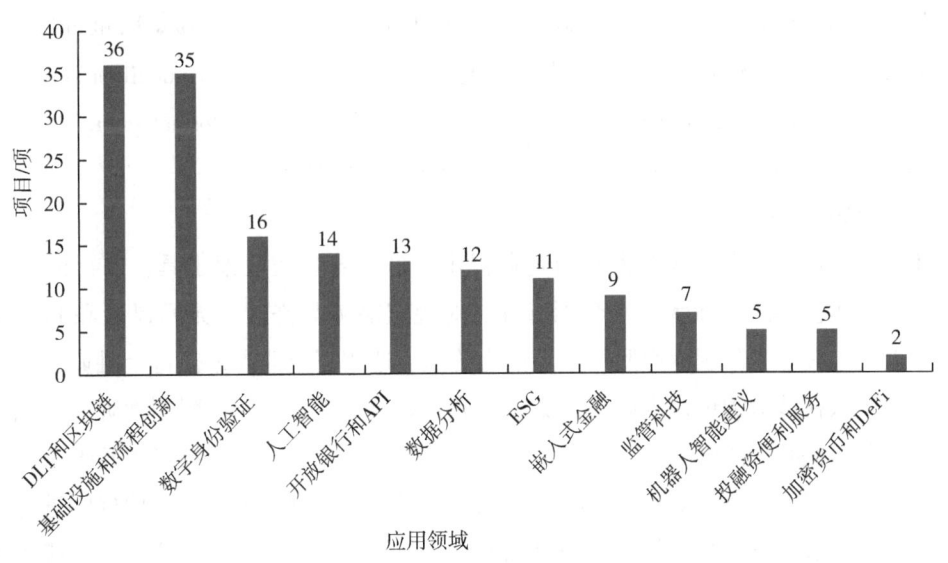

图5-1 英国"监管沙盒"项目应用总体分布

来源：根据FCA官网（https://www.fca.org.uk/）整理，截至2022年11月。

21 世纪以来新兴创新政策工具

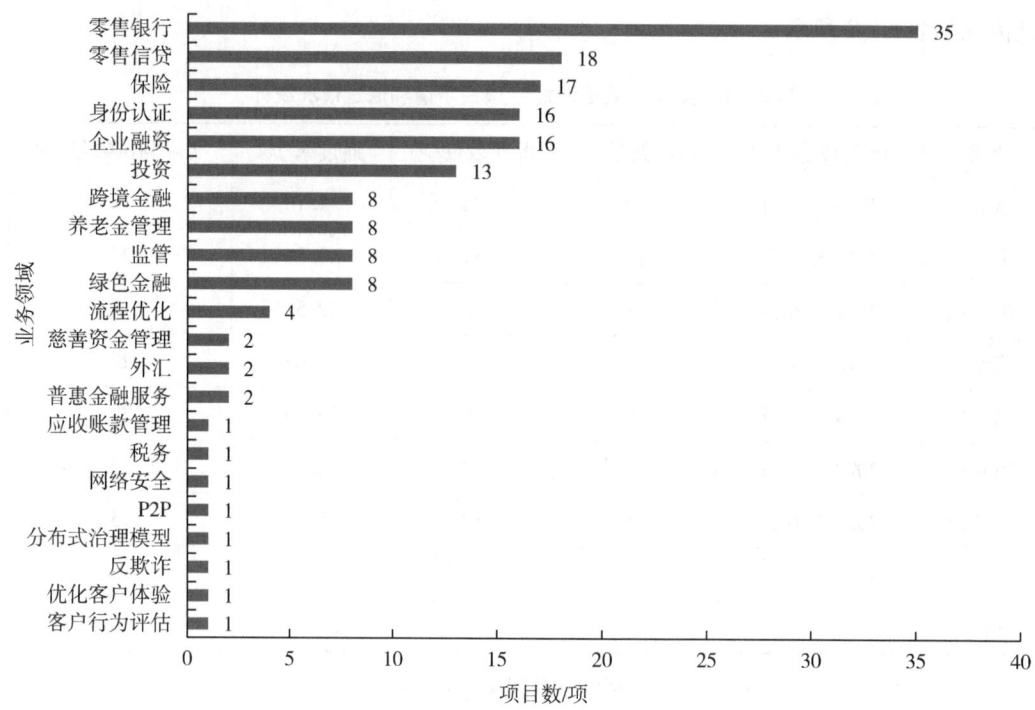

图 5-2　英国"监管沙盒"项目业务领域总体分布

来源：根据 FCA 官网（https://www.fca.org.uk/）整理，截至 2022 年 11 月。

三、政策工具

英国"监管沙盒"采用的主要政策工具包括限制性牌照（restricted authorization）、个别指导（individual guidance）、对规定豁免与修改（waivers or modifications to our rules）、无异议函（no enforcement action letters）、非正式引导（informal steers）、虚拟沙盒（virtual sandbox）和沙盒保护伞（sandbox umbrella）制度。

（一）管理工具

在实际运行过程中，FCA 为参与企业提供了许多管理类政策工具，以帮助他们进行测试。具体包括限制性牌照、个别指导、对规定豁免与修改、无异议函和非正式引导。这五类工具中，限制性牌照的应用最为普遍，适用于企业尚未获得金融业务牌照的情况，牌照只在沙盒测试期内有效，测试完成后要申请正式牌照，限制性牌照的优点在于允许企业尽快开展测试项目，节省申请牌照的时间和成本；个别指导类政策工具适用于企业对监管制度的具体应用存疑时，金融监管局对具体测试项目的使用规则进行单独解释与指导，避免违规行为的发生；对规定豁免与修改工具适用于当测试项目违反金融行为监管局现有规则的情况，金融行为监管局在权限范围内修改或免除特定规定以支持短期的测试需求，但不能免除英国基本法及欧盟法律规定；无异议函工具适用于企业不能使用个别指导和规定豁免时，企业可以取得金融行为监管局的无异议函，免除商定前提下的企业处罚,能降低企业意外处罚;非正式引导工具用于初创期企业,金融行为监管局给予企业非正式监管与引导,帮助其确定未来发展计划。

(二) 配套政策工具

为了降低申请者进入沙盒的时间、资源成本和资质要求,除一般沙盒机制外,FCA推动金融行业建立了配套政策工具:虚拟沙盒和沙盒保护伞制度。这两种制度无须申请授权,仍可获得监管机构的协助和开发支持。

虚拟沙盒是由行业自行搭建的测试环境。参与公司无须进入真实市场,可以根据顾客具体要求而提供产品与服务,在基于公共数据集构建的虚拟环境中测试其创新方案,同时也可邀请其他公司或消费者体验创新方案。虚拟沙盒有效地推动了数据共享和行业协作,为没有独立构建沙盒的小型初创企业提供测试途径,鼓励和带动更多的企业参与创新,同时也可避免测试过程中出现侵害消费者权益及影响金融稳定的风险。

沙盒保护伞制度则是指允许行业成立一个非营利性质的公司作为保护伞,未经授权的企业可以在其保护下作为指定代理提供产品或服务。沙盒保护伞公司是取得FCA授权许可的,它可以作为初创公司的代理平台,对希望测试的项目进行预先评估。FCA负责监督保护伞公司,保护伞公司负责监督指定代理。在此机制下,未经授权的企业能够受益于行业组织的专业判断,行业内部的协作进一步推动数据共享和效率提升。保护伞方案不适用于所有创新者,如保险企业和投资管理企业。

(三) 消费者保护

"监管沙盒"测试过程中对消费者的保护主要包括以下几种:一是在测试过程中,沙盒内的公司只能对事先知情并同意参与的消费者测试其创新方案,消费者应被告知测试的潜在风险及可获得的补偿;二是FCA视具体情况商定测试活动中合理的信息披露、消费者保护和赔偿等问题;三是参与沙盒测试的消费者享有与普通消费者同等的权利,如向公司投诉,然后向金融申诉部门(Financial Ombudsman Service,FOS)投诉。如果公司测试失败,消费者可以获得金融服务补偿计划(Financial Services Compensation Scheme,FSCS)的补偿等;四是参与沙盒测试的企业需赔偿消费者的一切损失,并且要证明其有此资本实力。FCA更倾向于第二种措施,以促进有效竞争,同时兼顾消费者利益和各规模公司的实力。

(四) 政策程序

英国"监管沙盒"测试流程包括申请、测试和退出3个阶段。在申请阶段,申请者提出申请后,FCA根据相关要求对申请进行审核,予以通过或不通过。通过审核的申请者需要在10周的时间内完成并提交完整的测试方案,具体包括测试中涉及的相关信息,如目标、参与人数、成功标准、潜在风险与消费者保护等。FCA同时指派一位专员支持和监督申请者完成方案设计,专员同时也要保证避免方案对消费者权益造成风险。方案完成后,专员提交到FCA进行审核,通过后即可开启测试。申请者进入正式的测试阶段一般为期3~6个月,具体可有调整。同时,进入测试的申请者需要每1~2

周向专员汇报并进行沟通,对关键时点、关键进展和风险控制都需要进行说明,未能按要求进行汇报的申请者有可能会被强制终止并退出"监管沙盒"。测试全部结束后申请者要提交最终报告,FCA 在审查后会予以书面反馈,但不会直接认证商业模式。申请者据此决定后续的发展计划,如是否将创新产品投入市场,FCA 将在保护项目机密信息的前提下公布测试结果,也会进行监管政策的制定或完善,以平衡金融科技创新和风险。

四、政策进展

如表 5-2 所示,英国自 2016 年开始首批"监管沙盒"测试申请,截至 2022 年 11 月的第 8 批,共有 549 项申请,批准 179 项,平均通过率 32.60%,涉及诸多领域,为英国金融科技的发展起到了激励作用。2023 年英国金融科技周(UK Fintech Week)在伦敦举办,英国时任首相里希·苏纳克在演讲中强调了英国作为全球科技中心的地位。英国是全球金融科技中心,从全球金融科技行业市场规模来看,英国所占的市场份额高达 11%,约有 2500 家科技公司在此发展。金融科技 50 强(Fintech 50)榜单中前十大金融科技公司中有 6 家企业的总部设立在伦敦,英国金融科技发展有目共睹,"监管沙盒"为金融科技创新注入了强大动力。

英国是首个实施"监管沙盒"机制的国家,为"监管沙盒"的运用与推广做出了很大贡献。与此同时,其过程中可能存在一些不足,但这也是"监管沙盒"发展的必经阶段。第一是英国"监管沙盒"的申请审核要求较高,仅有约三分之一的申请者有望通过审核进入测试。这就对申请者提出了更高的要求,这也可能造成一部分手握创意但经验不足的小微企业无法通过申请。英国"监管沙盒"申请数量从第 6 批开始有明显的下降趋势,这可能与英国"监管沙盒"的低通过率有关,对申请者的申请意愿会有负面影响,激励作用受限。而且从第 5 批开始,每批的通过率都低于平均通过率,这说明英国"监管沙盒"的申请审批可能仍在变得更加严格。第二是"监管沙盒"对于监管机构要求较高,不仅要求其具备很强的专业能力,还需要有很强的沟通协调能力,以尽可能保证申请者得到公平的结果。

第二节 德国现实实验室制度

一、政策任务

当今世界正在经历新的一轮技术变革,新兴技术和新商业模式在短期内不断涌现,不断改变着人们的生产和生活方式。然而,与层出不穷的科技创新相比,政府的监管措施和相应法律框架的变化却是一个较为漫长的过程。一些传统的监管政策由于无法匹配新技术或商业模式的发展要求，而对创新造成了一定程度的阻碍。例如，世界主要国家近年来在对无人驾驶车辆进行测试时，都面临着传统的法律法规无法为无人驾驶车辆上路提供有效的法律保障问题，甚至无人驾驶车辆能否上路测试都需要首先进行法律层面的讨论。这样的现状无疑无法对如火如荼的数字化变革起到支撑作用。但同时，新兴技术和商业模式中同样蕴含着很高的不确定性和风险，必须通过有效措施进行监管和制约，尽可能避免消极影响，不能任由其随意发展。

面对监管政策与创新发展之间的矛盾，一些国家的政府纷纷开始采取各种形式的"创新试验"制度，如多国在金融科技等领域引入的"监管沙盒"、法国在2016年开始实施的"法国试点"等。德国作为数字时代的创新强国之一，也推出了德国版本的创新试验制度——现实实验室（reallabore），旨在探索不同数字化领域的监管政策改革方式。

"现实实验室"这一概念最初来自社会学领域，其是建立在科学和实践之间的一种机制，能够为研究人员实现研究、实践和教育目标提供一种有效的框架。一般情况下，在现实实验室中开展的都是跨专业和领域的项目，研究人员将通过试验性和反馈性的方式进行持续的研究探索。

德国联邦经济与能源部（BMWi）在2016年底引入现实实验室这一工具时，将其定义为一种"创新和监管的试验区"，即在有限的时间和空间内获得法律保障的试验区域，在现实条件下对关键的数字化创新和管理方式相结合的效果进行试验。此类现实实验室的政策任务是实现3个基本目标：①研究目标：企业和研究机构在对数字化创新进行实际应用测试时，不断收集、整合和分析这一过程中产生的新知识和问题，从而不断改进和发展新技术或商业模式；法律和政策制定者将在试验区内研究现有监管方式的适用性，并观察调整过的政策对特定创新造成的影响。②实践目标：企业和研究机构对具体的数字化技术和商业模式进行现实条件下的测试，以加速新技术转化和进入市场的进程；法律和政策制定者通过在试验区内允许某种法律框架在一定时间内进行调整，以测试新监管框架的实际应用效果。③教育目标：在现实实验室中测试的新技术和商业模式必然会带来生活方式、经营方式甚至社会价值体系的转变，参与现实实验室的所有相关主体都将在试验的过程中主动学习和适应这些转变。

根据上述定义和任务，BMWi认为现实实验室的建设可以分为3个阶段：第一阶段是在有限的时间和空间内对数字创新进行实地测试；第二阶段是在试验区内对相关法律进行符合规定的调整（如引入临时试验条款）；第三阶段是有目的地对相关监管制度的创新进行测试。只有满足了第二阶段的条件，现实实验室才能真正算作创新和监管的测试区。

二、政策治理

（一）参与主体

现实实验室作为一种以实践为主导、同时需要兼顾技术和监管政策两方面测试的政策工具，需要囊括来自不同领域的多方面主体，且在建设之初就应明确这些参与主体的身份和类型。

总体而言，现实实验室中的参与主体主要可分为四类，分别是核心参与者、主动贡献者、选择性参与者和周围环境。四类主体在现实实验室中的作用和角色如表5-3所示。

表5-3 现实实验室的参与主体及重点工作

参与主体	具体定义	主要作用	重点工作
核心参与者	对现实实验室的构建和运行有着决策权的个人或组织	决策	（1）设计和构建现实实验室； （2）在现实实验室中实施各分计划
主动贡献者	为现实实验室的运行提供关键服务或产品的主体	供应	（1）提供为满足某项义务或规定所必需的服务； （2）提供某项创新的核心组成部分
选择性参与者	在现实实验室中参与试验或应用新技术的真实用户	支持	（1）通过宣传和交流提高现实实验室的知名度； （2）通过积极参与，支持现实实验室的运行
周围环境	受到现实实验室间接影响的主体	观察	对现实实验室的实施加以关注或在特定情况下被动参与

来源：BEECROFT R, TRENKS H, RHODIUS R, et al. Reallaboreals Rahmentrans formativer und transdisziplinärer Forschung: Ziele und Designprinzipien[C]//DEFILA R, GUILIO A D. Transdisziplinär und transformativforschen-Eine Methoden sammlung. Wiesbaden: Springer VS, 2018: 75-100.

（二）法律基础

在设计现实实验室时必须找到能够支持相关试验的法律条款作为基本支撑，并从中获悉项目开展需要联系的负责部门等关键信息。但由于实验室设立初衷就是为了解决新技术或商业模式与现行法律法规不匹配的问题，因此常常会遇到无法找到适用的法律条款的情况。而在德国法律中的"临时试验条款"则为现实实验室克服此类法律障碍提供了足够的保障，也是构建很多现实实验室最重要的基础之一。

临时试验条款是一种法律工具，用在特定的应用领域内，检验特定的做法和（或）法律效果对特定主体造成的影响。其在本质上是一种例外规定，以允许为试验目的而进行的违反现行法律法规的临时性行为。临时性条款在法律法规中主要以三种形式出现：

（1）行为准则。指法律制定者或其他有关部门直接给出进行某种试验的方法，其意义是强烈建议相关主体按照准则的要求进行试验，但并不具有强制性。行为准则形式的临时试验条款主要出现在一些管理法规中。

（2）许可。指法律制定者允许相关的审批部门执行试验行为或在特定情况下提供相应资助，其属于一种法律授权，是构成有关部门自身权力的一部分。

（3）例外规定。这是临时试验条款最常见的一种形式，指通过允许私人或公共主体违反或不执行某项法规来实现试验目的,适用于现行法规禁止或让试验行为非常困难的情况。例外规定包括四种形式:一是禁令的例外,允许有关部门违反原则性的法律规定;二是审批的例外,豁免相关主体获取审批的要求,或允许相关主体不按照规定方式行动,以减少其开展试验活动的工作步骤和行政负担;三是证明和配置要求豁免,取消对相关主体的证明、配置或其他方面的要求;四是相关法规的例外,若试验活动需违反多项相关义务或形式的规定,可通过临时试验条款进行统一豁免。

一般情况下,临时试验条款都有自身的生效期限,且规定不尽相同。有的条款是在某个确定的日期前有效;有的是规定了具体的生效时间长度,如一个月、一年等;也有些条款不设具体的生效日期,而是在试验的某个阶段一直有效。生效期限的选择与试验的特点、目标和必要的行政流程长短相关,既要保证充足的试验时间,也不能设定过长违背试验的目标。一些临时试验条款还允许申请延长生效期限,以为试验,特别是为试验的初期阶段提供更多的灵活性。

虽然临时试验条款为现实实验室的运行提供了法律层面的自由,但此类条款的制定和应用也不是完全随意的,其仍需遵循德国《基本法》规定的三大原则:一是合法性,临时试验条款必须有相应的法律基础作支撑,且有关部门需要根据试验的效果和获得的新认识对条款进行评估和完善;二是明确性,临时试验条款必须满足法律的明确性,但鉴于其设立的目的是对新技术与监管政策的适应性进行探索,也应在保证明确性的同时留出一些修改的空间;三是平等性,在管理和运行现实实验室时需要特别注意非歧视和透明原则,如在挑选试验人员、进行公开信息披露等流程时需要特别注意。

临时试验条款在德国不同领域和不同层级的法律中广泛存在。例如,根据德国"空中交通条例",一般情况下无人驾驶的飞行系统或飞机模型是不允许在德国飞行的,但该条例的21b条第3款规定:"在满足21a条第3款第1项规定的前提条件下,有关部门可批准免除21b条第1款第1项的第1~9目中规定的飞行禁令。20条第5款和21a条第5、第6款同样适用。"这一条款确保了无人机可以在符合规定的情况下在试验区域内进行飞行,而不受飞行禁令的限制,此条款也是当前德国正在运行的一些无人机相关的现实实验室项目能够顺利开展的法律基础。

由此可见,临时试验条款是德国能够设立现实实验室的关键所在,它为新技术和新商业模式能够在不适用现行法律法规的情况下进行试验提供了法律依据,同时也使法律制定者拥有了观察和评估创新为现行法律法规带来的影响的宝贵机会,有助于在未来更具针对性和合理性地调整相应的监管政策框架。

三、政策程序

现实实验室多以项目形式开展,需在确定参与人员和依据的临时试验条款后,对实验室构建的一系列程序进行设计和规划,主要包括共同目标的确认、所需资源的获取及试验时间和地点的选择。

共同目标的确认。上文提到现实实验室的设立主要遵循三个基本目标，但由于涉及多方面的参与主体，每个主体在这三大目标的框架内又分别有自身的具体目标，如企业是为了测试自己的新技术或新产品，法律制定机构则是希望找到监管政策的未来改革方向。但对任何一个成功的现实实验室来说，所有的参与主体必须在一开始就设定共同目标并提出具体的、可计量的研究问题，这样才能向着同一个方向努力，系统性地设计试验方案，并为试验后的分析和评估工作奠定基础。

所需资源的获取。现实实验室的核心参与者需要全面考量构建实验室所需要的相关资源，并在试验开始前做好充足准备。在资金方面，除了企业和研究机构自己提供，德国或欧洲不同层级的政府部门也会根据现实实验室涉及的主题、区域发展重点和资助重点提供一定的支持，德国各联邦州、联邦政府乃至欧盟都设有相关的资助计划。实验室的核心参与主体需要主动寻找合适的资助计划并争取获得公共资金的支持。

试验时间和地点的选择。现实实验室的开展时长和地点首先需要以核心参与者的目标为基准。试验时间的确定还要考虑所依据的临时试验条款的相关规定。试验地点则需要综合参考各地的人口结构、人口密度、基础设施、政府资助计划等情况，最好能够选择之前已经成功开展过的现实实验室项目，或企业和研究机构与相关的审批部门有着良好合作经验的地区。此外，一些现实实验室在运行初期的试验范围比较有限，但若取得较好的成果并满足相关的规定，可在之后扩展试验时长和范围。

对现实实验室相关数据、信息、成果和影响进行系统评估是管理现实实验室项目的重要基础。此类评估需要做到公开透明、目标明确，能够满足项目参与主体获取知识的需求，以及能够有效评价各主体初始目标的实现程度。很多大型现实实验室项目的评估都是由独立的第三方机构进行的，以此增强评估结果的客观性和有效性，从而为参与项目的企业和法律制定者提供更好的支持。一些现实实验室还会在实施初期就单独开展陪同研究，由科学领域的主体全程跟踪分析项目的进展情况。

同时，项目的评估结果也应得到尽可能充分的利用。特别是对与项目相关的政府管理部门来说，应尽早确定项目的评估结果和相关数据需要呈交的法律制定部门，以真正为相应法规的完善做出贡献。一些涉及社会接受度的现实实验室项目还应为评估结果向公众开放做好准备。

目前，德国在不同领域和地区已开展了丰富的测试项目，如向偏远地区运送包裹的物流无人机、为解决大城市"最后一千米"问题的货运机器人、自动驾驶巴士等，其中大部分项目是由产业界最先提出的，主要目标是为了在现实中测试新技术。BMWi在自己的官方网站上发布了一些典型的实际应用案例，可为相关主体未来开展现实实验室项目提供借鉴。

四、政策工具

德国现实实验室的政策工具多是项目。本部分以"汉堡货运机器人"测试项目、

"巴登—符腾堡州远程医疗"项目和"智慧能源橱窗"计划为例进行说明。

（一）"汉堡货运机器人"测试项目

如何通过经济环保的方式进行城市中"最后一千米"的包裹运送是人们当前较为关注的问题之一，而新型的自动化电动货运机器人则为解决这一问题提供了有着较高发展潜力的解决方案。

鉴于这一情况，德国的一家物流服务商 Hermes 德国有限责任公司（以下简称 Hermes 公司）与 Starship 运输技术公司（以下简称 Starship 公司）合作，联合相关政府部门于 2016 年 9 月至 2017 年 3 月在汉堡市开展了"汉堡货运机器人"测试项目。项目相关的参与主体、涉及的相关法律法规、试验目标等信息如表 5-4 所示。

表 5-4　"汉堡货运机器人"测试项目基本信息

试验地区		汉堡市
试验时间		2016.09.09—2017.03.31
参与主体	核心参与者	Hermes 公司 汉堡市内政和体育局（BIS）
	主动贡献者	技术供应商：Starship 公司 保险提供商：HVD 保险公司 技术监督者：德国联邦技术监督联合会（TÜV） 审批和监管部门：汉堡市经济、交通和创新局（BMVI）
	选择性参与者	用户 行政区官员 警察
	周围环境	观察者：行人 观察者：汉堡市路桥水文局 其他政治组织：交通和道路建设部官员全体大会（GKVS）、联邦交通与数字基础设施部、联邦公路局等
相关法律法规		《车辆上路许可条例（FZV）》 《道路交通法（StVG）》 《道路交通规定（StVO）》 《道路交通许可规定（StVZO）》
试验目标	共同目标	探索自动货运机器人解决城市"最后一千米"包裹运送问题的潜力
	Hermes 公司	在真实条件下测试货运机器人系统的商业可用性、技术可行性、客户接受度和安全性
	汉堡市政府部门	探索全自动货运机器人的监管政策前提和可能的障碍

来源：BUNDESMINISTERIUM FÜR WIRTSCHAFT UND ENERGIE. Freiräume für Innovationen-Das Handbuch für Reallabore[R]. Berlin：BMWi, 2019.

项目的试验主要在汉堡市内的 Volksdorf、Harvestehude 和 Ottensen 三个区进行。所有参与试验的 Starship 货运机器人都是从 Hermes 公司在这三个地区的一处包裹包装点出发,向距离包装点最大距离 3 千米内的住户运送包裹,并在运送结束后返回。测试时间限制在每日的 9:00 至 17:00,且必须在日出后到日落前的时间内进行,而不能在黄昏、昏暗或能见度低的不利天气条件下行驶。

机器人由位于爱沙尼亚的一位操作员进行远程监控(其技术供应商为爱沙尼亚的公司),同时有一名管理员在现场跟随机器人行动,他们可在紧急情况下立刻对机器人进行控制。此外,现场的管理员还负责行驶路线的控制和解答感兴趣的行人的问题。货运机器人一律在人行道上行驶,且最高速度为 6 km/h,必须通过的自行车道和机动车道需要事先由管理员进行考察并获得有关部门的许可才能行驶。在公共交通区域行驶时,机器人必须在前方亮起白灯、后方亮起红灯状态下行驶,道路最大坡度不能超过 6%。每台机器人都配有 9 个摄像头、若干传感器和 GPS 导航系统,且每次最多装载两个 Hermes 公司的小型包裹。

此试验项目的开展涉及德国的四部法律法规,主要用于解决货运机器人是否属于机动车辆,以及货运机器人能否上路行驶、责任风险如何划分等问题。

第一,根据 StVG 的相关规定,"通过机器动力移动而未束缚在铁轨上的陆地车辆被视为机动车辆"。FZV 中则规定"机动车辆在获得上路许可后可在公共道路上行驶",且 FZV 仅适用于设计时速在 6 km/h 以上(含)车辆的许可。在上述两部法规的基础上,汉堡市交通局和行政区官员在经过广泛的法律调研后特别认定 Hermes 公司的货运机器人为机动车辆。

第二,虽然 Hermes 公司的货运机器人属于机动车辆,但由于并不是量产,制造方式也与普通机动车辆不同,因此在确定上路许可程序时不适用于 StVZO 中关于车型审批和普通上路许可的相关规定,而是要进行特别许可。根据 StVZO、FZV 等相关法规的对例外情况的规定,此类特别许可需要由各联邦州法律规定的最高负责部门,在受官方承认的专家意见报告的基础上颁发。据此,汉堡市交通局基于 TÜV 在 2016 年 9 月 2 日出具的专家意见,最终颁发了准许货运机器人上路的特别许可,许可时间为 2016 年 9 月 9 日至 2017 年 3 月 31 日。特别许可中详细规定了货运机器人能够上路所必须达到的前提条件,而上述试验方法正是严格按照这些条件进行设计的。

第三,要对项目测试中的责任问题进行符合法律的划分。根据 StVG,一般情况下机动车辆的所有人和驾驶员都对车辆在行驶时发生的事故负有责任,但此法规仅适用于驾驶员位于车内的情况。而该项目测试中无论是位于爱沙尼亚的操作员还是在现场跟随机器人行动的管理员都不符合一般意义上的"驾驶员"角色,因此无法在现行法律中找到相关的责任划分规定,这就造成了测试中的一大监管障碍。因此,特别许可的条件中规定该测试造成的所有损失都由许可证持有人——Hermes 公司承担。此外,Hermes 公司与 Starship 公司还签订了服务协议,包含了造成第三方损害、技术故障或问题等责任的划分问题。Hermes 公司还单独出具了一份声明,以免除政府部门的责任。

(二)"巴登—符腾堡州远程医疗"项目

"巴登—符腾堡州远程医疗"项目是巴登—符腾堡州(简称"巴符州")私人医疗保险(PKV)领域远程医疗的示范项目,该项目于 2017 年 11 月开始,当时计划运行两年。

在该示范项目中,TeleClinic 有限责任公司(以下简称 TeleClinic 公司)基于巴符州医师协会的许可经营一个远程医疗平台,通过该平台,私人参保患者可以通过通信网络与巴符州的医生进行视频咨询,并接受治疗。项目相关的参与主体、涉及的相关法律法规、试验目标等信息如表 5-5 所示。

表 5-5 "巴登—符腾堡州远程医疗"项目基本信息

试验地区		巴登—符腾堡州
试验时间		2017 年 11 月起
参与主体	产业界主体	TeleClinic 公司(核心参与者) Barmenia 医疗保险公司 Debeka 医疗保险公司 ARAG 法律保险集团 VBU 医疗保险公司 Werra – Meißner 医疗保险公司 Mobil Oil 医疗保险公司 布兰登堡州医疗保险公司 Concordia 保险公司 SWICA 瑞士医疗保险公司 德国药店出版社
	监管机构主体	巴符州医师协会
	科学研究主体	图宾根大学诊所 Peter Martus 教授
	公众参与主体	参与私人医疗保险的医生和患者
相关法律法规	《巴登—符腾堡州医师协会职业守则》 《药品法》 《药品处方条例》 《药品宣传法》	

续表

试验地区	巴登—符腾堡州	
试验目标	共同目标	探索远程医疗这一创新领域的实际应用的潜力
	TeleClinic 公司	在真实条件下测试自身的远程医疗技术基础设施的应用效果,以及探索市场准入相关问题的有效解决方案
	医疗保险公司	确定远程医疗将给医疗保险带来哪些变化,需要如何改善现有保险产品
	德国药店出版社	测试通过电子药方提升现有客户在远程医疗方面的满意度,加强各地药房在远程医疗中的作用
	巴登—符腾堡州医师协会	确定远程医疗对现有行业监管政策的影响和未来行动领域
资金来源	专注数字健康领域的柏林风险投资公司(Digital Health Ventures) 联邦经济和出口管制局(BAFA)的 INVEST 风险投资补助计划 联邦经济与能源部(BMWi)的 EXIST 学术界创业计划	

来源:BRANDT G C, BÖKER B, BULLINGER A, et al. Fallstudie: Telemedizin in Baden-Württemberg[R]. Berlin: BMWi, 2019.

该示范项目的开展时间为 2017 年 11 月至 2019 年 11 月,参与人员限定为巴符州加入私人医疗保险的医生和患者,且项目组织者不能在巴符州以外的地区主动宣传此项目。在项目实施过程中,巴符州的医生通过 TeleClinic 平台对患者进行远程诊疗,并提供一般性的疾病咨询、开具转诊单、做出诊断、推荐治疗方案、开具药方等一系列服务。TeleClinic 平台则通过一系列的技术工具和专业人员保障远程医疗咨询的质量和患者的安全。

"巴登—符腾堡州远程医疗"项目需要遵守的最根本法律是《医师协会职业守则》,而该职业守则中关于远程医疗的禁令问题则是该项目需要克服的最大法律障碍。

德国的《医师协会职业守则》分为联邦和各州两个级别,其中通过联邦医师大会颁布的联邦医师协会《医师示范职业守则》(MBO-Ä)规定了德国医师的职业和伦理基础,是各州医师协会制定各自职业守则时的基本依据,这样能够促进德国统一的职业法规发展,避免各州的医师职业守则出现重大区别。而根据 MBO-Ä 第 4 条第 7 款的规定,个人医疗诊断,特别是医疗咨询,不允许仅通过纸质或通信媒体的方式进行,医生必须与患者进行直接接触后才能做出诊断。即使在远程医疗的情况下,也必须至少有一名具备从业资格的医生在现场对患者进行直接诊断。这一规定同样也被纳入了《巴登—符腾堡州医师协会职业守则》(以下简称《巴符州医师协会职业守则》)中,对在该地区开展远程医疗项目造成了较大阻碍。

在这一背景下,《巴符州医师协会职业守则》中在该领域的临时试验条款发挥了重要作用,其规定"若在一个示范项目,特别是以研究为目的的项目中需要仅通过通信网络进行医疗诊断，则在通过州医师协会的批准后可以实施"。该条款是巴符州医师协会于2016年补充进自身的职业守则中的，使得巴符州成为全德国首个允许在示范项目中进行完全远程医疗的联邦州。据此，"巴登—符腾堡州远程医疗"项目获得了巴符州医师协会的批准，且州医师协会仅要求项目组进行科学评估，并有一名职业医生参与项目的执行。

而就在巴符州引入这一临时试验条款的两年后，联邦医师协会在2018年对MBO-Ä第4条第7款进行了修订，允许在满足必要的医疗要求、且在患者知情的特定情况下通过通信媒体进行医疗咨询和治疗，不再需要单独配备现场对患者进行诊治的医生。这一修订正是由于联邦医师协会看到了近年来德国各地远程医疗项目取得的良好成果，进而为今后推广全德国范围的远程医疗服务奠定重要的法律基础。

另外，与MBO-Ä第4条第7款相关联的是"药品宣传法"（HWG）的第9条规定，即"不允许未经过对患者进行直接诊断（远程治疗）就对疾病、身体损伤或病痛的判定和治疗进行宣传"。具体来说就是不允许医生根据患者书面描述的病情进行相应的诊断和咨询，也不允许医生通过电话的方式告知患者诊断结果。本示范项目与该法律条款不存在冲突。

在责任义务划分方面，根据《巴符州医师协会职业守则》第21条规定，医生需要为其职务范围内行为的责任义务要求进行充分的投保。适用于这一要求的医师职业责任义务保险则已经包含了开展远程医疗咨询的成本，因此不需要为开展示范项目进行单独的调整。此外，项目的核心参与者TeleClinic公司也与参与项目的各个保险公司签署了合作协议，对服务、责任范围、保密要求等进行了具体的约定。

（三）"智慧能源橱窗"计划

"智慧能源橱窗（SINTEG）"计划（以下简称"SINTEG计划"）是德国联邦经济与能源部（BMWi）于2015年开始的一项资助计划，旨在支持德国不同区域开展可再生能源发电的试验项目，测试如何使当前的电力系统安全地承受高比例或全部来自可再生能源发出的电力。

SINTEG计划资助了5个大型示范区开展相关项目，这些项目将搭建数字市场平台网络，试图避免电网瓶颈，或是为能源交换开发手机应用程序等。项目重点是开发安全、高效及大众市场支持的运行管理流程、创新技术和与灵活、智能的电网及电力市场相匹配的市场机制。通过该计划得到的最佳解决方案将在德国各地广泛实施。计划相关的参与主体、涉及的相关法律法规、试验目标等信息如表5-6所示。

2015年，BMWi发布了SINTEG资助项目公告，来自德国不同地区的项目联盟分别提交了申请，BMWi最终在所有申请中挑选出5个SINTEG示范区开展项目。每个示范区的项目联盟均由来自产学研政界的50~70个主体组成，联盟中的合作伙伴通过签订合作协议来规范各自的权利、责任和义务，同时会指定其中一个主体作为联盟的协调员。例如，WinNODE项目联盟由75个合作伙伴组成，这些合作伙伴分为牵头合作伙伴、联合合作伙伴、相关合作伙伴、分包商等不同层次，其中牵头合作伙伴成员包括电网运营商50Hertz、柏林经济和技术伙伴有限公司、萨克森州能源协会、弗朗霍夫开放交流系统研究所、西门子公司、柏林电网有限公司和勃兰登堡州企业资助有限公司等7家单位，其他合作伙伴包括当地的水电供应商、电网运营商、市政公用事业机构、大学和非大学研究机构、产业公司、咨询公司及能源部门的协会等。

表5-6 SINTEG计划基本信息

试验地区和项目名称	（1）巴伐利亚州、巴登—符腾堡州、黑森州：C/sells； （2）北莱茵—威斯特法伦州、莱茵兰—普法尔茨州、萨尔州：DESIGNNETZ； （3）下萨克森州西北部：enera； （4）汉堡、石勒苏益格—荷尔斯泰因州：NEW 4.0； （5）柏林、勃兰登堡州、梅克伦堡—前波莫瑞州、萨克森—安哈尔特州、图林根州、萨克森州：WindNODE	
试验时间	2016年12月—2021年12月	
参与主体	监管机构主体	联邦经济与能源部（BMWi） 联邦网络局（BNetzA）
	项目执行和科学研究主体	5个示范区的项目联盟
	项目管理主体	于利希项目管理中心
	公众参与主体	示范区内的电力用户
相关法律法规	《"智慧能源橱窗"条例》（SINTEG条例） 《可再生能源法》 《能源经济法》 《热电联产法》 《欧盟运作条约》	
试验目标	共同目标	加快德国可再生能源发电的应用速度，促进能源转型
	电力公司	测试可再生能源发电的技术解决方案，通过数字技术实现智能发电
	监管部门	识别和研究电力系统能源转型过程中遇到的监管挑战
资金来源	联邦经济与能源部和联邦网络局的SINTEG计划资助 项目执行主体自负资金	

来源：SINTEG. Pionier für Reallabor[R]. Berlin：Guidehouse Germany GmbH, 2022.

在示范区内，电力公司将测试根据用户用电需求使用可再生能源电力进行供电的方法，以针对工业、商业和居民用户的用电特点灵活供应"绿色"电力，同时通过安装使用智能电表等数字工具了解不同用户的具体用电情况。除了对具体的技术解决方案进行测试，监管部门也将在示范区内尝试解决电力系统能源转型将遇到的监管挑战，如开发和测试新的市场模式、竞争规则、监管制度等，以满足新能源供电的适应性需求。另外，所有示范区在开展项目时都有相关研究机构进行陪同研究工作，其目标是将示范区的有益经验向全国各地传播，加速德国高效且智能的能源转型过程，同时促进各示范区在跨领域主题上的合作和网络构建等。

到2020年底，SINTEG示范区内的相关项目共获得超过5亿欧元的投资，其中公共资金要支持2亿欧元，项目承担方需投入3亿欧元，并承担项目申请、宣传等方面必需的行政费用。

SINTEG计划项目开展实施所依据的法律是最初的SINTEG资助项目公告及专门为该计划制定的"SINTEG条例"。2015年发布的SINTEG资助项目公告中明确，实施SINTEG项目的示范区将在现行法律规定的基础上，通过临时试验条款测试新法律环境在新能源供电领域的适用性。因此，在计划实施2年后，联邦政府通过总结现有经验，制定并通过了专门针对SINTEG计划的临时试验条款"SINTEG条例"。该条例的生效时间为2017年5月10日至2022年6月30日，制定和颁布的主要法律依据为《能源工业法》第119条、《可再生能源法》（EEG）第95条第6款和《热电联产法》第33（1）条第3款。在条例的解释说明中特别提到，该条例的制定是为了应对在示范区开展能源转型试验过程中与现行法律法规不匹配的情况，以满足当前不可预见的法律需求，是一种试验性的法律规定，并不作为未来新监管框架的法律先例。

"SINTEG条例"确定了适用于资助计划参与主体的临时性规定，特别是针对相关主体因参与计划项目受到经济损失的情况提供了具体的补偿措施。其中，条例的第6～第9条具体划定了可以申请补偿的损失范围，如第6条规定计划参与主体受到的经济损失由收取网络费用、网络附加费和相关税费的网络运营商予以补偿，但可以补偿的经济损失必须是参与主体在实施提前向联邦网络局报备过的项目活动时造成的。同时，条例第10、第11条也规定计划参与主体必须将通过实施项目所获得的收益上交给相应的网络运营商，以避免该条例对未参与计划项目的企业造成不公平竞争环境。

五、政策效果

1. 在测试新技术的同时注重对监管政策适用性的研究

德国的现实实验室虽然同样是在有限的时间和空间内对新技术和商业模式的创新进行测试，但当地的政府管理部门和学术界的专家也会参与其中，系统观察应用新技术时会遇到哪些法律方面的障碍，研究如何调整现有法规才能达到既能促进技术发展又能对其进行有效监管的双重目标，并同样在现实条件下测试新监管政策的适用性。测试项目的最终评估也同时关注技术、经济和监管方面的影响及未来的行动需求，使现实实验室真正成为"创新和监管试验区"。这一点在"汉堡货运机器人"测试项目、"巴登—符腾堡州远程医疗"项目和SINTEG计划的试验目标中都有所体现。

2. 自下而上推动相关法律法规的完善和改变

德国的现实实验室项目多是由产业界主体提出、地方管理部门批准，并最终由地方管理部门将项目的结果和对现行法律法规的影响等内容上报给联邦层面的管理部门，进而影响全德层面相关法律法规的统一修改完善。这种自下而上的过程保证了法律法规的修改真正以促进新技术创新发展为根本目的，且具体的修改方式已经经过了现实条件下的检验，具有明确的调整方向。

如"汉堡货运机器人"测试项目通过特别许可的方式成功开展了测试，但特别许可上规定的条件和要求并不具有普适性，在其他应用场景下还需根据情况制定其他要求。这就产生了一个监管方面的行动需求，即除了特别许可或临时试验条款外，还应在法律中关注关于无人半自动驾驶（即驾驶员不在车辆内进行控制的情况）在公共道路上行驶的相关法律法规条款的完善和改变，还应对"驾驶员"这一定义进行扩展和明确，即驾驶员是否必须为坐在车内的人员，还是在某些情况下可以在车外进行远程控制等。

3. 采用临时试验条款，在制定法律法规时为开展相关试验项目留有余地，更具灵活性

德国现实实验室项目能够顺利开展的根本基础是在德国法律法规中普遍存在的临时试验条款，这些条款的存在使得一些必须违反现行法律禁令才能开展的创新试验项目拥有了存在合理性，不会出现一些为测试新技术而制定的暂行法规与现有法规存在冲突的情况。

临时试验条款在"巴登—符腾堡州远程医疗"项目和SINTEG计划中都有应用，如"巴登—符腾堡州远程医疗"项目依据的是巴符州医师协会为"示范项目"专门引入的临时试验条款，并在项目的执行过程中既测试了数字创新技术，也对多项监管政策指标的适用性进行了研究，同时整个项目是在完全真实的条件下进行的。SINTEG计划所依据的是临时试验条款的"SINTEG条例"。在计划项目开展过程中，电力企业在现实条件下测试了适用于可再生能源电力供应的最新数字化解决方案，监管部门也在这一过程中找到和研究了能源转型中可能遇到的法律法规适用性问题，由多主体共同组成的项目联盟围绕能源转型问题开展了卓有成效的合作。

4. 加强各地的信息共享与合作，建立新技术和监管试验项目的全国统一平台，有助于满足各方信息要求

德国在刚刚引入现实实验室时，也存在各地的现实实验室项目相互之间不了解、各自为政、缺乏协同效应的问题，此外联邦政府也没有参与到这些项目中，无法从中获得有益的管理经验。因此，BMWi希望通过建立一个广泛的网络结构（"现实实验室网络"）和全面的信息提供（"现实实验室手册"），加强相关主体间的交流和信息供给，满足产业界和政府管理者对信息的较高需求。

第三节 加拿大创新商业计划

一、政策任务

中小企业将创新产品从实验室推向市场常常受到阻碍，而中小企业又是加拿大经济的引擎。为了解决这个问题，加拿大联邦政府于2010年宣布实施创新商业化计划（Canadian Innovation Commercialization Program，CICP），该计划的任务是协助解决加拿大企业，特别是中小型企业"商业化前的差距"（指创新主体的创新成果在推向市场时遇到的资金短缺问题）。计划预算4000万美元，是一项两年试点计划，通过两年内的四次招标，由加拿大公共工程和政府服务部（Public Works and Government Services Canada，PWGSC）的采购处购买加拿大企业开发的创新产品和服务，由联邦部门和机构使用、测试并进行反馈，支持其商业化。CICP的政策任务是解决企业商业化前资金短缺问题，帮助企业解决创新产品难以从实验室推向市场的问题。

加拿大政府长期致力于资助大学和学院的研究和开发，2008—2009年投入了大约28亿美元。除了支持学术研究，加拿大政府还推出许多旨在帮助创新主体发展的计划和服务。然而，这些计划多是针对创新主体的早期阶段，即基础研究和应用研究阶段，缺乏对处于产品开发预商业化阶段的创新主体的支持，使其很难在实际应用环境中测试创新成果，为产品进入市场做准备。缺乏对创新主体预商业化阶段的支持已被认定为加拿大创新力落后于其他主要工业化国家的原因之一。CICP对解决这一问题提供了支持。

二、政策治理

PWGSC的采购处负责该计划，并由中小企业办公室（The Office of Small and Medium Enterprises，OSME）负责实施。中小企业办公室是PWGSC采购处的一部分，由PWGSC总部的4个局及6个区域办事处组成，区域办事处负责开展CICP的外联活动。PWGSC的服务和专业采购管理部门（Services and Specialized Acquisitions Management Sector，SSAMS）负责CICP采购和合同相关的事务。加拿大国家研究委员会的工业研究援助计划（The National Research Council of Canada's Industrial Research Assistance Program，NRC-IRAP）参与了提案审查过程，在第一轮提案征集期间，由140名工业技术顾问组成的工业研究援助方案小组负责评估提案。创新遴选委员会（The Innovation Selection Committee，ISC）负责提案资格预审前的最后验证，该委员会由来自政府和非政府部门的在创业、创新和商业化等领域拥有丰富经验和知识的成员组成，政府成员最多不超过30%，非政府部门成员至少占70%。联邦政府和其他政府部门通过协议参与CICP计划，使用和测试采购的创新产品或服务，并向PWGSC提供一份关于其所使用的创新产品或服务的优势和劣势及在商业化之前如何改进创新的反馈表。CICP 计划的逻辑模型如图 5-3 所示。

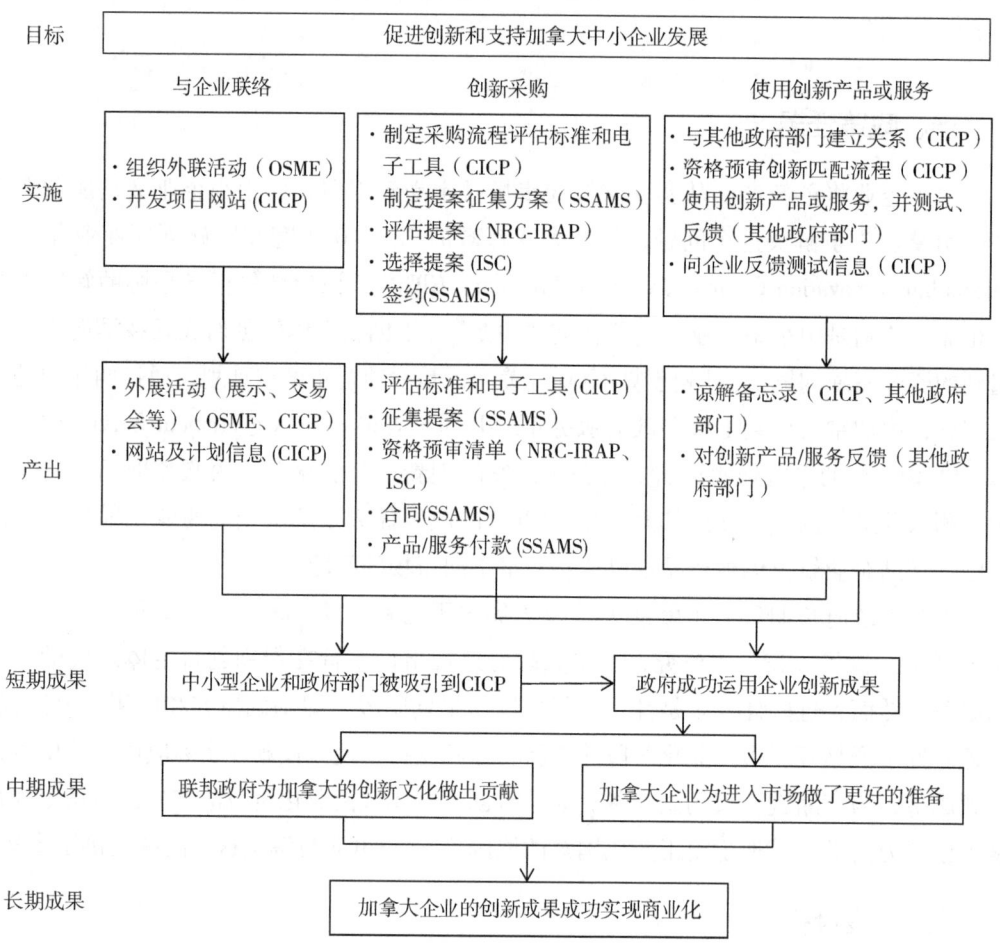

图 5-3 加拿大创新商业化计划逻辑模型

来源：PUBLIC WORKS AND GOVERNMENT SERVICES CANADA. Rapport final, 2011-610, évaluation du Programme canadien pour la commercialisation des innovations [R/OL]. [2021-10-19]. https://publications.gc.ca/collections/collection_2016/spac-pspc/P24-610-2011-fra.pdf.

三、政策工具

CICP 计划应用的政策工具主要是前商业化采购项目。项目一般要经过项目征集（招标）、项目评估（筛选）、合同签订这几个过程，并开展外联工作，使参与企业了解 CICP 计划，学到政府采购程序的相关知识。

（一）项目征集

CICP 计划下的创新采购是一个多步骤的过程，涉及其他政府部门和外围顾问的参与。中小企业办公室及服务和专业采购管理部门合作为 CICP 计划制定了一个基于提案

第五章 早期技术商业化

征集程序的竞争性采购方法。

招标书发布在MERXTM采购系统上。第一轮招标在2010年10月5日至2010年11月16日发布,第二轮招标在2011年7月13日至2011年8月18日发布,第三轮招标在2012年2月29日发布。第一轮征集了375份提案,第二轮征集了337份提案。

(二)项目评估

提案由NRC-IRAP进行评估,评估其创新成熟度、测试方案与商业化战略,然后将排名最靠前的符合技术要求的提案提交给ISC,由ISC在资格预审前进行验证和审议。在对创新成熟度进行评估时,技术准备水平表是衡量创新成熟度的标准。为了符合CICP计划的要求,技术准备等级必须在7~9。9个技术准备等级具体如表5-7所示。

表5-7 技术准备水平表

技术准备等级	技术准备程度	等级描述
1	研究技术的基本原理	对一项技术的基本特性进行研究并发表论文,科学研究开始转化为应用研究和开发
2	明晰技术原理并研究应用	明晰了基本原理,开始研究实际应用,但仅限于分析性研究
3	实验并分析关键功能或证明技术概念	积极研究和开发,包括分析研究、实验室研究,产生具有代表性的组件
4	在实验室环境中组件或验证	对基本的组件进行整合,确定它们能够一起工作
5	在模拟环境中组件或验证	在模拟环境中将基本技术组件整合起来进行测试
6	在模拟环境下演示系统/子系统模型或原型	在模拟操作环境中测试一个接近理想配置的模型或原型
7	准备好在适宜操作环境中进行演示的样机	在适宜操作环境中对模型进行现场测试
8	通过测试且合格的实际技术	技术被证明可以在其最终形式和预期条件下应用
9	在实际环境中成功应用技术	基于技术形成创新产品,并在实际环境中成功应用

来源:PUBLIC WORKS AND GOVERNMENT SERVICES CANADA. Rapport final, 2011-610, évaluation du Programmecanadien pour la commercialisation des innovations[R/OL].[2021-10-19]. https://publications.gc.ca/collections/collection_2016/spac-pspc/P24-610-2011-fra.pdf.

在第一轮提案征集期间收到的375份提案中,有40份被NRC-IRAP认定为符合技术要求并进一步提交给ISC。根据ISC的验证和审议,最终有27份提案进入资格预审。

第一轮提案征集要求NRC-IRAP必须对提案进行全面评估,但因为超过50%的提案不值得进行如此深入的分析,这种做法十分消耗人力物力。因此,对第二轮征集的提案进行评估之前,首先利用三项强制性要求进行筛选,这一改进大大减少了 NRC-IRAP 的工作量。在第二轮提交的337份提案中,有2份提案被退回,剩下335份提案经过第一阶段的筛选,有166份提案不符合筛选标准,剩下169份提案将进行技术评估。在技术评估之后,有52份提案提交给 ISC。在这52份提案中,37份提案进入了资格预审。

(三)合同签订

服务和专业采购管理部门代表 CICP 计划与创新产品和服务的供方企业进行采购签约。签订合同的目的是通过 CICP 计划购买企业的创新产品或服务,并将产品或服务交付给测试部门。

在该计划的第一轮提案征集中,由于在匹配和签订创新合同方面存在不可预见的复杂性,签订合同的速度比预期慢。最初的目标是从第一轮提案征集结束后8周内签订合同,但并未实现。后将签订合同的时间修改为8个月,到第一轮提案征集后的第8个月(2010年7月),只有两份合同签订,其余25份合同还要等待最后确定。

第一次招标的潜在合同总价值至少为770万美元,合同平均潜在价值为383 248美元,合同最低潜在价值估计为38 335美元,最高为584 200美元。截至2012年3月31日,有7项通过资格预审提案的潜在价值尚未确定。表5-8提供了已确定合同潜在价值的20项提案的价值概览。

表5-8 CICP 计划第一轮提案征集后的潜在合同数量和价值

合同金额	合同数/份	潜在总价值/美元
45万美元及以上	8	4 268 423
35万~45万美元	5	1 981 832
25万~35万美元	3	862 561
10万~25万美元	3	513 812
低于10万美元	1	38 335
未确定	7	—
合计	27	7 664 963

来源:PUBLIC WORKS AND GOVERNMENT SERVICES CANADA. Rapport final,2011-610,évaluation du Programme canadien pour la commercialisation des innovations[R/OL].[2021-10-19]. https://publications.gc.ca/collections/collection_2016/spac-pspc/P24-610-2011-fra.pdf.

第二次招标的合同潜在总价值至少为1140万美元,合同平均潜在价值为308 463美元,合同最低潜在价值估计为32 850美元,最高为500 000美元。表5-9提供了37份已被确定合同的潜在价值概览。

表 5-9 CICP 计划第二轮提案征集后潜在的合同数量和价值

合同金额	合同数/份	潜在总价值/美元
45 万美元及以上	11	5 323 420
35 万~45 万美元	7	2 777 796
25 万~35 万美元	4	1 165 116
10 万~25 万美元	9	1 749 830
低于 10 万美元	6	397 000
合计	37	11 413 162

来源：PUBLIC WORKS AND GOVERNMENT SERVICES CANADA. Rapport final, 2011-610, évaluation du Programmecanadien pour la commercialisation des innovations[R/OL].[2021-10-19]. https://publications.gc.ca/collections/collection_2016/spac-pspc/P24-610-2011-fra.pdf.

四、政策效果

截至 2012 年 3 月，在所有 CICP 计划预审合格的提案中，73%（47 份）的提案与测试部门相匹配，63%（17 份）的提案已签订合同，共有 15 个部门和机构参与了创新产品或服务的测试，PWGSC 和加拿大国防研究与发展部在第一次提案征集后，各自测试了两项创新产品或服务。对中小企业而言，通过竞争性采购流程向加拿大政府出售商业化前的创新产品或服务，与联邦政府部门的潜在客户联系并提供创新产品，接收经过测试的创新产品的反馈，有效缓解了将创新产品或服务从实验室推向市场方面遇到的困难，弥补"商业化前的差距"。中小企业通过参加该计划获得知识，为其创新产品或服务进入市场做好了更充分的准备。

第四节 荷兰"创新伙伴"采购项目

一、政策任务

从 2009 年起，荷兰政府决定在以创新为导向的采购政策中整合工具，经济部长还提出了"创新采购"一词。在此之前，采购的重点是形成市场（政府作为启动客户），然后逐渐扩大到整个采购过程（政府为主导客户），荷兰政府愈发重视创新采购。为落地和实现荷兰政府的战略愿景，经济事务与气候部（Ministerie van Economische Zakenen Klimaat, EZK）专家采购中心制订了创新采购紧急（Inkoop Innovatie Urgent, IIU）计划，并于 2012 年由一个来自企业和各政府人员组成的指导委员会开始实施。2016 年，IIU 计划从指导委员会转移到专家采购中心，并更名为"创新采购"（Innovatiegericht

Inkopen，II）计划。

目前，荷兰的创新采购主要通过两大方法完成，一是商业化前采购，由供给方发起；二是"创新伙伴"，由需求方发起。"创新伙伴"采购的内涵是：客户定义问题或需求，由企业提出创新的解决方案，在研究和开发后，根据客户在创新伙伴关系开始时商定的条件，以商业方式购买产品或服务。"创新伙伴"采购项目的政策任务主要有两个，一是支持公共部门更多地选择与企业合作开发创新解决方案及激励企业开发创新解决方案，通过选择这些创新解决方案，使荷兰政府的服务更加有效和高效，为解决社会问题做出贡献；二是确保政府利用采购更有效地执行任务，应对社会挑战并增强企业的盈利能力和竞争力。

二、政策治理

EZK 主要负责鼓励公共部门从市场上获得创新产品，利用公共采购政策来刺激市场创新等方面的工作。为使公共采购专业化，EZK 于 2005 年成立专家采购中心，"创新伙伴"采购方案的运作便由专家采购中心负责。专家采购中心在必要时会在其内部成立一个专家小组，IIU 计划便是该专家小组制订的。2017 年，专家采购中心被纳入荷兰创业办公室的国家方案部，但其工作方式和职能范畴都保持不变。

"创新伙伴"采购主要用于购买市场上尚未提供或没有达到预期性能水平的产品或服务，其涵盖了从需求产生到技术研发再到成果采购的全过程，针对问题或需求进行专项技术或产品的研发和创新，以问题或需求为出发点和导向，不仅能很好地刺激企业研发新技术和新产品，而且其创新成果不会出现无意义、无"用武之地"的情况。同时，在企业成功研发出相应的技术或产品后，由合作伙伴进行采购，很好地缓解了创新技术或产品的商业化问题。

三、政策工具

荷兰"创新伙伴"采购项目的政策工具是项目，形成创新伙伴关系需要经历 5 个阶段，分别是需求生成阶段、起草招标文件阶段、竞争阶段、研究和开发阶段、商业阶段。

需求生成阶段政府部门需要考虑 4 个方面的问题。一是界定范围，首先通过专家咨询、专利研究和市场咨询判断该需求是否需要创新解决方案，然后为将要开发的创新方案设定最低要求，最后预估创新解决方案的购买量；二是对潜在合作伙伴的要求，即创新伙伴必须满足一定的条件，如在合作中的作用、组织或进行研究和开发活动的能力等；三是与其他缔约机构的合作，如果有其他缔约单位有相同的目标，可以考虑合作共同分担费用；四是塑造创新伙伴关系。确定适合自身需求的研究开发的期限和阶段、与各方合作的方式、期望的最低性能，评估机会和风险，并明确如何处理知识产权。

起草招标文件阶段需要符合十个方面的标准。一是在任何情况下，都应该根据创新能力来选择合作方；二是以最佳性价比为基础选择最佳投标人；三是缔约当局决定知识产权的获得者，以及何时得到；四是在商业阶段对采购价值进行估算；五是明确每个阶段的标准、价格、开展时间与参与者的数量；六是在招标和竞争阶段之后，根据临时终止的条件和标准，缔约当局和投标人需要重新评估伙伴关系，并决定下一阶段是否继续合作；七是明确每个伙伴的角色和责任，因为伙伴关系是一种不同于简单的客户和承包商的关系；八是仔细评估整个合作关系中的风险，就谁将承担哪些风险，以及在何种程度上承担风险达成协议；九是如果决定与多家企业建立伙伴关系，必须明确界定各企业之间的知识交流程度和创新过程；十是决定企业创新过程产生的保密信息如何处理，以及如何确保相关人员不泄露这些信息。

创新伙伴关系的竞争阶段与竞争性谈判的流程大致相似，首先各方在招标文件的基础上提出自己的建议，并在招标书中标明商业阶段的最高购买价格、研究和开发阶段的价格及交付的质量，对初步的投标进行内部评估。然后与提交投标书的各方进行面谈，除了最低要求和评估标准，其他都可以讨论。面谈结束后，投标人可以修改其投标书，经过修改的投标书将被重新评估。接着开始下一轮的谈判，所有谈判结束后，投标人提交最后的投标书，客户将再次进行评估，并确定创新伙伴关系的参与者。

研究和开发阶段包含多个部分，对不同创新伙伴关系来说可能是不同的，可能涵盖可行性探讨、概念验证及开发模型；实验室、工厂、系统或用户测试；项目试点、认证等步骤，每个步骤之后都有新的评估。客户可以减少参与者的数量，也可以终止创新合作伙伴关系，但必须在招标文件中说明理由。

在商业阶段，客户购买创新伙伴开发的产品或服务。若多方成功地完成了创新合作，合同可以考虑创新伙伴关系中的多个合作伙伴签订。

四、政策进展

自"创新伙伴"采购项目实施以来，很多主体通过该程序解决了遇到的问题。例如，为了能有效地使用卫星数据来预防、控制和扑灭自然火灾，荷兰物理安全研究所和荷兰消防局利用创新伙伴关系来开发卫星数据的创新应用。阿尔梅勒市政府呼吁商界为收集的塑料提供一个创新的解决方案，这促成了塑料工厂的建设。霍夫·范特温特市市政府利用创新伙伴关系来建设、维护和运营起两个气候中立的儿童中心。里维伦兰水务局使用了创新伙伴关系的一个变种，用于监测鱼类迁移路线。

第五节 美国 SBIR/STTR 计划中的创新采购项目

一、政策任务

美国的小企业技术创新研究计划（Small Business Innovation Research，SBIR）和小

企业技术转移计划（Small Business Technology Transfer，STTR）作为为从事两用研究和开发的美国小企业提供资金的计划，其政策任务是鼓励创新，以满足联邦机构的需求，并在私营部门实现商业化。这些项目为小企业提供非稀释性资金，意味着它们不需要放弃股权来换取研究和开发资金。

通过这种方式，SBIR 和 STTR 为小企业提供了资金支持，帮助它们开展创新研究，推动技术创新，并促进联邦资助的成果在商业领域的市场化。SBIR 和 STTR 不仅提供了重要的研发资金支持给小型企业，更关键的是，它们通过一系列创新性的政策措施促进了政府与私营部门在科技创新领域的紧密合作，实现了政府采购与科技创新的有机结合。这两项计划通过提供资金支持小企业的科学研究和技术创新，成果作为政府采购的候选对象，从而为创新成果实现商业化应用提供了重要途径。美国政府长期以来坚持发挥政府在支持小企业开展技术创新活动中的引领作用，通过多种方式为小企业提供扶持。

2022 年 9 月 29 日，美国国会通过《2022 年 SBIR 和 STTR 延长法案》，并在 30 日由拜登签署正式成为法律。该法案确保了一个有 40 年历史的研发拨款项目的连续性，该项目每年向 4000 家小型企业投资约 40 亿美元，在科学、技术和医学的所有领域进行创新研究。国会重新授权该项目有效期为 3 年，直至 2025 年 9 月 30 日。

二、政策治理

美国政府创新采购项目包括政策主体和政策对象两大内容。前者主要包括国会、联邦采购政策办公室、联邦服务总署、联邦各部门、联邦附属机构和联邦索赔法院。后者则侧重支持本国产品，促进高新技术产品发展及扶持小企业。

（一）政策主体

美国的政府采购包括国会、联邦采购政策办公室、联邦服务总署、联邦各部门、联邦附属机构和联邦索赔法院这些机构。

1. 国会

国会在制定和通过关于政府采购的法律方面承担着重要责任，并负责监督其实施情况。最初确立的法律原则为联邦政府采购合同需通过竞争机制确立。随着时代变迁，国会陆续颁布了多项与政府采购相关的法律，但尚未形成一部统一的政府采购法典。在监督联邦政府采购执法情况方面，国会设立了专门的机构。众议院政府改革委员会下的技术与政府采购办公室，专责对政府采购中出现的腐败、欺诈等不当行为进行监察、审查或组织听证会，其重点关注对象为联邦服务总署。另外，联邦会计总署作为国会的直属机构，直接对国会负责，具备对行政机关采购计划进行评估的权力，能够审查所有政府采购文件，并为行政机关的采购计划提供建议。此外，联邦会计总署还承担着审计政府采购项目的职责，并作为处理供应商投诉的权威机构，每年接收并处理超过 1000 起政府采购投诉，是美国政府采购救济机制中不可或缺的一环。

2. 联邦采购政策办公室

联邦采购政策办公室在美国政府采购政策领域是至关重要的角色。作为总统行政和预算办公室下属的关键职能机构，该办公室负责制定相关政策，引导并协调各政府部门构建有效的政府采购体系。其核心职责包括起草和修订相关法律草案，提出法律修订或新法制定的建议，并在国会立法过程中代表政府各部门向国会传达意见和建议。此外，该办公室还负责组织制定适用于联邦政府的采购法规，审核并批准各部门基于采购法规制定的补充细则，以及批准设立部门内的合同争议解决机构。需要明确的是，联邦采购政策办公室是一个专注于政策制定的机构，它并不直接参与对法律、法规执行情况的监督工作。该办公室主要通过制定政策和提供建议来影响和引导政府采购实践，确保政府采购符合法律法规并具有高效性和透明度。

3. 联邦服务总署

联邦服务总署承担着为联邦政府部门采购通用商品和相关服务的集中管理职责，同时，该机构有权根据《联邦采购条例》的相关规定，自主制定适应于其部门的采购规范。然而，这些采购规范的最终确定并非完全由总署决定，它们在正式发布之前，需要经过联邦采购政策办公室的严格审核与批准。这一流程确保了采购活动的合规性和效率性。

4. 联邦各部门

除了联邦服务总署和国防部，其余机构均依法享有自主开展采购活动的权利，形成了一套分散的采购体系。这些机构的首长同样拥有根据《联邦采购条例》制定适合本部门特点的规章制度的权力。然而，在正式发布这些规章制度之前，它们必须接受联邦采购政策办公室的审核与核准，以确保制度的一致性和合规性。这一流程是确保采购活动在整体框架内有序进行的关键环节。

5. 联邦附属机构

除政府机构外，一些主要致力于社会公共服务的企业、科研院校及各类协会等组织，也需遵循并执行政府采购制度。这些机构在提供公共服务的同时，必须确保采购活动的合规性和透明度，以符合政府采购制度的要求。

6. 联邦索赔法院

联邦索赔法院在涉及政府采购的行政赔偿案件方面扮演着重要角色。该法院由17名普通法官和6名资深法官组成，他们经过总统提名并由参议院确认，任期长达15年，具备连任资格。这一安排旨在确保法院成员的独立性和专业性，以便公正地裁定与政府采购相关的案件。另外，美国拥有众多专门为政府采购活动提供专业服务的中介机构，包括咨询公司、服务提供商和律师事务所等。这些机构为政府采购提供全方位的支持，包括法律咨询、合同管理、风险评估等方面的专业服务。它们在协助政府部门进行采购活动、处理合同争议和解决税收问题等方面发挥着重要作用。尽管美国并未设立专门的招标中介组织，但上述中介机构在政府采购领域发挥着重要作用，为政府和供应商提供了必要的支持和专业服务，从而促进了有效的采购活动和合同履行。这些中介机构的存在有助于提高政府采购活动的专业化水平，确保采购活动的合规性和效率性。

（二）政策对象

美国政府采购策略显著倾向于支持创新产品，其重点体现在三个方面：支持本国产品、促进高新技术产品发展及扶持小企业。

2019年，特朗普政府进一步加强了《购买美国产品法》的政策，将钢铝产品的本土生产比例提高到95%以上，并要求其他产品的国产比例也增至55%以上。这项重要修订要求政府采购对象必须为美国本土制造，或国外产品的价格必须显著低于同类国产产品的最低价格，且产品在美国本土的生产成本占比需超过50%。这系列措施不仅巩固了本国产业的保护，也为政府采购支持创新产品奠定了坚实基础，优先考虑了本国制造业的发展。

在高新技术领域，自二十世纪四五十年代起，美国政府便通过大规模集中采购合同，每年投入上千亿美元支持航空业、计算机和半导体工业等高新技术及战略性产业的发展。尤其是美国国防部的政府采购，在高新技术领域扮演着至关重要的角色。除了为创新技术和产品提供强大的市场支持，还通过商业化前采购的方式积极采购尚未市场化的技术、产品或服务，为潜在供应商提供了宝贵的发展机会。

对于小企业，美国政府通过 SBIR 和 STTR 给予特别支持。这些计划以研发合同的形式资助小企业的技术和产品研发，确保它们从研发初期到商业化的过程中得到资金支持和市场需求，进而促进技术创新。

三、政策工具

SBIR 计划中采用的政策工具主要包括政府采购项目、合同分包和研发成果发布。

（一）SBIR 促进政府订购创新产品

SBIR 既是小企业执行计划、开展技术创新的过程，也是解决国家需求、实现创新目标的过程。SBIR 三期项目将政府采购、合同分包与小企业的研发成果相结合，使得小企业可以更加便利地获取政府采购合同，同时也加快了政府订购创新产品的步伐。SBIR 分两阶段将科学技术活动和国家创新目标有效衔接。

1. *在资助阶段，政府进行资金拨付，助力小企业科技创新*

在 SBIR 的第一阶段，政府会对项目申请进行详尽的审查，评估项目的技术优势、可行性及潜在的商业价值，并据此决定是否进行资金拨付。进入第二阶段后，尽管政府提供的奖励旨在推动研发工作的深入，但这一阶段的资金并非覆盖全部非 SBIR 计划内的研发工作，政府也不负有资助特定第二阶段提案的义务。第二阶段资助协议的具体条款，包括是否适用于第三阶段，将由授予机构根据具体情况自行决定。

为了争取第二阶段的资金支持，小企业需向相关机构提交详尽的第二阶段商业化计划，并说明所需配套资金的来源及金额。政府在评估时，将综合考虑该计划的可行性，包括商业化潜力、预计产生的社会效益、合格第三方投资者对项目的期望，以及如何利用这些资金最大化商业和社会效益等多个方面。这样的评估流程旨在确保资金的有效利用，同时推动小企业技术创新成果的商业化进程。

2. 在投产阶段，政府通过采购、合同分包等方式订购小企业创新产品

在 SBIR 的第三阶段，美国小企业管理局（SBA）将对小企业的工作成果进行严格的评估，确保其符合既定任务要求，并通过市场调查来确认这些公司是否具备继续推进项目的能力和意愿。在某些联邦机构中，第三阶段的实施可能涉及非 SBIR 计划资助的研发或生产合同。为了满足美国政府对于特定产品、工艺或服务的需求，这些合同将通过正式签署或其他采购方式执行。

当评估结果显示与中标企业开展第三阶段合作具备可行性时，非竞争性合同将被授予这些企业。然而，若基于单一来源或非竞争性的合作方式不符合项目的可用性、实用性和相关能力要求，相关部门将详细记录这一情况，并向 SBA 提交包含详尽理由的决策文件。

此外，为了优先推进第三阶段的工作，还存在其他多种策略。例如，在大型政府采购项目中，招标文件可以明确将纳入 SBIR 的产品或服务列为优先采购对象，即纳入发布与展示 SBIR 的成果，或直接指定 SBIR 获奖者作为总承包商的分包商。

SBIR 的成功实施对美国研发体系产生了深刻影响，显著提高了知识产出、论文发表和专利授权的数量。它不仅推动了新技术和新算法的不断涌现，还促使超过三分之一的参与企业与研究机构建立了紧密的合作关系。这种合作模式有效地将科研机构与市场需求相结合，降低了技术创新的风险，并填补了从技术研究到产品商业化之间的鸿沟，从而加速了科技成果的转化。此外，通过政府采购和合同分包等策略，SBIR 进一步发挥了政府采购的政策导向作用，有助于实现国家的创新目标，并显著提升了创新产品的国际竞争力。

（二）STTR 项目的实施周期

STTR 项目的实施周期分为启动、研发和商业化 3 个阶段。

（1）启动阶段，为期一年，主要对新创意和新技术进行深入的科学性、技术性和商业性可行性研究。这一阶段旨在评估项目的潜在价值，并为后续工作奠定坚实的基础。在此阶段，项目可获得高达 10 万美元的资金支持。

（2）研发阶段，该阶段仅对通过第一阶段评估的项目开放。这一为期两年的阶段致力于对初步成果进行深化和拓展，项目经费上限可达 75 万美元。在这一阶段，除了深入研发，项目团队还会开始探索其商业化潜力。

（3）商业化阶段，是将研发成果推向市场的关键阶段。然而，值得注意的是，STTR 在这一阶段并不直接提供经费支持。为了将研究成果商业化，小企业需要向私营企业或联邦政府的其他部门寻求资金支持。

四、政策效果

STTR 及 SBIR 这两项计划共同构成了美国政府激发小企业创新活力的成功范例，为美国的创新生态系统注入了强大的活力，在多个方面取得了良好效果。

SBIR/STTR 资助的小企业数量众多，对美国小企业的蓬勃发展产生了积极影响。根据数据统计，SBA 累计资助了 19.4 万个项目，资助金额高达近 636 亿美元，呈现持续增长趋势。国防部作为参与资助的政府部门之一，是最大的资助者，其资助金额占 2021 年总额的 45%。据 IMPLAN 经济影响模型计算，国防部在 1995—2012 年的资助取得的全国经济影响达到 3470 亿美元，投资回报率高达 22 倍。这些受资助的小企业在全美范围内创造了 150.8 万个就业岗位。除促进小企业发展和创造就业外，SBIR/STTR 还推动了技术创新，产生了超过 7 万项专利，培育了 700 多家上市公司和一批创新型科技企业。

根据 2020 年由美国商业咨询公司 TechLink 发布的《美国国防部小企业创新研究和技术转移计划对国家经济的影响（1995—2018）》报告，参与 SBIR/STTR 的小企业不仅提升了创新能力，还增加了收入，增强了市场竞争力。同时，政府也从中获得了高额税收。该报告指出，参与 SBIR/STTR 的小企业除了支持国防对新技术的需求，在商业方面也取得了巨大成功。

凭借军方需求的引领，美国国防工业基础得到了加强，同时也提升了美国的军事实力。在国防部 SBIR/STTR 的支持下，企业、大学和研究机构的技术、人才和资本相互凝聚，为创新提供了强大动力。从项目第二阶段开始，社会资本如风险投资和天使基金纷纷加入融资，通过直接投资、并购重组等方式获得了可观回报。2020—2022 财年，美国空军引导下的私人资本向空军 SBIR/STTR 计划注资超过 270 亿美元，受益企业数量增至 2287 家，其中 80% 以上是首次与空军合作。空军技术转移数量也增加了两倍多。截至 2022 年底，已有 26 家小企业成长为"独角兽"，估值均达 10 亿美元。

第六节 英国远期约定采购项目

一、政策任务

获得更好的商品和服务对于实现社会目标至关重要，无论是在可持续性、医疗保健、适应气候变化还是信息安全方面都需要创新。英国环境创新咨询小组（Environmental Innovations Advisory Group）于 2005 年提出一种创新采购工具——远期约定采购（Forward Commitment Procurement，FCP）项目。其政策任务就是为了克服创新的商品和服务在到达客户手中之前面临的巨大阻碍，降低企业未来销售的不确定性风险，支持新技术产业化，使创新的产品和服务顺利快速地进入市场。远期约定采购项目需要先识别需求，再由供应商去寻找并提供创新解决方案，在供应商按照商定的性能水平和成本研发出新的技术和产品后，根据合同政府部门和公共部门将会成为第一批采购者。

二、政策治理

远期约定采购项目的采购方主要是英国各政府部门，通过建立 FCP 项目管理小组来组织实施采购项目。FCP 项目管理小组由一名组长和若干组员组成，项目管理小组组长要求具备丰富的项目管理经验，同时需要对 FCP 采购程序有深刻的理解。项目管理小组成员包括预算负责人、制定相关政策的人员、采购专家和利益相关者。小组成员也需要具备有关 FCP 知识、公共采购、竞争性对话、复杂合同谈判等方面的技能。另外，需要任命一名高级经理或董事作为项目管理小组的主席。

三、政策工具

FCP 政策工具是采购项目，采购模式主要包括 3 个阶段，分别为需求识别、市场参与和招标采购，整个流程如图 5-4 所示。

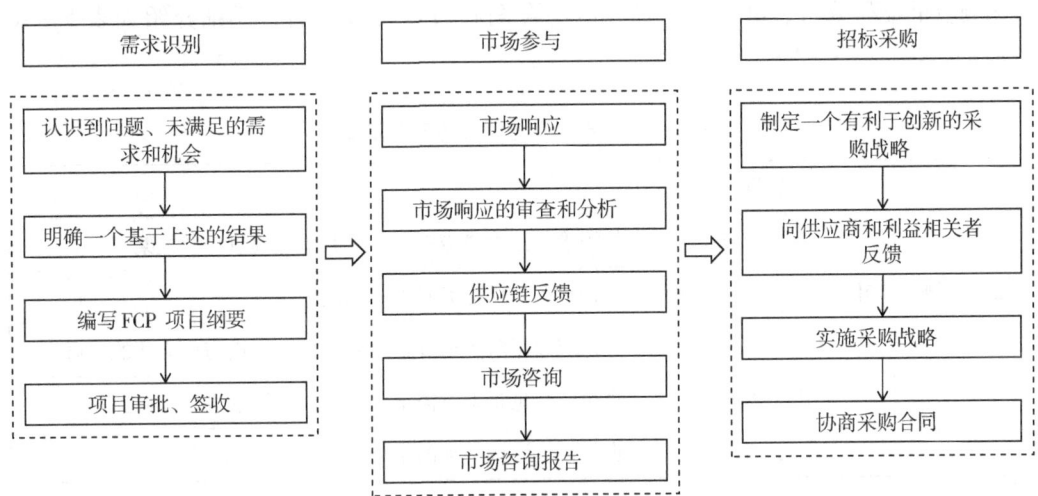

图 5-4 英国远期约定项目采购流程

来源：Department for Business. Innovation and Skills. Forward Commitment Procurement Practical Pathways to Buying Innovative Solutions[R/OL]. [2021-10-23]. https://assets.publishing.service.gov.uk/government/uploads/system/uploads/attachment_data/file/32446/11-1054-forward-commitment-procurement-buying-innovative-solutions.pdf.

（一）需求识别

需求识别阶段的目的是及时关注到问题、未满足的需求和机会，然后采取行动为未满足的需求、待解决的问题提供创新解决方案。该阶段需要完成的是识别和确定项目并确保项目和方法得到批准，主要包含了 4 个步骤，分别为认识到问题、未满足的需求和机会；明确基于需求的目标成果；编写 FCP 项目纲要及项目审批、签收。

未满足的需求由采购专家、政策领导和相关利益者综合考虑拟实现的政策目标、组织愿景、未来计划和投资、重大合同等方面共同评估确定。当未满足的需求确定后，下一步就是将其转化为基于需求的目标成果。需要注意的是，要把重点放在产品或服务所需的预期结果上，而不是详细的技术规范，将如何实现预期结果的任务交付给供应商。例如，对于"电动汽车"的描述更可能是"低碳零排放汽车"。

编写FCP项目纲要突出重点，所有FCP项目的大纲并不完全相同，其中都会涵盖的相似内容包括：未满足的需求、结果方的要求说明、要采取的方法和原因、背景和驱动要素、项目治理和管理、风险和问题、项目计划和时间框架概要等。

需求识别阶段的最后一步是项目审批和验收，项目批准级别取决于项目和组织的内部流程。项目批准需要确认未满足的需求是否真实，同时需要承诺寻求的解决方案是对需求的准确反映及有意采购一个满足要求且符合采购程序的解决方案。

（二）市场参与

第二步是市场参与，这一阶段通常需要6~11个月，其目的是向供应商传达一个可信的需求，并积极主动地与供应商沟通，完善技术规范，同时让供应商提供解决方案。该阶段可以分为市场探测和市场咨询两个阶段，主要包含了五个步骤，分别为市场响应、市场响应审查和分析、供应链反馈、市场咨询和市场咨询报告，详细介绍如表5-10所示。

表5-10　市场参与阶段的五个步骤

阶段	步骤	具体内容
市场探测	市场响应	将需求传达给供应链，并为其响应提供一个框架
	市场响应审查和分析	分析市场、供应商对需求响应的情况
	供应链反馈	让供应商了解下一步行动和计划，促进与供应商的沟通
市场咨询	市场咨询	提供一个论坛，对需求和如何满足需求进行双向探讨
	市场咨询报告	提供市场咨询活动的结果记录

来源：Department for Business, Innovation and Skills. Forward Commitment Procurement Practical Pathways to Buying Innovative Solutions [R/OL]. [2021-10-23]. https://assets.publishing.service.gov.uk/government/uploads/system/uploads/attachment_data/file/32446/11-1054-forward-commitment-procurement-buying-innovative-solutions.pdf.

市场探测是评估市场对拟议需求的响应的过程，它关注的是供应商的整体情况，而不是单个供应商的优势，所以它不涉及供应商的选择或评价。市场探测要确保整个过程保持开放，并平等地对待相关供应商，营造一个公平的竞争环境。在FCP市场探测开始之前，需要准备好五个关键文件：市场探查招股说明书、响应表、沟通计划、沟通文本和事先信息通知。其中，响应表包含评估整个市场的六个关键信息，分别为成熟度、可行性、竞争的供应商、供应商的能力、供应商间的合作、对待目标需求的传统和主流态度。市场探测之后，以响应的信息为基础进行客观分析。分析报告将对市场探测活动的反应进行整合和分析，从响应中得出市场对招股说明书中确定的需求的反应，评估提供需求的可行性及供应链提供解决方案的能力。在整个FCP项目程序进行过程中，都应尽量让供应商了解最新的发展情况，以便让各方平等地获取信息并保持兴趣和参与度。

市场探测活动提供了大量有用的信息，但可能不够全面，市场咨询可以很好地弥补这一点。通过市场咨询，可以与供应商和利益相关者更深入、详细地探讨需求、时间框架和选择。还能让供应商有机会提供关于解决方案的实际情况和潜在障碍等信息，以便制定有效的采购战略。根据项目和供应链的性质，咨询可以在类似研讨会的公开论坛上进行，也可以以一对一的会议形式进行。会议考虑邀请利益相关者，如监管机构、贸易组织和公共部门机构。最后，需要将市场咨询活动的内容整理成市场咨询报告并公开，以确保任何有兴趣的人都能了解报告内容。

（三）招标采购

在这个阶段，首先需要制定一个有利于创新的采购战略，并向供应商和利益相关者反馈，然后实施采购战略，最后与供应商谈判采购合同，详细介绍如表5-11所示。

表5-11　招标采购阶段的四个步骤

步骤	具体内容
制定一个以创新为导向的采购战略	利用咨询过程中的反馈，制定一个采购战略，说明将如何以支持最佳解决方案的方式进行采购
向供应商和相关利益者反馈	保证供应链的信息是最新的，并维护网站页面。与利益相关者，特别是那些解决方案的潜在客户保持联系，并展示更广泛的需求拉动
实施采购战略	获得高级管理层对采购战略的支持和认可
谈判采购合同	包括远期约定和其他机制，以支持创新和逐步改善

来源：Department for Business, Innovation and Skills. Forward Commitment Procurement Practical Pathways to Buying Innovative Solutions [R/OL]. [2021-10-23]. https://assets.publishing.service.gov.uk/government/uploads/system/uploads/attachment_data/file/32446/11-1054-forward-commitment-procurement-buying-innovative-solutions.pdf.

采购战略是一份内部机密文件，还应该有一个公开的版本，让供应商了解和参与。提前通知核心要求和将遵循的采购流程、通知方式和预期时间节点，为供应商留出准备、寻找关键供应链成员和建立联盟的时间。制定的采购战略应该是支持创新的，以鼓励供应商带来创新的、与众不同的解决方案。公开版本的采购战略应向供应商和利益相关者反馈，让他们持续了解相关进展。在获得高级管理层的认可后，采购战略作为正式、经过批准的文件指导采购合同的谈判和采购过程。在谈判时，应该遵循正常合同程序，并与整个采购前和采购过程中提供给供应商的信息保持一致。

四、政策进展

FCP 这一模式一方面提供了确定的市场，激发了供应商的创新动力，释放了投资以满足需求；另一方面减小了创新技术、产品和服务走向市场时的失败风险，为其成功实现产业化奠定了基础。这既是创新采购，也是更具"智慧"的采购。

自推出远期约定采购方式后，有不少项目通过其得到了解决方案，如英国皇家监狱服务机构"零浪费"床垫解决方案、英国国家健康服务体系"未来病房"超高效照明系统等。

为实现碳减排、节省资金，同时为病人提供优质服务的目标，罗瑟汉姆国家医疗服务系统基金会信托基金（The Rotherham NHS Foundation Trust，NHS）与商业、创新和技能部（Department for Business, Innovation and Skills）及卫生部（Department of Health）合作，制定了一个远期约定采购项目。这个 2010 年开始且为期 7 年的翻新计划为市场提供了创新机会，其支持创新的方法为市场带来了集成的"未来病房"模块化解决方案，具有集成的生物动力照明、线槽和存储。经独立估价师核实的详细成本显示，该创新解决方案的成本与标准病房解决方案相同，但在病人体验和照明效率方面，实现所需的阶梯式变化，同时减少现场施工时间，对医院工作人员和病人的干扰将降至最低。借助远期约定采购，NHS 逐步改善了患者体验，创造了以患者为中心的环境，包括整合高效、智能的照明系统，既可以实现经济的碳减排，又能为病人和工作人员双方营造一个愉快健康的环境。

参考文献

[1] 胡滨，杨涵. 英国金融科技"监管沙盒"制度借鉴与我国现实选择[J]. 经济纵横，2019，35(11)：103–114.

[2] 陈冠华. 英国监管沙盒项目对我国金融创新监管的启示[J]. 中国物价，2017，30（8）：79–82.

[3] FINANCIAL CONDUCT AUTHORITY[EB/OL].[2024-11-21]. https://www.fca.org.uk/firms/innovation/regulatory-sandbox.

[4] FINANCIAL CONDUCT AUTHORITY. Regulatory Sandbox 2015[EB/OL].[2024-11-21]. https://www.fca.org.uk/publication/research/regulatory-sandbox.pdf.

[5] FINANCIAL CONDUCT AUTHORITY. Regulatory Sandbox lessons learned report 2017[EB/OL].[2024-11-21]. https://www.fca.org.uk/publication/research-and-data/regulatory-sandbox-lessons-learned-report.pdf.

[6] FINANCIAL CONDUCT AUTHORITY. The Impact and Effectiveness of Innovate 2019[EB/OL].[2024-11-21]. https://www.fca.org.uk/publication/research/the-impact-and-effectiveness-of-innovate.pdf.

[7] 高金青研组. 七周年点评——英国金融科技监管沙盒回顾Ⅰ 热点评述[EB/OL].[2024-11-21]. https://mp.weixin.qq.com/s/SdyybNXGPi0uU6lhxc9eCg.

[8] FINANCIAL CONDUCT AUTHORITY. [EB/OL]. [2024-11-21]. https://www.fca.org.uk/.

[9] FINANCIAL CONDUCT AUTHORITY. Applying to the regulatory sandbox[EB/OL]. [2023-11-21]. https://www.fca.org.uk/firms/regulatory-sandbox/prepare-application.

[10] 译匠. 翻译研读：英国金融行为监管局《沙盒监管》（Regulatory sandbox）[EB/OL]. [2023-11-21]. https://mp.weixin.qq.com/s/md7SNqosLC1C4QYZesHUag.

[11] 梁丽雯. 无人驾驶困局：遭遇法律空白[J]. 金融科技时代，2017，26（8）：84.

[12] BEECROFT R, TRENKS H, RHODIUS R, et al. Reallaboreals Rahmentrans formativer und transdisziplinärer Forschung: Ziele und Designprinzipien[C]//DEFILA R, GUILIO A D. Transdisziplinär und transformativforschen – Eine Methoden sammlung. Wiesbaden: Springer VS, 2018: 75–100.

[13] BUNDESMINISTERIUM FÜR WIRTSCHAFT UND ENERGIE. Reallaboreals Testräume für Innovation und Regulierung – Innovation ermöglichen und Regulierung weiterentwickeln [R]. Berlin: BMWi, 2018.

[14] BUNDESMINISTERIUM FÜR WIRTSCHAFT UND ENERGIE. Freiräume für Innovationen – Das Handbuch für Reallabore[R]. Berlin: BMWi, 2019.

[15] KALIS M, YILMAZ Y, SCHÄFER-STRADOWSKY S. Experimentierklauseln für verbesserte Rahmenbedingungenbei der Sektorenkopplung[R]. Berlin: IKEM, 2018.

[16] BUNDESMINISTERIUM DER JUSTIZ UND FÜR VERBRAUCHERSCHUTZ. Luftverkehrs-Ordnung [EB/OL]. (2015-01-01)[2024-01-10]. http://www.gesetze-im-internet.de/luftvo_2015/.

[17] BUNDESMINISTERIUM FÜR WIRTSCHAFT UND ENERGIE. Reallabore – Testräume für Innovation und Regulierung[EB/OL]. (2019-12-02)[2024-01-10]. https://www.bmwi.de/Redaktion/DE/Dossier/reallabore-testraeume-fuer-innovation-und-regulierung.html.

[18] BRANDT G C, BÖKER B, BULLINGER A, et al. Fallstudie: Telemedizin in Baden-Württemberg [R]. Berlin: BMWi, 2019.

[19] TELEMEDIZIN BW. Modellprojekt zur Fernbehandlung [EB/OL]. (2019-11-01)[2024-01-10]. https://www.telemedbw.de/projekte/modellprojekt-zur-fernbehandlung.

[20] SINTEG. Pionier für Reallabor[R]. Berlin: Guidehouse Germany GmbH, 2022.

[21] BMWi. Bekanntmachung zur Förderung von Forschung, Entwicklung und Demonstration "Schaufenster intelligente Energie – Digitale Agenda für die Energiewende"（SINTEG）[R]. Berlin: BMWi, 2015.

[22] BMWi. Entwurf einer Verordnung zur Schaffung einesrechtlichen Rahmenszur Sammlung von Erfahrungenim För derprogramm "Schaufensterintelligente Energie-Digitale Agenda für die Energiewende"（SINTEG-Verordnung-SINTEG-V）[R]. Berlin: BMWi, 2017.

[23] PIANOo. Innovatiepartnerschap [EB/OL]. [2021-10-25]. https://www.pianoo.nl/nl/inkoopproces/aanbestedingsprocedures/eu-specifieke-procedures/innovatiepartnerschap.

[24] PIANOo. Stapprnplaninnovatiepartnerschap [EB/OL]. [2021-10-25]. https://www.pianoo.nl/nl/themas/innovatiegericht-inkopen/aan-de-slag/innovatiepartnerschap/stappenplan-innovatiepartnerschap.

[25] PIANOo. De voorbeelden[EB/OL]. [2021-10-25]. https://www.pianoo.nl/nl/document/16526/innovatiepartnerschap-praktijk.

[26] PUBLIC WORKS AND GOVERNMENT SERVICES CANADA. 2011–610 evaluation of the Canadian Innovation Commercialization Program: final report [R/OL]. (2013-04-03)[2022-10-11]. https://

publications. gc. ca/collections/collection_2016/spac-pspc/P24-610-2011-eng. pdf.

［27］ PUBLIC WORKS AND GOVERNMENT SERVICES CANADA. Rapport final 2011-610，évaluation du Programmecanadien pour la commercialisation des innovations［R/OL］.［2021-10-19］. https://publications. gc. ca/collections/collection_2016/spac-pspc/P24-610-2011-fra. pdf.

［28］ 蓝海长青智库. 美国国会通过《2022 年 SBIR 和 STTR 延长法案》的基本情况［EB/OL］.（2022-10-13）［2024-05-31］. http://www. ctba. org. cn/list_show. jsp? record_id = 286828.

［29］ GOVBUY. 美国政府采购制度［EB/OL］.（2024-03-21）［2024-05-31］. https://www. sohu. com/a/765759429_100292780.

［30］ 公采云. 发达国家政府采购支持创新的启示［EB/OL］.（2021-01-28）［2024-05-31］. https://baijiahao. baidu. com/s? id = 1690116334733133570&wfr = spider&for = pc.

［31］ 中国招标投标协会. 美国"小型企业创新研究计划"（SBIR）促进创新的做法及启示［EB/OL］.（2021-06-09）［2024-05-31］. http://www. ctba. org. cn/list_show. jsp? record_id = 286828.

［32］ 清华五道口. 道口案例研究丨研究政府资金助力小企业创新：以中美为例［EB/OL］.（2023-12-26）［2024-05-31］. https://www. pbcsf. tsinghua. edu. cn/info/1464/7083. htm.

［33］ ENERGY. GOV. DOE Announces $111 Million for FY 2020 Small Business Innovation Research and Technology Transfer Funding［EB/OL］.（2020-03-10）［2024-05-31］. https://www. energy. gov/articles/doe-announces-111-million-fy-2020-small-business-innovation-research-and-technology.

［34］ ENERGY. GOV. Department of Energy Announces $97 Million for Small Business Research and Development Grants［EB/OL］.（2020-02-24）［2024-05-31］. https://www. energy. gov/articles/department-energy-announces-97-million-small-business-research-and-development-grants.

［35］ DEPARTMENT FOR BUSINESS, INNOVATION AND SKILLS. Forward Commitment Procurement Practical Pathways to Buying Innovative Solutions［R/OL］.［2021-10-23］. https://assets. publishing. service. gov. uk/government/uploads/system/uploads/attachment_data/file/32446/11-1054-forward-commitment-procurement-buying-innovative-solutions. pdf.

［36］ 孟斌斌，马春燕，赵扬帆，等. 高科技小企业国防创新潜能——美国国防部 SBIR/STTR 计划的启示［J］. 国防科技，2024，45(1):48 – 54, 71.

第六章 催生新产业的科技创业

科技创业是新动能、新动力、新质生产力、新发展方式最重要的来源。科技创业是科技创新最综合、最高级的形式，创业成功直接形成了新产业、新模式、新业态。新动能形成的主要途径是新产业，而新产业主要是通过科技创业形成的。没有科技创业，改造传统产业只能是顺轨的技术进步，不会形成新产业；有了科技创业，就有了新产业，在新产业的吸附下，传统产业链的一部分使用新技术，变为新产业链的一部分；还有一部分传统产业链无法接入新产业链，互不兼容，就消亡了。所以形成大国竞争力最核心的是科技创业。本章选取美国小企业投资公司融资担保计划、英国耐心资本、法国创新与工业基金、以色列"趋势"激励计划说明催生新产业的科技创业的最新实践。

第一节 美国小企业投资公司融资担保计划

一、政策任务

小企业投资公司（Small Business Investment Company，SBIC）是经由美国联邦小企业管理局（Small Business Administration，SBA）许可后设立的私营风险投资公司，其政策任务是以 SBA 提供融资担保为主要募资方式，以美国本土的小企业为主要投资目标，重点投资小企业创业，为其提供融资支持，解决小企业创新创业面临的资金约束问题。SBIC 计划是落实美国《小企业投资法案》（Small Business Investment Act）的重大国家创新工程。在国际政府引导基金领域，美国的 SBIC 模式是较为经典的模式之一。

二、政策治理

SBIC 计划的管理组织模式如图 6-1 所示，符合条件的私人资本可以向 SBA 提出申请，经 SBA 审核后获得 SBIC 牌照，参与 SBIC 计划。SBIC 向 SBA 申请担保融资，引入财政担保资金并以市场化机制进行运作，以贷款、股权投资或股债结合的方式投资于初创期或盈利能力较弱的小企业，SBA 不断对 SBIC 基金进行定期评价，根据 SBIC 基金的发展情况选择退出或跟进投资。

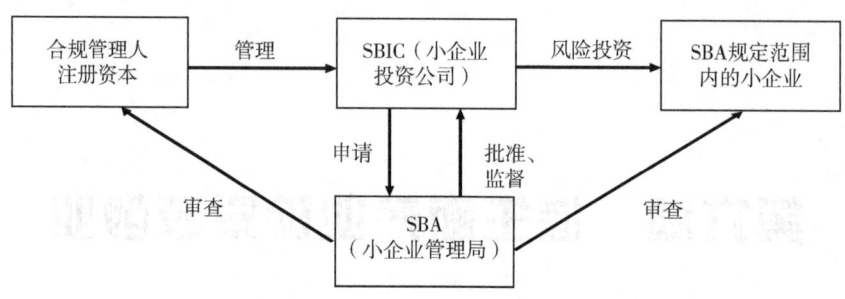

图 6-1　SBIC 计划管理组织模式

来源：根据龙飞等（2015）编制。

SBIC 计划是一个涉及多方的合作机制，其核心参与主体包括 SBA、私人投资者及 SBIC 基金管理人。SBA 作为计划的监管者，负责评估基金管理人的资质并颁发 SBIC 牌照。在资金方面，SBA 提供约两倍于私人出资的担保资金，但这一担保资金有 1.5 亿美元的上限。除此之外，SBA 还负责管理和监督 SBIC 的投资行为，确保其合规性和有效性。

私人投资者如养老金、基金会等扮演了 SBIC 有限合伙人的角色，他们与 SBIC 基金管理人共同商讨基金的组织架构和管理费率，并投入必要的资金，确保初始资金规模能够满足 SBA 进行杠杆操作的要求，这通常意味着资金规模要达到 1500 万～2000 万美元。

SBIC 基金管理人则承担着基金运营的核心责任。他们需要协调有限合伙人之间的关系，确保基金的顺利运作，并制定投资策略。在投资过程中，基金管理人负责甄别和筛选投资机会，选择具有潜力的小企业进行投资。同时，他们还需要监控投资的表现，并在适当时机负责投资的退出（图 6-2）。

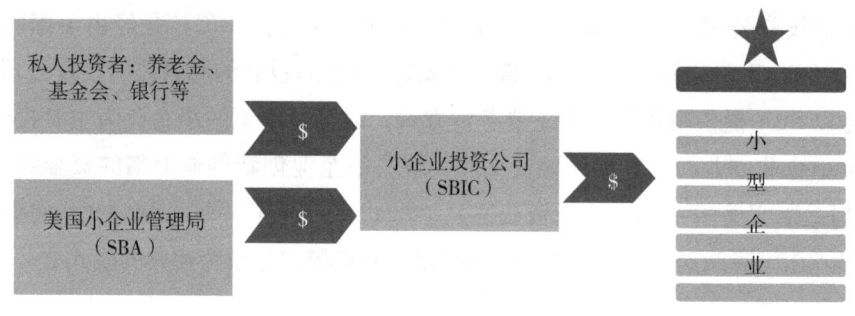

图 6-2　SBIC 参与主体

来源：根据 Congressional Research Service（2022）编制。

三、政策工具

SBIC 运用的主要政策工具包括规制、担保和评价。SBIC 计划作为美国政府引导基金的重大举措之一，由政府牵头在宏观层面支持中小企业的风险投资，最主要的是依靠市场化的专业投资机构支持中小企业创新发展。

(一) 规制

SBIC 计划的组织架构如图 6-3 所示。

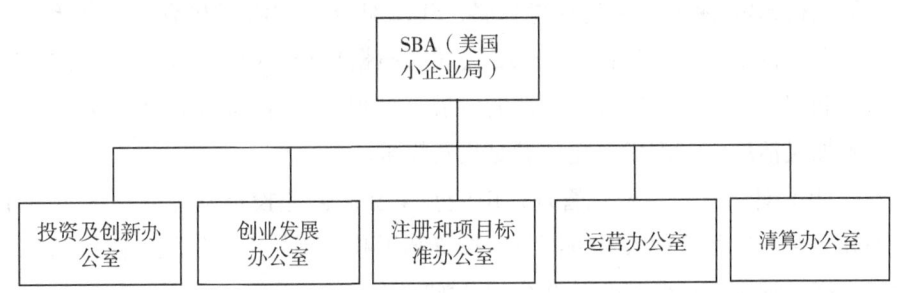

图 6-3 SBIC 计划组织架构

来源：根据迟凤玲等（2016）编制。

此项政策工具主要指政府的引导与监督。政府的相关部门对 SBIC 进行严格的监管工作，以确保其合规性和稳健性。SBA 的五个专门职能部门共同负责 SBIC 的监管任务，但并不介入其日常运营。具体而言，投资及创新办公室主要承担审批 SBIC 申请人提交的投资基金的职责，确保基金设立符合相关政策和要求；创业发展办公室则负责对 SBIC 申请人进行资格审查和尽职调查，以筛选出具备良好资质和信誉的申请人；注册和项目标准办公室则负责 SBIC 的注册工作，确保注册流程的规范性和准确性；运营办公室负责对已注册的 SBIC 的投资行为和财务状况进行持续监督和检查，确保其运营合规且稳健；清算办公室负责对产生问题的 SBIC 进行处理，包括对其进行清算和处置，以维护市场秩序和保护投资者利益。

为了确保投资方向的正确性，政府还为 SBIC 计划制定了一系列投资规则。这些规则以正负面清单的形式呈现，旨在引导 SBIC 的投资决策，并保障其资金的有效利用。正面清单是 SBA 对 SBIC 投资方向的明确指引。它鼓励 SBIC 将资金投向政府重点发展的高新技术产业，这些产业通常具有创新性强、成长潜力大等特点。与此同时，SBA 还制定了负面清单，对 SBIC 的投资行为进行限制。负面清单明确规定了 SBIC 禁止投资的领域，如房地产和金融机构等。这些领域通常存在较高的风险或不符合政府的发展策略，因此 SBIC 在做投资决策时必须予以规避。

(二) 担保

此项政策工具指的是政府权益担保。由于初创小企业在定期还本付息方面常常面临难题，美国政府特别为从事风险投资类的 SBIC 提供了资本市场发行长期债券与参与型证券的担保。这一举措有效地解决了 SBIC 在长期投资与即期资金短缺之间存在的矛盾。通过政府权益担保，SBIC 得以在资本市场获得更稳定的资金来源，支持那些具有发展潜力但短期内资金紧张的初创小企业，吸引更多的社会资本参与到小企业的投资中来，形成良性的资金循环。

(三) 评价

SBIC 计划实施完全的市场化运作，充分体现了自主性和灵活性。在计划的启动阶段，发起人需要向 SBA 提交申请，经过严格的审核和认定后，对申请材料进行评价，通过后才能获得 SBIC 牌照。一旦获得牌照，SBIC 便能在 SBA 的监管下，开始其独立的运营活动。在获得 SBIC 牌照后，各 SBIC 公司可根据自身的业务特点、市场定位和发展战略，自行制定规章制度。这种自主性的发展，使得 SBIC 能够在遵守相关法律法规的前提下，更加灵活地应对市场变化，满足投资需求。

此外，SBIC 计划实行专业化管理，由经验丰富的创业投资基金管理人负责基金的日常管理和运营。这些管理人具备深厚的投资知识和丰富的市场经验，能够制定科学的投资策略，有效地管理运营基金，并合理分配收益。

四、政策进展

SBIC 基金作为美国规模最大的基金之一，其强大的投资实力使得每年可投入的资金高达 40 亿美元。迄今为止，该计划已向各类小企业累计投资或承诺投资约 348 亿美元，充分体现了其对小企业持续而稳定的支持。根据 2017—2021 财年 SBIC 计划的部分州企业融资情况报告，每个财政年度部分州的融资次数、企业数量和融资金额情况如表 6-1 所示。

表 6-1 2017—2022 财年部分州企业融资情况

州名(地区名)	2021 财年			2020 财年			2019 财年			2018 财年			2017 财年		
	融资次数	企业数量/家	融资金额/百万美元	融资次数	企业数量/家	融资金额/百万美元	融资次数	企业数量/家	融资金额/百万美元	融资次数	企业数量/家	融资金额/百万美元	融资次数	企业数量/家	融资金额/百万美元
阿拉巴马	24	11	84.9	9	4	29.7	12	6	73.7	1	1	9.6	5	4	17.3
阿拉斯加	2	1	4.9	2	1	0.5	9	2	8.4	4	1	1.7	4	1	14.4
亚利桑那	74	25	139.1	51	22	105.2	46	22	111.8	56	26	96.6	62	18	168.5
阿肯色	13	4	31.7	17	4	12.2	12	5	16.6	13	5	53.4	11	6	24.6
加利福尼亚	291	151	1043.50	294	147	671.8	411	187	1057.70	392	175	1049.10	447	189	993.5
科罗拉多	58	25	212.9	43	24	176.3	65	31	175.3	74	30	121.8	71	28	155.7
康涅狄格	45	17	143.5	24	15	63.1	25	18	128.2	26	15	55.4	22	8	28.9

续表

州名(地区名)	2021 财年			2020 财年			2019 财年			2018 财年			2017 财年		
	融资次数	企业数量/家	融资金额/百万美元	融资次数	企业数量/家	融资金额/百万美元	融资次数	企业数量/家	融资金额/百万美元	融资次数	企业数量/家	融资金额/百万美元	融资次数	企业数量/家	融资金额/百万美元
特拉华	14	9	74.7	1	1	0	9	4	22.9	3	2	2.4	4	3	16.6
哥伦比亚特区	5	4	30.4	7	4	22.1	2	2	3.3	7	5	14.7	3	2	2
佛罗里达州	136	68	319.3	162	63	303.8	171	55	336.2	154	63	256.5	202	70	417.8
佐治亚	76	32	181.3	64	33	176.7	90	40	199.9	61	28	147.2	87	28	163.2
关岛	0	0	0	0	0	0	0	0	0	0	0	0	0	0	0
夏威夷	2	2	7.7	2	1	0.5	2	1	4.7	0	0	0	0	0	0
爱达荷	11	3	20.9	14	5	27.1	9	4	20.4	8	4	35.3	7	5	9.3
伊利诺伊	161	69	446.7	155	61	308.2	184	67	395.6	164	66	341.5	184	46	288.7
印第安纳	56	25	130	56	24	92.7	40	15	105.2	45	16	96.7	50	16	104.3
艾奥瓦	16	5	37.7	8	3	4.6	7	4	17.2	4	2	4.1	5	2	16
堪萨斯	12	9	42	26	12	59.8	27	10	25	30	16	58	25	9	20.5
肯塔基	5	3	14.1	12	6	30.5	5	5	5.6	6	5	28.7	8	5	49.3
路易斯安那	14	6	54.3	10	6	33.6	18	8	51.9	16	8	104.1	20	8	55.3
缅因	3	2	18.1	4	2	2	3	1	0.6	12	7	34.1	6	3	18.8

来源：根据 Congressional Research Service 的 *SBA Small Business Investment Company Program* 编制。

根据SBA官网2021年12月31日发布的季度SBIC计划概览报告，截至2021年12月31日，SBIC计划对小企业的融资总额情况如表6-2所示，从中可以看出融资总额总体呈上升趋势。

表6-2 SBIC计划对小企业的融资总额

	2018 年度末	2019 年度末	2020 年度末	2021 年度末
所有 SBIC 报告的融资总额/百万美元	5502.6	5865.7	4885.0	7103.7
所有 SBIC 的直接债务融资/百万美元	3543.0	3594.4	3026.8	4540.3

续表

	2018 年度末	2019 年度末	2020 年度末	2021 年度末
所有 SBIC 的股权债务融资/百万美元	807.3	792.0	648.7	802.9
所有 SBIC 的纯股权融资/百万美元	1152.2	1479.3	1209.5	1760.5
所有 SBIC 资助的公司总数/个	1151	1191	1063	1080

来源：根据 Congressional Research Service 的 *SBA Small Business Investment Company Program* 编制。

五、政策评价

SBA 及其部门对 SBIC 有效引导与监管，及时监测并纠正资金投入中出现的问题，由此不断推进美国政府投资基金的发展。可见，政府起主导作用对政府投资基金进行监管，完善相应监管机制，明晰权责，可有效确保资金投入利用最大化。

美国 SBIC 计划采取政府引导监督、市场主导的运作模式，依靠市场化的专业投资机构支持中小企业创新发展。通过充分发挥市场机制作用，有效地融合政府及市场资金，并吸引民间资本为创新型小企业提供融资支持。

美国 SBIC 计划中的政府引导资金来源渠道较丰富，还包含了民间资金中的养老基金等，在保证政府引导基金投资效率的同时，在一定程度上也可以降低风险。适当拓宽引导基金资金来源渠道，吸纳民间多元资本，有利于降低投资风险，稳固投资效率。

第二节 英国耐心资本

一、政策任务

英国耐心资本的政策任务是通过投入部分公共资金来吸引和撬动私营资本对企业，特别是知识密集型企业开展长期投资，达到促进创新型企业成长壮大的目的。

耐心资本是一种注重长期收益而非短期利润的投资理念，也被称为"长期资本"。在这种投资理念下，投资人通常并不急于追求短期赢利，而是渴望未来能实现更高的回报。科技创新尤其是尖端科技创新，更需要此类型的稳健资本支持。然而，市场中存在大量希望能快速赢利的资本，无法忍受企业创新的漫长发展过程。因此，政府需要采取措施以吸引更多资本进入创业投资领域，并为早期创业者及中小企业提供更为宽裕的融资渠道。这样做的初衷是为了协助企业获取他们所需的长期投资模式，从而更好地成长为知识密集型的高效益企业。

风险投资更偏重追求高风险的项目，期望最大限度地获取回报；慈善捐赠则关注社会影响力，不从获取利益的目的出发；而耐心资本在二者之间，努力平衡社会效益与财务回报，即便在企业面临暂时困境时也不会轻易放弃，反而保持"耐心"，坚持持有至少5年之久。

英国政府一直致力于通过英国耐心资本和其他多样化的金融工具，推动风险投资行为的发展，以期释放私人资本对于创新企业的投资潜力。由于政府与其他投资相比不过分看重短期内的回报，这使得耐心资本更有优势。因此，可以通过政府向耐心资本注资降低私营资本的投资风险，从而引导私营资本逐渐转向风险更高的新兴技术领域。政府的耐心资本投资政策在降低私人资本进入风险投资市场的风险方面取得了显著效果，有力助推了新兴科技企业的快速成长。政府的良好投资声誉也在上游投资者中形成良好反馈，进一步提高了对新企业和创业公司的支持水平。政府对风险投资的支持已经成为推动技术创新的重要力量。

二、政策治理

政策治理部分主要说明政策主体与政策对象。

（一）政策主体

2014年11月，英国政府创建了国有性质的商业发展银行，名为英国商业银行（British Business Bank），为政策制定提供支持。此举措将之前已有的多项支持中小企业的金融服务项目进行整合，包括英国商业投资（British Business Investments）、英国金融服务（British Financial Services）、企业资本（Capital for Enterprise Limited）及创业贷款计划（Start Up Loans Scheme）等，以期为中小企业提供全方位金融服务，提升他们的借贷能力并提供专业的商业顾问服务。经过多年实践，英国商业银行积累了丰富的投资经验，诸多风险及成长型公司获得了共计约10亿英镑的融资。这其中就包含对5家独角兽企业的成功投资案例。

2018年6月，英国政府计划在后续十年将投入超过200亿英镑用以支持创新型企业成长，其与英国商业银行达成合作协议，共同出资25亿英镑设立"英国耐心资本有限公司"（British Patient Capital，BPC）。作为英国商业银行分支机构的BPC旨在为英国创新型企业展开不单纯追求短期收益，更注重长远利益的长期投资。投资对象包括风险和增长型资本，以及各类期限不同的基金。自成立以来，BPC已成为英国风险投资领域最大的国内投资者，管理基金和共同投资计划。2021年BPC推出了两种新产品，即2亿英镑的"生命科学投资计划"和3.75亿英镑的"未来基金：突破计划"。英国耐心资本的组织结构如图6-4所示。

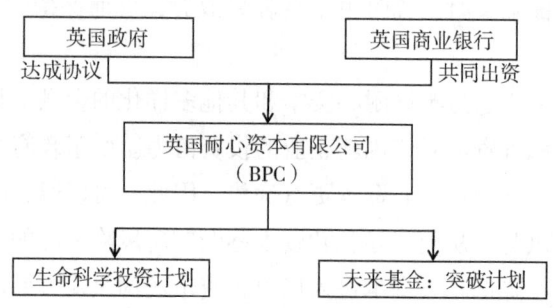

图 6-4 英国耐心资本管理组织结构

来源：结合 BPC 的 *About British Patient Capital* 等文献编制。

（二）政策对象

关于政策对象，主要包含两个重点内容。一是政府对耐心资本的基金的引导与支持，在英国政府与英国商业银行的合作协议中有所规定，在这个层面上政策对象是 BPC。二是耐心资本投资的对象。耐心资本往往以基金形式开展投资，因此在此层面上的政策对象是耐心资本所投资的企业和基金。政府对其与耐心资本间的互动进行引导和支持。在此层面上，BPC 是政府投资的通道，基金投资决策由 BPC 的投资委员会决定。投资委员会所考虑的是投资建议在多大程度上符合投资计划的政策和商业目标。在耐心资本所投资的企业和基金中，对于行业没有特定限制，但会倾向性地投资于一些技术领域。在"未来基金：突破计划"中，BPC 将与私营部门投资者进行股权共同投资，投资面向的是在量子计算、清洁技术和生命科学等突破性技术领域运营的后期研发密集型英国公司。"生命科学投资计划"则是向英国专注于生命科学领域的公司投资。

三、政策工具

英国耐心资本中运用的主要政策工具是项目资助和规制。

（一）项目资助

英国耐心资本既可以直接对创新型企业投资，也可以向基金提供耐心资本的资金，专注于投资固定期限基金和常青基金，并考虑与投资组合基金共同投资。它的行为类似于其母公司英国商业银行。作为英国政府向现有基金提供资金的渠道，英国耐心资本投资于风险投资和成长资本，通过为创新公司的发展提供资金来获取价值。耐心资本投资于商业上可行的基金，职责是使最优秀的经理能够有效地执行他们计划的投资策略。耐心资本通过锚定、首次关闭或增加基金以达到最佳规模来实现这一目标。因此，该基金由风险和成长型股票基金组成。英国耐心资本的投资流程如图 6-5 所示，具体的投资步骤分为 4 个流程，其中，前 3 个流程主要涉及的政策工具是项目资助，第 4 个流程主要涉及的政策工具则是规制，即投资委员会决定是否投资的相关判断。

1. 保荐投资者资格申请

公司不能直接申请耐心资本资金，申请只能由保荐投资者提出。保荐投资者需要先

第六章 催生新产业的科技创业

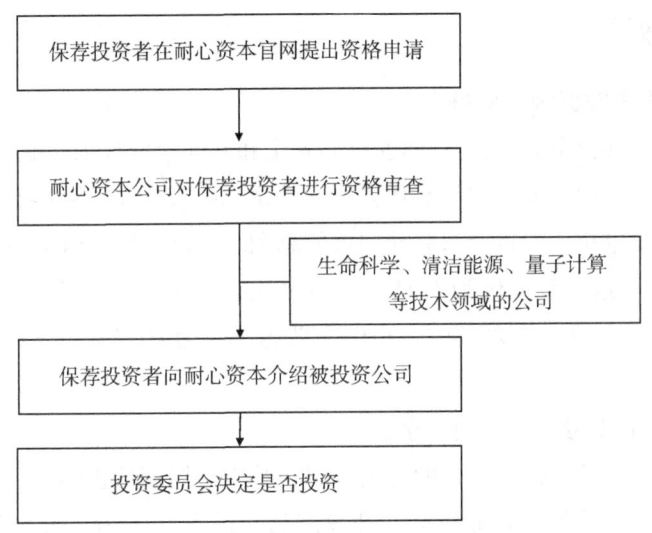

图 6-5 英国耐心资本投资流程

来源：根据 BPC 的 *Forinvestors* 编制。

获得保荐资格，保荐投资者的资格申请可在英国耐心资本有限公司官网的"投资者推荐"页面提交。

2. 保荐投资者资格审查

英国耐心资本有限公司对于保荐投资者具有明确的审查标准。保荐投资者提出申请后，英国耐心资本有限公司会根据审查标准进行资格审查。

3. 保荐投资者介绍被投资公司

在初始申请之后，保荐投资者将被要求提交一份投资文件，说明进行投资的理由。该投资文件应包括有关估值、商业计划和任何后续资金预期的信息。保荐投资者将接受声誉和客户尽职调查，并需要与英国耐心资本分享公司准备的所有法律和财务尽职调查报告。

（二）规制

规制即投资委员会决定是否进行投资。

英国耐心资本的投资委员会对被投资公司进行资格审查，决定是否投资该公司。被投资公司需要满足以下标准：①接受投资的公司应位于英国（英国注册成立），并在英国拥有重要的业务（其整体就业基地的至少一半研究人员位于英国）。②公司在英国开展的研发活动必须满足以下3个标准：研发支出（由预先设定的会计规则定义）在过去3年中平均至少占总运营成本的10%，或在过去3年中的一年中至少占15%；公司在英国拥有受保护的知识产权，并预计将成为公司的主要收入来源；公司计划从投资之日起，20%或更多的员工将从事至少3年的研究，且具有相关领域（行业）硕士学位或更高学位。③在获得投资之前的5年中，该公司必须从第三方投资者那里筹集至少500万英镑的股权投资。该公司必须筹集至少3000万英镑的投资轮次。

四、政策效果

（一）多项投资数据稳中向好

英国耐心资本共投资25亿英镑建立核心基金和共同投资计划，截至2021年3月31日，投资的创新型高增长公司共计670多家，承诺总额高达13多亿英镑。2020年，英国耐心资本投资衡量兑现回报及未兑现回报的总和（total value to paid-in capital, TVPI）达到1.51，2019年这一数据仅为1.15。2020年英国耐心资本投资的内部收益率（Information Resource, IRR）为25.3%，2019年收益率仅为10.7%，投资组合IRR和TVPI显著上升。

（二）帮助英国科技公司提升估值

英国耐心资本帮助确保高增长的英国公司在其生命周期的正确时间获得正确类型的资金，支持他们扩张、创造就业机会、开发产品和进入新市场。耐心资本下的各类基金、共同投资等共同促进了英国科技公司的成长。虽然许多部门受到疫情的严重影响，但随着人员调整到居家工作，长期存在的全球数字化增长趋势迅速加快。投资者对那些在疫情防控期间和之后能够实现繁荣的公司有着强烈的兴趣。这意味着一些成长阶段的英国科技公司能够在竞争性估值中筹集大量资金，有助于英国成长期科技公司的平均融资前估值的提升。从图6-6可以看出，英国成长期科技公司的平均融资前估值整体呈现上升趋势，2019年受到疫情影响有所下降，2020年迅速回升，同时BPC的财务业绩提升。在基础投资组合中，三家英国公司成为新的独角兽——Hopin、Cazoo和Zego。

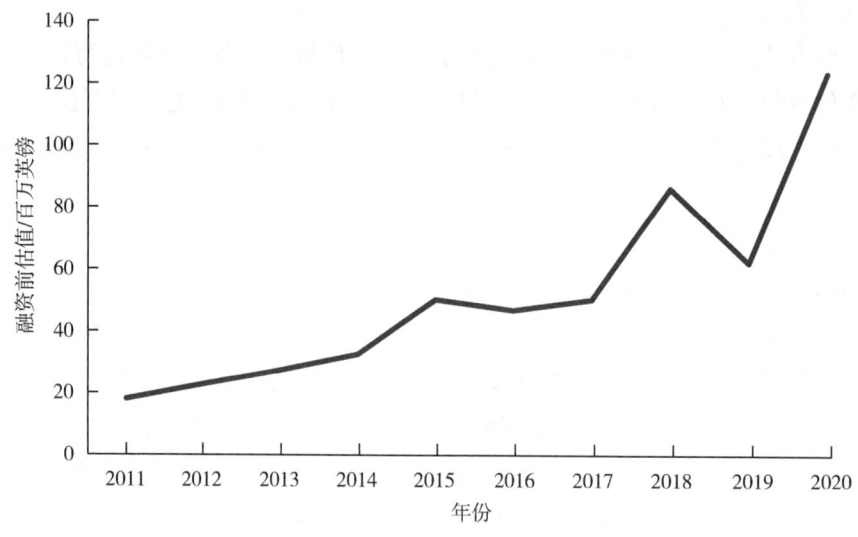

图6-6 英国成长期科技公司的平均融资前估值

来源：根据BPC的 *Annual Reports and Accounts* 编制。

(三）促进海外及其他投资进入市场

在吸引国外的直接投资和国外研发资金方面，英国在欧洲一直处于领先地位。截至2018财年，英国已经获得了2.4亿英镑的海外投资承诺，特别是来自美国、法国、新加坡和日本的海外投资家。英国耐心资本对新兴科技企业的支持有助于向外界展现这些企业的良好发展前景，一定程度上也促进了海外及其他投资进入市场。

近5年来，英国风险投资市场不断成熟。在此期间，由于金融科技和软件及服务行业的投资增加，英国的风险投资总体水平增加了204%。相比之下，美国的增幅为141%。按交易规模划分，根据2018—2020年海外投资者参与的风险投资比例，可以看出海外投资者在规模较大的后期融资轮次中也占有相当大的资本。虽然这是对投资者在英国科技和生命科学领域的机会的明确认可，但必须继续加强英国市场的风险增长基金。通过将更多的风险增长资金引入市场，使有潜力的成长阶段创始人在初期的时候拥有多样化的耐心资本来源。英国的机构投资者，如养老基金，以及他们所服务的个人储蓄者，也有更多的机会来推动和受益于英国创新型高增长公司的成功。

五、政策评价

英国政府采取英国耐心资本、管理基金等多种工具来增加对风险性企业的资金供给，政府资金注入到这些投资工具中，通过杠杆效应降低私营资本投资这些企业的风险和门槛。政府与其他投资相比不过分地看重短期内的回报，因此成为耐心资本更有优势。

通过政府向耐心资本注资降低私营资本的投资风险，引导私营资本向新兴技术企业投资。这不仅可以缓解这些企业在初创期和发展期面临的资金压力，还能通过政府的资金注入，降低私营资本投资这些企业的风险，引导更多的社会资金进入这些领域。此外，通过与其他投资机构的合作发起设立投资基金，利用各自的优势资源，共同支持创新型企业的发展。这种合作模式可以降低投资风险，提高投资效率，同时也有助于推动产业结构的优化和升级。

此外，英国商业银行属于政策性银行，专门为中小企业提供金融服务，有向高增长创新型企业成功投资的经验。政策性银行作为政府意志的执行者，在解决小微企业融资问题上具有独特优势，尤其是在扶持科技创新型小微企业方面颇具实效。这对于推动中小企业科技创新事业，构建强大的资金后盾体系具有现实意义。

第三节　法国创新与工业基金

一、政策任务

2018年以来，法国政府高度重视颠覆性技术创新。颠覆性技术创新可以推动前沿技术发展,是经济长期增长的驱动力,但由于其具有高风险的特点(存在重大技术障碍、创新成熟度低、市场化道路漫长),在获得私人资本方面存在困难,需要国家提供更多的支持。因此,2018年1月15日,法国设立专门支持颠覆性技术的"创新与工业基金",政策任务是通过新的专用财政资源对颠覆性技术提供大力支持。总而言之,法国创新与工业基金是一项支持创新发展的基金,重点是支持高风险、长周期的颠覆性技术创新项目及科技初创企业,通过发展颠覆性技术推动社会变革,实现服务国家发展的战略目标。

法国创新与工业基金主要包含两个资助方向:第一,对颠覆性技术创新项目的资助,又被命名为"重大挑战项目"。此类项目的资助由法国国家科学研究署负责,每年投入1.4亿欧元。具体方向包括增材制造(3D打印)、生物制造、人工智能、纳米卫星等;第二,对科技初创企业的资助,也被称为"深科技(Deeptech)"计划,此类资助由法国公共投资银行负责,每年投入7000万欧元,根据科技初创企业不同阶段的发展需求,设立科技新兴奖金、"深科技"发展补助、创新竞赛3种资助模式。

二、政策治理

(一)政策主体

2018年7月18日,为更好地发挥国家创新举措的作用,引导创新政策的方向,法国成立了创新委员会支持政府的战略决策。创新委员会是由法国经济与财政部长和高等教育、研究和创新部长共同领导的部际指导机构,也是创新与工业基金的主要决策机构。

创新委员会的机构设置包括联合主席、秘书处、各相关部门部长、管理机构、执行机构与专家团。法国经济与财政部长和高等教育、研究和创新部长担任联合主席,负责对委员会的共同领导;秘书处由经济与财政部和高等教育、研究和创新部的相关人员组成;投资总秘书,经济与财政部企业总司,高等教育、研究和创新部的研究与创新总司组成管理机构;法国国家投资银行与法国国家科研署组成执行机构;7位来自法国科研界、产业界、投资界、企业界,且经验丰富、在创新方面备受认可的专业人士(法国液化空气集团首席执行官、巴黎人工智能研究所主任、科技初创企业Withings创始人等)组成专家团队。

创新委员会的职责包括:第一,在评估和预测工作的支持下,确定法国创新政策的主要方向和重点事项;第二,决定"加强创新政策交叉性"和"简化创新支持格局"的措施。特别是确保政策措施与区域、欧洲相关计划的良好协调,并使项目符合公司与公共研究参与者的需求;第三,对法国创新政策的财政手段提出建议,以促进法国颠覆性技术的诞生及产业化。

(二)政策对象

法国创新与工业基金的主要资助对象为颠覆性技术创新项目与科技初创企业,对二者的资助分别称为重大挑战项目与"深科技"计划。两种资助类型在资助金额与遴选标准上存在异同。重大挑战项目每年投入1.4亿欧元,约占全部资助金额的三分之二;"深科技"计划每年投入7000万欧元,约占全部资助金额的三分之一,体现了法国政府对二者的重视程度的差异,资助颠覆性技术创新项目是法国推动创新发展的首要任务。在遴选标准上,都强调资助对象需要符合颠覆性技术创新标准,推动法国创新生态系统建设,促进产学研合作。重大挑战项目更需具备社会贡献性,有助于解决法国面临的经济社会等问题,实现服务国家发展的战略需求,而"深科技"计划更强调企业的发展前景,即该科技初创企业未来能否成为行业内的领头羊。

1. 颠覆性技术创新项目

对颠覆性技术创新项目的资助又称"重大挑战项目"。法国政府期望通过重大挑战项目创造新的市场,使法国在这些市场中占据领先地位,并支持包含实验室、科技初创企业、中小企业和大型集团在内的法国创新生态系统的发展。项目经理承担具体项目运营职责,包括确定研究与融资方法、选定与领导团队、监督与评估等,由投资总秘书处招聘。

重大挑战的研究主题与方向由法国创新委员会确定,每年选定3~5个,研究主题包括网络安全、生物医药、人工智能、生命健康等方面。主要遴选标准包括:具有明显社会效益,满足公民对重大社会问题(气候变化、健康、安全、可持续发展等方面)的期望;提供广泛的商业机会与前景,旨在将创新产品或服务推向市场,涉及从基础研究到市场化的完整创新链;能够在3~5年取得具体成果;涉及迄今为止尚未探索的技术障碍和领域,能够带来若干种技术解决方案;推动法国创新生态系统建设,促进法国产学研合作,能为法国企业带来发展机会。

2019年11月19日,法国创新委员会举办成立一周年大会,委员会重大挑战研究组组长共同讨论了未来优先发展的重点,提出了法国重大挑战项目的五大方向:通过人工智能改善医疗诊断;确保使用人工智能的系统具备安全性、可认证性和可靠性;强化网络安全使系统可持续地抵御网络攻击;以较低成本生产高附加值的生物蛋白质;研发高密度能源储存技术以实现交通出行零排放。并提出未来一年,法国创新与工业基金将投入最高1.5亿欧元支持5个战略性重大挑战方向,每个方向最高投入3000万欧元。

在项目遴选方面,重大挑战项目采取意见征询与专业评估相结合的方式。创新委员会负责重大挑战项目的遴选,首先通过网络问卷等方式进行大范围的意见征询活动,再由委员会中的专业人士进行具体评估,最后由委员会经过综合评判,选定符合标准的重大挑战项目。

2. 科技初创企业

对科技初创企业的资助又称"深科技"计划。创新与工业基金每年投入7000万欧元用于支持科技初创企业,加速法国突破性创新的出现和发展,并根据科技初创企业不同阶段的发展需求,设立了科技新兴奖金、"深科技"发展补助、创新竞赛3种资助模式。

科技新兴奖金旨在为科技初创企业在其创立的第一年提供补助金，专门用于验证其项目的技术、法律、经济或战略等方面的可行性，金额最高可达900万欧元。

"深科技"发展补助主要为企业正处于研发阶段的创新项目提供资金，资助类型有混合型补助与个别补助两种类型。混合型补助是赠款（无须偿还）和贷款（须偿还）相结合的混合形式援助，体现了政府对科技初创企业盈利的信心；个别补助通过一事一议的方式，由专家对企业进行综合性评判，按照具体情况决定是否给予补助。"深科技"发展补助提交的每个项目都需要由该领域专家进行技术和经济的专业评估，以判断是否给予资助。为了甄别有资格获得发展补助的初创公司，法国国家投资银行建立了一个"Deeptech Generation"参考系统，该系统能够帮助项目经理确定初创公司的项目是否符合"深科技"计划。遴选的具体标准包括：拥有基于实验室的技术或技术组合；与科学界有密切联系；技术进入壁垒高；与竞争对手相比构成强大的差异化优势，并且允许拥有漫长的研发、生产和上市过程。

创新竞赛主要支持科技初创企业进一步发展壮大，按照参与对象的不同，又分为i-Lab创新竞赛和i-Nov创新大赛两种类型。i-Lab创新竞赛的目标对象是正在创建或创建不到两年的创新技术公司，并通过大区预选和双评审委员会终选的方式进行考察与遴选，以财政援助等适当方式支持其中发展最好的公司。i-Lab创新竞赛的选择标准基于技术创新性、经济可行性、未来发展潜力、创造价值潜力、经理和团队执行项目的能力等。i-Lab创新竞赛的筛选过程包括：第一，区域预选阶段，通过听证会的形式深入审查专业知识；第二，由法国公共投资银行外部人士组成的两个专业评审团给出双重意见，最终决定获胜项目。

i-Nov创新大赛旨在支持更成熟、更有潜力的科技初创企业和中小企业加速崛起，成长为领域内具有全球影响力的公司。大赛对参赛企业的所处领域进行了限定，只选择最新颖的重点研发方向，这些方向随每一波科技创新浪潮而变化，每年轮换两次。i-Nov创新大赛基于以下标准选拔：项目的创新性、经济影响、团队将项目推进市场的能力和生态环境标准。这笔30万~225万欧元的援助以补贴和贷款的形式提供。大赛包含预选（专家委员会根据文件选择最佳项目）、面试（陪审团听证会）及法国公共投资银行最终决定3个选拔流程，相较i-Lab创新竞赛更为复杂。

三、政策工具

法国创新与工业基金最主要的政策工具是信托基金，法国创新与工业基金是通过信托基金而非财政年度拨款的方式进行运作的，具体由法国政府出售其持有的国有企业（Engie集团、雷诺集团、法国电力集团、泰雷兹集团）的资产或证券，筹集价值100亿欧元的本金，这些本金的价值可能会有波动（按照法国标准，2018年12月31日为111.5亿欧元，2019年12月31日为113.2亿欧元）。

这笔本金是不可消耗的,需要通过委托给专业金融人士管理运作,每年只产生2.5亿欧元左右的收入(股票红利和计息账户利息)用于支持颠覆性技术创新及其产业化。其中,约1.2亿欧元用于支持重大挑战创新项目,7000万欧元用于支持技术密集型科技初创企业,6000万欧元用于支持微电子和电动汽车电池研发等重大产业项目。

2020年,新冠疫情对法国经济产生了强烈影响,企业运营受到严重干扰,因此影响了法国创新与工业基金2020年的收入,年净收入仅为1.254亿欧元,远低于2.5亿欧元的年度目标。尽管疫情引发了严重的经济危机,法国创新与工业基金的筹资模式仍显示出其韧性:2018—2020年的目标收入水平为7.5亿欧元,实际收入为6.627亿欧元,尽管受到新冠疫情的冲击,创新与工业基金的创收目标仍然实现了接近90%,为颠覆性技术创新提供了稳定的资金来源。

四、政策效果

(一)资助企业数量多,资助总额庞大且具稳定性

2018年,i-Lab创新竞赛从389个项目中选出64个获奖者,总拨款为2400万欧元。同年,i-Nov创新大赛在642名申请方中为130个获奖者提供了8000万欧元的援助。2019年,i-Lab从468个项目中选出75名获奖者,总拨款额2000万欧元,截至2019年,共有1219家公司正在运营,企业存续率为63%,其中25家参赛企业已首次公开募股,在泛欧交易所和纳斯达克上市。同年,i-Nov创新大赛从469个申请者中为128个获奖者提供了7100万欧元的援助。2020年,i-Lab创新竞赛从399个项目中选出了69名获奖者,总奖金为2600万欧元。截至2020年,i-Nov创新大赛共筛选出近400名获胜者,提供了超过2.2亿欧元的奖金。政府对颠覆性创新的资助需要强调稳定性。法国创新与工业基金通过信托基金进行运作的方式,避免了政府换届对财政拨款的影响,提供了稳定的资金来源。

(二)资助企业存续率高,发展前景良好

Lab竞赛作为法国技术和科学密集型公司的主要启动工具之一,经过多年的运行,截至2020年,共创建了2155家企业,竞赛获奖企业的存续率为65%,1397家获胜公司仍在运营,一些公司被大实业家收购,30家公司在泛欧交易所上市,其中5个获胜公司(Innate Pharma、Nanobiotix、Plant Advanced Technologies PAT、Erytech Pharma、Cellectis)也在纳斯达克欧洲市场上市。

(三)有效促进初创公司发展,激发地区研发活力

2019年,94家科技初创企业受益于法国科技新兴奖金,资助总额为816万欧元,37家科技初创企业获得了"深科技"开发援助,总额为4616万欧元。2020年,有124家科技初创企业受益于法国科技新兴补助金,资助金额超过1100万欧元。

总的来说,近年来法国创新与工业基金为更多的颠覆性技术创新项目与科技初创企业提供了资金,同时对项目与企业保持着高水平的要求,有效促进了颠覆性技术及初创

公司的发展，激发了地区研发活力。

（四）推进创新生态系统的建设，助力研究成果转化

法国创新与工业基金对颠覆性创新项目与科技初创企业的甄选标准，都要求其能够推动法国创新生态系统的建设，与科研机构、实验室、科研团队、中小企业和大型集团有密切的联系，促进法国产学研合作。除了要求选定项目的技术创新性，法国创新与工业基金还十分重视项目的商业机会与前景，以实现科技创新与商业价值两个维度双管齐下。

第四节　以色列"趋势"激励计划

一、政策任务

目前，以色列在纳斯达克上市企业数已仅次于美国与中国，成为全球创新中心及全球科技投资的热土，近几年我国的投资机构也纷纷将目光转向以色列。取得这样的成果，以色列的政府引导基金功不可没。以色列趋势激励计划（The Tnufa Program，以下称为 Tunfa 激励计划）的政策任务就是一项给萌芽期的创业者提供资助，并协助其进行项目技术和商业潜力的评估、建立产品原型、注册专利、规划商业蓝图及发展初期业务的早期创业种子基金。

Tnufa 激励计划面向有兴趣制定创新技术概念并将其推进到初始研发阶段，并为概念验证（proof of concept，POC）和构建初始原型做好准备的创业者发放一定的资金。该计划的目标是协助项目的技术 POC 和商业可行性分析，从而帮助其筹集私人资金或招募合作伙伴进行进一步的开发。

取得资助资格的资助对象在最初 12 个月期间从该计划能够获取的最高补助金为 10 万新谢克尔，其中，生物融合领域的创新解决方案最高可达两倍。该计划具有介入早、申请手续简便、资金额度较高、贷款周期较长、容错率高（允许创业失败者再次申请）的特点。

二、政策治理

Tnufa 激励计划的政策治理主要通过国家创新事务局来运作。国家创新事务局（以下简称创新事务局）负责统筹管理全国创新事业，其前身是以色列首席科学家办公室（The Office of the Chief Scientist，OCS）和以色列产业研究中心。OCS 主要负责管理和实施全国的研发事务，以促进以色列民营经济建设。OCS 逐渐在发展中确立了五大工作内容：研发基金、磁石计划、Tnufa 激励计划、孵化器计划、国际交流合作，造就了以色列成熟的创投市场与创业生态，换句话说 OCS 是原 Tnufa 激励计划的运营机构。以

色列产业研究中心主要负责管理对外研发合作与交流。以色列创新事务局成立后，在功能上取代了 OCS 和以色列产业研发中心。创新事务局的职能包括发展创新基础设施、维持以色列"创业国家"的国际地位、分配研发资金、促进对外创新产业关联和实施政府相关政策等。

以色列创新事务局是一个独立的公共资助机构，没有隶属于某个部门，旨在提供各种实用工具和融资平台，有效满足当地和国际创新生态系统不断变化的需求。其受众广泛，包括早期企业家、制造工艺成熟的公司、寻求将想法推向市场的学术团体、有兴趣与以色列技术合作的国外公司、在国外寻求新市场的以色列公司及寻求将创新和先进制造融入其业务的传统工厂。

为了满足其广泛客户的各种需求，以色列创新事务局创建了一个新的内部结构，包含 6 个主要创新部门，涵盖创新事业的整个流程，包括初创企业处、成长事业处、技术基础设施处、先进制造业处、国际协作处和社会挑战处。初创企业处是现 Tnufa 激励计划的运营部门，每个部门都制订了全面的激励计划，形成独特的"工具箱"。这些部门成为创新项目的跳板，为企业家和公司提供最相关的计划，以实现和实施他们的想法，开发他们的产品。与 OCS 相比，创新事务局的行政层级和权威性更高，职能范围更广泛，创新资源更集中，政策工具更加丰富灵活，行动更加自由迅捷。

三、政策工具

Tnufa 激励计划的政策工具是公私合作投资，通过鼓励有经验的风险资本家在早期阶段对高风险初创企业进行种子投资，由 Tnufa 激励计划与风险投资家共同出资，协助建立新技术公司。以色列 Tnufa 激励计划的申请方式简便，申请手续流程简洁，审查时间较短，最多 4 周就可立即收到拨款。提高审批效率有助于快速回应初创企业的早期资金难题。因此，简化初创企业申请资助资金的审批程序，下放审批权限，提高审批效率十分重要。

（一）项目申请

Tnufa 激励计划的申请条件主要为：第一，该企业必须是处于萌芽阶段的初创企业，且正在开发技术；第二，在提交申请前，筹集资金不超过 500 万新谢克尔；第三，该公司已经与在高风险投资方面经验丰富的风险资本投资者签署了相关条款，包括运营条款，且该风险资本投资者有意对该公司进行第一次种子投资。当初创公司满足上述条件时，即可通过网络进行 Tnufa 激励计划的申请。

明确创业早期阶段的界定标准十分重要。创业投资的重点在早期阶段，明确该概念，及时介入，确保创业前资助投向创业企业的早期阶段，发挥引导示范作用，避免由于概念界定不清而导致资金流向创业后期。

（二）资格审核

Tnufa 激励计划对企业的评估标准为：第一，公司提供的计划中呈现创新性和独特性；第二，该公司在高风险领域运营；第三，该公司采用的技术在其领域内缺乏种子投资者；第四，公司具有商业经济增长潜力；第五，风险投资家能够协助公司建立和设计商业模式，使产品适应、打入与渗透市场，建立一系列客户群等。投资者还需要在风险投资基金或种子资本投资方面具有丰富经验，且可以为公司增值。

（三）项目资助

Tnufa 激励计划中六成拨款来自风险投资者参与的部分，四成来自创新事务局参与的部分，创新事务局对公司的最高拨款将高达 350 万新谢克尔。风险资本投资者或经验丰富的私人投资者将从公司获得期权的选择权，这将使投资者有权以现金形式对公司进行额外资本投资。申请获得创新事务局批准后，公司将向投资者发行最长 3 年的期权，行使期权后，投资者将按照事先约定获得公司股份，赠款金额将按年利率 5% 返还给创新事务局。当投资者获得公司 3 年的期权选择权时，可以选择结束一轮融资。

四、政策效果

（一）提供早期投资援助，帮助企业创新技术概念进入研发阶段

Tnufa 激励计划有着对初创公司极其有吸引力的融资，申请成功的每家公司将获得高达 350 万新谢克尔的资助。该计划的申请流程也较为简化，且审查时间短，最多 4 周即可收到拨款，能够解决企业的燃眉之急。这一系列早期投资与援助，都能帮助初创企业规避高风险，平稳度过创业早期阶段，有望促进企业创新技术概念进入研发阶段。

（二）帮助企业筹集私人资金，招募合作伙伴

Tnufa 激励计划通过鼓励有经验的风险资本家在早期阶段对高风险初创企业进行种子投资，协助公司建立和设计商业模式，使产品适应、打入与渗透市场，建立客户群，为公司增值。风险资本投资者将从公司获得 3 年的期权选择权，将按照事先约定获得公司股份。这种期权激励机制对风险资本投资者有一定的激励作用，能够充分吸引和调动民间资本积极性，有助于帮助初创企业筹集私人资金和招募合作伙伴。

（三）鼓励初创创业精神，孵化早期创业项目

Tnufa 激励计划一方面可以给予初创企业高昂的资助，另一方面能够协助其完成项目技术和商业潜力的评估、建立产品原型等一系列创业早期事项，这种"全包式"创业种子基金为初创企业分担了风险，有助于鼓励创业精神，孵化早期创业项目，促进科技创新。

参考文献

[1] 迟凤玲，彭春燕，孙庆珍. 美国小企业投资公司计划运行机制及借鉴[J]. 科学管理研究，2016，34（6）：4.

[2] 龙飞，王成仁. 美国 SBIC 计划的经验及启示[J]. 经济研究参考，2015（28）：4.

[3] CONGRESSIONAL RESEARCH SERVICE. SBA Small Business Investment Company Program[R]. US：Small Business Administration，2022：10-12.

[4] SBA. Small Business Investment Company Program[EB/OL].[2023-05-06]. https：//www. sba. gov/partners/sbics/resource-library#section-header-2.

[5] SBA. Small business development centers[EB/OL].[2023-05-07]. https：//www. sba. gov/local-assistance/resource-partners/small-business-development-centers-sbdc.

[6] SBA. Report small business investment company sbic program overview report quarter ending december[EB/OL].[2023-05-07]. https：//www. sba. gov/document/report-small-business-investment-company-sbic-program-overview-report-quarter-ending-december-31-2021.

[7] 谷峻战. 助创新型企业成长 英国促"耐心资本"扩张[J].科技中国，2020（03）：102-104.

[8] BRITISH BUSINESS BANK. Our history[EB/OL].[2023-11-06]. https：//www. britishpatientcapital. co. uk/about/our-history/.

[9] PKF FRANCIS CLARK. British patient capital what where why and how[EB/OL].[2023-11-06]. https：//www. pkf-francisclark. co. uk/british-patient-capital-what-where-why-and-how/.

[10] BRITISH BUSINESS BANK. Future Fund：Breakthrough for Companies[EB/OL].[2023-11-06]. https：//www. britishpatientcapital. co. uk/future-fund-breakthrough/companies/.

[11] BRITISH BUSINESS BANK. Annual Reports and Accounts[EB/OL].[2023-11-07]. https：//www. britishpatientcapital. co. uk/old-annual-report-and-accounts/.

[12] BRITISH BUSINESS BANK. Annual Reports and Accounts[EB/OL].[2023-11-10]. https：//www. britishpatientcapital. co. uk/annual-reports-and-accounts/.

[13] BRITISH PATIENT CAPITAL. Forinvestors[EB/OL].[2023-11-07]. https：//www. britishpatie ntcapital. co. uk/future-fund-breakthrough/for-investors/.

[14] BRITISH PATIENT CAPITAL. About British Patient Capital.[EB/OL].[2023-11-07]. https//www. britishpatientcapital. co. uk/about/.

[15] ISRAEL INNOVATION AUTHORITY. Ideation（Tnufa）Incentive Program[EB/OL].[2023-04-19]. https：//innovationisrael. org. il/en/.

[16] THE NATIONAL INNOVATION AUTHORITY. About us[EB/OL].[2023-04-19]. https：//innovationisrael. org. il/en/.

[17] 简书. 发现以色列创新创业的基因[EB/OL].[2023-04-19]. https：//www. jianshu. com/p/ec7c3436411e.

[18] FOFWEEKLY. 打造"第二硅谷"，引导基金成以色列创新之剑[EB/OL].[2023-04-19]. http：//www. fofweekly. com/chuangtouquan/1962. html.

[19] 潘光. 以色列：一个国家的创新成功之路[M]. 上海：上海交通大学出版社，2018.

[20] 中国科学院战略咨询研究院. 法国创新委员会提出在5个重大挑战方向支持创新[EB/OL].[2022-10-12]. http：//www. casisd. cn/zkcg/ydkb/kjcyzxkb/2020kjzc/2001zczx/202003/t20200310_5511435. html.

[21] GOUVERNEMENT. Fr. fii rapport 2020[EB/OL].[2022-10-12]. https：//www. gouvernement. fr/sites/default/files/contenu/piece-jointe/2021/10/fii_rapport_2020_-_web. pdf.

[22] GOUVERNEMENT. Fr. fii rapport 2018–2019[EB/OL].[2022-10-12]. https://www.gouvernement.fr/sites/default/files/contenu/piece-jointe/2020/06/fii_rapport_2018-2019_web.pdf.

[23] 郭铁成. 为什么建议把科技创业作为美国国家战略[EB/OL].[2024-08-19]. https://mp.weixin.qq.com/s/jH1DnjuIaMIJqK8EUoiwQA.

[24] 佚名. 英国多管齐下推动创新型企业成长投资[EB/OL].[2023-08-02]. https://www.sohu.com/a/367450443_468720.

[25] 谷峻战. 助创新型企业成长英国促"耐心资本"扩张[J]. 科技中国, 2020(3): 102–104.

第七章 智慧专业化

智慧专业化既是一种规划方法，又是一项区域政策。作为一种规划方法，区域发展应将智慧资源列为首位进行发展规划，使智慧资源能够产业化、资本化，形成创新资产和优势。同时，欧盟也将智慧专业化作为一项区域政策，凡是实行智慧专业化都应予以支持和资助。智慧专业化有助于优化资源配置，带动区域整体发展，提高区域经济效益。本章通过欧盟智慧专业化战略—阿尔卑斯地区产业集群创新模式和爱尔兰智慧专业化来说明智慧专业化的具体应用。

第一节 欧盟智慧专业化战略——阿尔卑斯地区产业集群创新模式

一、政策任务

阿尔卑斯山位于欧洲中南部，横贯法国、意大利、瑞士、奥地利、德国等国家。为加强阿尔卑斯地区各国之间的凝聚力，共同应对并改善阿尔卑斯地区的经济、社会发展，欧盟自2000年起推出Interreg系列政策工具，分别为Interreg ⅢB Alpine Space 计划（2000—2006年）、Interreg ⅣB Alpine Space 计划（2007—2013年）、Interreg VB Alpine Space 计划（2014—2020年）和Interreg Alpine Space 计划（2021—2027年）。截至2024年，Interreg系列计划共资助项目179个，"欧盟智慧专业化战略—阿尔卑斯地区产业集群创新模型"（Smart Specialisation Strategies to build an innovation model for Alp Clusters, S3-4AlpCluster）项目即为Interreg VB Alpine Space 计划中的一个。

一个地区的竞争力取决于具有战略性和前瞻性的产业发展政策，智慧专业化战略（smart specialisation strategies, S3）有助于一个地区确定优先发展的产业链或价值链，但智慧专业化战略的实施落地往往困难重重。S3-4AlpCluster项目的政策任务是开发一种创新模式，以克服通常阻碍智慧专业化战略有效落地实施的障碍。

二、政策治理

Interreg 系列计划的组织架构包括以下 8 个部分，分别为计划委员会（Programme Committee）、管理机构（Managing Authority）、核证机构（Certifying Authority）、审计机构（Audit Authority）、联合秘书处（Joint Secretariat）、阿尔卑斯地区联络点（Alpine Space Contact Points）、国家协调员（National Coordinators）及跨国工作队（Transnational Task Forces）。S3-4AlpCluster 作为 Interreg VB Alpine Space 计划中的一个项目，二者治理架构大致相同。

计划委员会由奥地利、法国、德国、意大利、列支敦士登、斯洛文尼亚和瑞士联合成立，负责 Interreg 系列计划及其项目的实施。计划委员会由上述 7 个国家和欧盟委员会的代表组成，委员会主席由这 7 个国家轮流担任，每年一换，2023 年的轮值主席为德国。该委员会负责监测项目的执行情况，遴选共同资助的项目，审查并批准项目年度实施报告，每年至少召开一次会议。

管理机构的总部设立在奥地利萨尔茨堡州，其主要承担 3 个方面的职责，一是全面管理和执行合作项目；二是负责与欧盟委员会、项目成员国及区域之间的联络；三是审核项目申请并监督项目实施。

核证机构由项目参与国任命，且代表国与管理机构的代表国相同，其主要承担 4 个方面的职责，一是起草经审核的支出报表和付款申请并提交给欧盟委员会；二是跟进欧洲区域发展基金（European Regional Development Fund，ERDF）资金的承诺和拨付；三是做好资金使用记录；四是接收欧盟委员会拨付的资金并分配给项目牵头合作伙伴。

审计机构总部设立于奥地利维也纳的农业、林业、空间规划和水资源管理部，由各项目成员国的审计员代表协助办公，主要负责审计合作项目的管理和监督系统的运作情况，同时对项目进行抽查审计，核对申报的资金支出。

联合秘书处也设立在奥地利萨尔茨堡州，它由一个国际团队组成，通常代表项目成员国，是意向参与者的主要联络点，主要负责向管理机构和计划委员会提供专业的知识与协助，以及项目的日常执行工作，如制定传播和公共关系战略、协调项目评估工作等。

阿尔卑斯地区联络点在每个项目成员国都有设立，它提供国家与国家、国家与区域之间的联系，在国家和区域层面提高对项目的认知，并传播项目信息，支持联合秘书处和管理机构完成项目。

国家协调员由每个项目成员国派出的一名代表组成，主要负责确保项目成员国协调推进项目，向区域利益有关方报送项目情况并让其参与项目实施。

日常没有设立跨国工作队，当需要处理某一特定议题时，才会成立跨国工作队，组成成员根据需要解决的主题不同而有所不同。

三、政策工具

S3-4AlpCluster 项目采用的政策工具主要包括战略规划、合作投资、集群工具箱、评估与监测工具。该项目按五条行动路径实施，分别为构建识别转型行动的依据、识别转型行动、发展转型行动、实施转型行动、评估转型行动。

(一) 战略规划

战略规划在构建识别转型行动的依据、识别转型行动、发展转型行动路径中使用较多。

构建识别转型行动的依据行动路径主要包含用于生成坚实依据的工具，这些工具对于指导创业发现过程并识别转型行动十分重要，包括定量与定性分析、压力测试（Stress Test）、S3-协同钻石（S3-Synergy Diamonds）。

定量分析是指用有关数据对项目参与地区的经济结构、创新能力、转型机会等方面进行定量测算分析，定性分析是指对有关领域当前的创新活动、创新资源和创新氛围等方面的定性认知，这有利于参与项目的所有利益相关方对参与地区的情况达成共识，且有助于确定参与地区现有的能力、资源等方面的优势及项目推进的重点。欧洲大多数地区都将集群计划作为制定和实施 S3 的工具，既能实现可持续发展，又能产生大量经济上可行的行动。Stress Test 主要用于衡量集群计划在 S3 设计和实施中的作用，它通过实施 S3、调整 S3、S3 开发过程中各小组的参与、区域集群、S3 对各国的影响、S3 监测与评估这 6 个各国在智慧专业化战略制定和实施过程中相似且关键的维度，基于 31 个指标，对各地区的智慧专业化战略进行基准测试，得到通过集群计划制定和实施 S3 的现状。S3-Synergy Diamonds 是该项目在开展创业发现以确定转型行动之前，用于缩小相关"搜索范围"的工具，它便于识别转型行动，捕捉基于需求的区域间合作机会，推动区域间的有效合作。先由区域计划行动者或跨区域专家小组确定与集群计划特别相关的 4 个优先领域，这些优先领域设定为钻石的 4 个基石。优先领域两两之间的潜在新组合构成了钻石的轴心，从而发现相关的转型行动可以从何处产生。S3-4AlpCluster 项目运用该工具识别所有参与地区内部和跨区域的转型行动，形成了 4 个 S3-Synergy Diamonds。

识别转型行动路径主要通过创业发现研讨会和跨区域创业发现研讨会来评估地区的现有能力及新技术所潜藏的机遇，发现几个区域的互补能力及跨区域合作的需求，明确可以跨区域开展的转型行动。它以第一条行动路径形成的数据和信息为基础，确定研讨会的主题范围。跨区域创业发现研讨会采取自下而上的方法，基于地区现有的经济结构及创业活动确定转型行动，该方法涉及政府、学术界、产业界及公民社会等利益主体。研讨会邀请的对象是从事创新活动的学者、专家、企业家等，如区域经济专家、负责 S3 和资助计划的决策者、产业集群代表、区域创新代表、技术转让专家、创新企业主要负责人等。

发展转型行动路径通过开展行动发展研讨会为已识别的转型行动制订具体的行动计划，如研发项目、研发网络、合作计划等，S3-4AlpCluster 项目通过阿尔卑斯产业集群创新快车（Alpine Cluster Innovation Express，ACIE）这项跨区域计划来发展转型行动。ACIE 计划通过定量与定性分析、StressTest、S3-Synergy Diamonds 等工具最终确定支持在健康应用、新材料、数字产业及食品生产 4 个产业之间出现的创新和转型行动。该计划的申请者包括 ACIE 计划合作国家的产业集群组织或由中小企业、大学、研究机构、其他地区创新参与者组成的综合体，申请必须针对至少一个其他 ACIE 合作伙伴的集群计划，由项目牵头合作伙伴直接提交给管理机构。申请的遴选也由管理机构承担，遴选的条件包括符合 ACIE 计划的要求、具备跨部门的创新性、针对明确的转型行动、明确解决转型行动的市场问题等。遴选通过后，将对申请进行进一步评估并确定是否对其进行资助。ACIE 计划资助的所有项目的开展期限均为 6~12 个月，最高资助金额为 15 万欧元，举办的活动必须至少有 3 家中小企业参与。

（二）合作投资

S3-4AlpCluster 项目实施的资金约为 250 万欧元，其中 192.95 万欧元由 ERDF 资助，占项目实施资金的 85%，其余资金来自合作伙伴。

（三）集群工具箱

实施转型行动路径通过集群计划开展，集群计划依托转型行动集群工具箱（Transformative Activity Cluster Toolbox，TACT）。TACT 包含一套具有普适性的集群服务最佳做法，根据集群计划的完整性、创新性及合理性，以及研讨会的双层筛选，有十几项阿尔卑斯地区的集群计划入选 TACT，涵盖教育、创新、合作、网络等领域。

（四）评估与监测工具

评估与监测主要运用转型行动评估工具箱（Transformative Activities Evaluation Toolbox，TAET），其中提出了一种方法，用于监测与该项目相关的进程、措施、集群服务和政策干预。TAET 主要由一个评估表构成，表中全面列出了实施 S3 创新模式过程中每条行动路径所使用到的工具。

四、政策效果

S3-4AlpCluster 项目 2016 年 12 月初开始实施，于 2019 年 4 月底结束，共有来自阿尔卑斯地区 6 个国家的 15 个合作伙伴参与，参与中小企业共计 830 家，对 30 个产业集群进行了试点。

S3-4AlpCluster 项目最重要的产出是 S3 产业集群创新模式，包含 4 个"钻石模型"、两类创新发展研讨会、5 个领域的集群服务最佳做法、1 个评估工具等。该模式利用产业集群与 S3 之间的相互作用，改善了阿尔卑斯地区产业集群及其中小企业的创新体系，推动了阿尔卑斯地区各国政策决策者加入项目以促进知识交流和相互学习，在技术和互补性较强的地区签署了产业集群合作发展倡议，刺激了创新，并促进了产业集群的跨区域合作，切实实施智慧专业化战略，从而推动了地区产业智能化转型。同时也为欧盟其他国家和成员国更好地将区域产业集群的创新和发展整合到欧盟智慧专业化战略的设计和实施过程中提供了参考。

第二节 爱尔兰智慧专业化

一、政策任务

2013 年，欧盟确定了智慧专业化战略的官方定义，智慧专业化战略是一种国家或区域创新战略，其政策任务是通过发展区域需要的自身研究和创新优势来确定竞争优势，应对新出现的市场机会，同时避免产业发展的重复性和分散性。"欧洲 2020" 战略指导文件中正式将智慧专业化作为推动欧盟经济增长的政策工具。

目前，创新引领的经济增长越来越集中于技术变革、数字化和环境可持续性，而每个地区均具有自己的独特性，拥有有限的资源，区域在发展过程中各地区应将自己的科技资源与地区产业发展实际情况相匹配，从而将有限的资源优先使用于具有优势与发展潜力的领域。目前，欧盟成员国和地区相继制定与落实适合自身的智慧专业化战略。

爱尔兰为适应全球环境变化带来的新挑战，已经制定了相关战略。然而，爱尔兰的经济增长虽总体较快，但并不均衡，一些地区正在努力向新的增长机遇过渡。生产力和创新的区域性差距突出表明，数字应用、知识扩散和可持续增长绝不是自动实现的，为了缩小这些区域差异、应对经济挑战并为国民创造更好的生活，将爱尔兰的区域需求、潜力与创新决策联系起来非常重要。2022 年 5 月，爱尔兰政府发布《影响 2030：爱尔兰的新研究和创新战略》，提出要制定并实施"智慧专业化"区域创新战略，提升区域内企业的创新能力，最大化区域间创新扩散的机会。爱尔兰的智慧专业化战略将采用区域的方法来应对爱尔兰的研究、发展与创新（research，development and innovation，RD&I）的挑战，它将在区域和国家创新战略与决策制定之间架起一座"桥梁"，使 RD&I 规划保持一致，以造福于企业，并在区域和国家层面推进 RD&I 议程。智慧专业化战略突出了爱尔兰研究和创新活动的广度和深度，实现了更高水平的国内合作，同时也让爱尔兰能够更全面地展示其在国际上的形象。

通过分析爱尔兰直到 2027 年的优势、挑战和机遇，爱尔兰智慧专业化战略已经确定了 8 个战略目标。这些目标将促使爱尔兰不断努力，通过支持各方面的智慧专业化进程，迎接未来挑战。每个目标和预期成果的详细行动清单如表 7-1 所示。

表 7-1 爱尔兰智慧专业化高层战略目标与实现方式

高层战略目标	实现方式
1. 将国家、地区企业与创新政策联系起来，并连接"区域空间和经济战略（Regional Spatial and Economic Strategies，RSESs）""区域企业计划（Regional Enterprise Plans，REPs）"《影响2030：爱尔兰的新研究和创新战略》，以及其他国家政策，将在多个治理层面实现更大的政策一致性	召集国家智慧专业化实施小组、区域和国家创新政策制定者
	注重确定国家和区域战略之间的联系并发挥协同作用
	为爱尔兰智慧专业化战略生命周期内的新战略和政策的制定投入保障
2. 通过支持政策目标"一个更智能的欧洲"，在爱尔兰启用欧洲区域发展基金（European Regional Development Fund，ERDF）	欧盟委员会批准了爱尔兰的智慧专业化战略
3. 提高爱尔兰地区的研究和创新能力	通过提供全新和更强的机构干预措施，侧重于加强爱尔兰各地的产学合作，提高所有地区的商业研发强度，对表现不佳的地区给予特别关注
4. 智慧专业化将鼓励更多区域分散的RD&I，加强企业基础，确定新兴机遇领域	分析和利用区域优势和新兴机遇领域
	通过支持与REPs相一致的项目，提供新的资金，完善现有区域创新基础设施和系统
	寻找机会通过REPs的实施结构实现区域间合作
5. 增强区域对新兴先进技术的吸收，以扩大整个爱尔兰企业的绿色和数字化转型范围	加强知识转移和产学合作的支持力度，注重加强爱尔兰产学合作的干预措施
6. 推动加强整个经济创新活动所需的技能	根据智慧专业化的分析和发现，为实现需求主导型创新的必要技能提供新的和更强的支持
7. 鼓励通过扩大爱尔兰现有卓越研究领域的规模，最大限度地发挥部门优势	通过确定区域和国家部门的优势、能力和机会，支持制定新的国家集群政策框架
	支持爱尔兰现有的国家研发设施和集群网络的扩展
	为爱尔兰智慧专业化战略建立一个连贯的国家框架，并为爱尔兰地区提供机会
8. 提高爱尔兰各地区创新体系在国内和欧洲的知名度和一致性	在地方、区域和国家层面建立爱尔兰智慧专业化战略监控实施程序和管理方法
	将爱尔兰智慧专业化战略的目标、方法和优先事项纳入《影响2030：爱尔兰的新研究和创新战略》
	欧盟委员会与爱尔兰智慧专业化战略持续合作

来源：根据 Government of Ireland 的 *National smart specialisation strategy for innovation 2022-2027 executive summary* 编制。

该计划旨在通过新的合作提高高等教育机构研发能力，开发新的创新赠款倡议来加强 RD&I 活动。它还旨在通过对理工大学（Technological Universities，TUs）的投资，以及发挥继续教育和高等教育机构作为企业和地区增长支柱的作用，来促进区域创业精神。爱尔兰智慧专业化战略将协助指导政府范围内一系列其他资助机制的重点，包括"地平线欧洲""致力于推动跨研究和创新的合作""工业和高等教育部门之间的合作"，并确保它们与 ERDF 保持一致。

二、政策治理

爱尔兰智慧专业化战略由爱尔兰企业、贸易和就业部推出，他们制定了《2022—2027 年国家智慧专业化创新战略》《2022—2027 年国家智慧专业化创新战略：执行摘要》等文件对爱尔兰智慧专业化战略进行具体指导。此外，由于爱尔兰智慧专业化战略由涉及国家和地区利益相关者的多层次流程进行监控和实施，还成立了一个负责管理爱尔兰智慧专业化战略的国家实施小组，以确保在国家一级满足所有授权标准，并确定了爱尔兰智慧专业化战略的治理和监控结构，以及区域利益在爱尔兰智慧专业化战略中的作用。

如果爱尔兰要在区域和国家层面推进 RD&I 议程，提升数字化和绿色化程度，为所有居民提供更好的服务，智慧专业化战略将侧重于在以下几个重点领域取得影响。

1. 数字化和数字化转型

虽然爱尔兰已经有许多支持数字化的政策和举措，但其存在制造业和中小企业中充分利用数字技术的潜力方面还有很多工作要做，许多组织缺乏牵头技术应用所必需的数字技能或成为数字变革领导者的能力。此外，无论大小企业，还存在进一步加强数字应用、创新创业的空间。

爱尔兰智慧专业化战略将支持持续的数字化和数字化转型，旨在利用区域优势，以及不同行业部门之间的融合机会，在利益相关者之间建立适当的操作边界，界定明确的任务。"集群"计划通过形成企业对企业及企业对 RD&I 中心的合作计划，为企业发展提供支持。国家 RD&I 中心网络在技术就绪水平（Technology Readiness Level，TRL）范围内提供各种资源，而政府机构则提供支持机制以降低战略投资的财务风险。为了实现爱尔兰智慧专业化战略的目标，必须有明确的任务规定，并使机制之间互相协调，以利用数字化的潜在机会。

2. 企业绿色转型

在未来几年，温室气体排放对气候的加速影响将改变所有全球经济体的运作方式，这种趋势要求决策者加紧政策实施和立法改革，以促进低碳并最终实现零碳的未来。这种趋势将低碳经济及其相关子行业置于独特地位，预计能够在未来 7 年内达到临界规模。特别是对爱尔兰而言，企业的绿色转型是一个贯穿各领域的优先事项。

3. 创新扩散

爱尔兰智慧专业化战略将通过爱尔兰智慧专业化战略国家实施小组的合作，利用 ERDF 开发新的资助工具并纳入《影响 2030：爱尔兰的新研究和创新战略》促进创新扩散，并在国家对话中代表各地区特定部门的 RD&I 需求。爱尔兰智慧专业化战略国家实施小组将与爱尔兰继续教育和高等教育、研究、创新和科学部合作，以协调和扩大爱尔兰研究机构的规模，提高其能力，通过 ERDF 支持爱尔兰知识转移（Knowledge Transfer Ireland, KTI），将知识转移嵌入公共研究系统，并促进发展创业精神和研究技能以支持 RD&I 的商业化。

4. RD&I 方面的国际合作

在该战略的整个生命周期内，爱尔兰智慧专业化战略国家实施小组将努力寻求在企业 RD&I 领域与其他国家合作和建立协同效应的机会。爱尔兰智慧专业化战略国家实施小组首次将企业 RD&I 领域的区域和国家政策制定者聚集在一起，弥补之前爱尔兰政策制定的空白。这将有利于爱尔兰更好地参与欧盟和国际计划，并且将区域层面的建议纳入国家决策空间。

5. 完善国家或区域企业研发创新体系

爱尔兰目前的企业支持框架促进了高等教育机构与企业之间的协作、集群和联系。作为促进区域均衡增长和加强企业联系及溢出效应的机制，"集群"也是爱尔兰企业署（Enterprise Ireland, EI）和爱尔兰投资发展署（Investment and Development Agency of Ireland, ID AIreland）的战略重点，爱尔兰智慧专业化战略大力支持出台的国家集群政策和框架，并将通过确定区域部门优势、能力和机会成为该战略的重要投入。

新的 TUs 网络将成为高等教育基础设施的重要组成部分，尤其是在区域背景下。TUs 将在爱尔兰智慧专业化战略中确定的优先事项和区域部门专业知识的基础上，开发独特的以市场为主导的研究产品，并将得到 ERDF 的支持。

提高各地区数字化能力的投资需求是显而易见的。然而由于缺乏沟通渠道和平台，各地区有许多可用的设施和机会没有得到利用。因此，爱尔兰智慧专业化战略国家实施小组将努力在适当的论坛上传达对研发和创新系统的需求。

三、政策工具

爱尔兰智慧专业化战略主要采用的政策工具是项目资助和战略规划。前者主要体现在数字化和数字化转型领域与企业绿色转型领域。后者体现在与区域优势和机遇相关的规划，以及爱尔兰智慧专业化战略支持的战略和计划中。

（一）项目资助

在数字化和数字化转型领域，爱尔兰智慧专业化咨询会议提出并讨论了如"监管沙盒"、欧洲数字创新中心和新的建筑技术中心等具体建议。会议认为，必须促进企业通过有效的机制参与进来，进一步获得数字机会，以确保这些行动的实施。还必须对计划和战略性综合基础设施进行投资资助，支持进一步加强技术传播、技能发展与研究商业化，以加强跨部门和地区的创新和就业能力。

在企业绿色转型领域，爱尔兰智慧专业化战略将利用下一个 ERDF 计划（2021—2027 年）的融资机会，为企业减少碳排放和整合用于低碳工艺的智能技术提供更强有力的财政支持。爱尔兰智慧专业化战略还将支持企业进行低碳建筑改造，在其财产和场地资产中整合绿色基础设施和基于自然的设计解决方案，以及培养和招募技术工人在绿色产业中工作。

（二）战略规划

1. 区域优势和机遇领域规划

发挥所有地区的企业创新潜力，从而缩小地区之间的差距是爱尔兰智慧专业化战略的一个关键目标。欧盟委员会根据爱尔兰人均 GDP 相对于欧盟 27 国的平均水平，将爱尔兰的两个 NUTS2 地区（NUTS 是欧洲联盟统计地理等级单元，分为 NUTS1、NUTS2、NUTS3）——东部和中部地区（Eastern and Midland Region，EMR）及南部地区（Southern Region，SR）归类为"更发达"地区，这两个地区的某些领域在欧洲表现强劲。欧盟统计局指出，2021 年，都柏林的人均劳动生产率最高，为 16.17 万欧元，几乎是欧盟平均水平的 3 倍。欧盟统计局还指出，劳动生产率相对于欧盟平均水平增幅最大的是 SR，相对于欧盟平均水平的生产率提高了 170.4 个百分点，而增幅第二大的是爱尔兰首都地区 EMR，提高了 65.8 个百分点。这种情况也反映在经济产出上。2019 年，EMR 和 SR 的人均经济产出至少是欧盟平均水平的两倍。区域人均 GDP 通常在首都地区最高，SR 是少数例外之一。

然而，由于经济表现和人均 GDP 下降，欧盟委员会已将北部和西部地区（Northern and Western Region，NWR）从"较发达地区"重新归类为"过渡地区"。2000—2016 年，爱尔兰最富有和最贫穷的 NUTS3 地区人均名义增加值总额（gross value added，GVA）之间的差距翻了一番。随着具有全球竞争力的跨国公司 MNC（Multi National Company）在都柏林和科克主要城市地区落户，提供了越来越有利的商业和创新环境，而以农村和偏远地区为主的 NWR 则越来越落后。发展西北地区经济增长潜力并全面提升其经济绩效和可持续创造就业机会至关重要，以便将该地区恢复到"更发达地区"的地位。鉴于 NWR 的农村结构及其相对处于外围和边界的位置，需要克服一些特殊的挑战。解决区域差异也将缓解大都柏林地区不可持续的压力，这些压力有可能破坏爱尔兰的国民经济总体运行情况。

这种区域经济背景也反映在区域创新中。在欧盟委员会 2021 年区域创新记分牌的结果中，NWR 现在是爱尔兰唯一被归类为"中等创新者＋"的 NUTS2 区域，其创新指数得分在欧盟平均水平的 70%～100%，而 SR 和 EMR 被归类为"强创新者"。

区域大会（The Regional Assemblies）和 REPs 指导委员会是爱尔兰智慧专业化战略流程中的主要利益相关者。REPs 是将国家级政策和战略（包括爱尔兰智慧专业化战略）转化为区域和地方影响的重要工具。在直到 2024 年的 REPs 发展过程中，智慧专业化是其考虑的 4 个主题领域之一，另外还有弹性和复苏（resilience and recovery）、向低碳经济过渡（transition to a low-carbon economy）及新的工作方式（new ways of working）。

智慧专业化也是区域大会制定的 RSESs 中采用的关键经济原则之一。爱尔兰智慧专业化战略将配合 RSESs 的工作，创造一个有效的、以地方为基础、以市场为主导的商业生态系统，让所有地区都能充分利用其在企业创新方面的竞争优势，并充分实现经济增长的最大化。因此，REPs 和 RSESs 确定的优先事项是该战略的核心，它们及爱尔兰智慧专业化战略咨询过程的结果确定了 3 个地区现有和新兴的行业优势领域，如表 7-2 所示。

表 7-2 3 个地区的部门优势和新兴机遇领域

北部和西部地区（NWR）	东部和中部地区（EMR）	南部地区（SR）
先进制造与工程	先进制造	先进制造
农业食品和农业技术	视听	汽车、航天
视听、创意	生物制药/生命科学	设计
信息通信技术和信息通信技术服务	工程	金融服务
生命科学、医疗技术和医疗设备	金融服务/金融科技	食品、农业科技
海洋与蓝色经济	食品/农业科技	信息通信技术
可再生能源、减缓气候变化和可持续性	信息通信技术	海洋、海事
		制药/医疗技术
		再生能源

来源：根据 Government of Ireland 的 *National smart specialisation strategy for innovation 2022 - 2027 executive summary* 编制。

2. 其他

除此之外，爱尔兰智慧专业化战略在其生命周期内还支持其他几个战略和计划的目标。其中包括"我们的农村未来：2021—2025 年农村发展政策""2030 年粮食愿景""国家恢复和复原计划""欧盟公正过渡基金""2021 年气候行动计划"。爱尔兰智慧专业化战略还将为各领域的合作提供机会，以及增加各地区在跨境绿色转型活动中合作的机会。

四、政策效果

（一）完善了爱尔兰区域研发创新体系

爱尔兰智慧专业化战略促进多元主体积极参与。该战略大力支持"集群"政策和框架，促进区域均衡发展，加强企业间联系，支持 TUs 网络开发以市场为主导的研究产品。因此，爱尔兰智慧专业化有助于推动区域治理体系不够完善的欠发达区域的多元主体参与，为这些区域完善其区域研发创新体系与制度设计提供了机会。

（二）推动了爱尔兰区域可持续发展

可持续增长是智慧专业化的政策目标之一，对推动区域的可持续发展提出了要求并指明了方向。爱尔兰智慧专业化战略支持企业绿色转型，为企业减少碳排放提供更强有力的财政支持，支持企业进行低碳建筑改造，将经济与环境管理问题结合起来，促进绿色创新，在提高可持续发展水平的基础上更好地发挥区域潜力，有助于实现更绿色的爱尔兰。

（三）缩小了爱尔兰区域间的差距，实现产业协调发展

爱尔兰智慧专业化战略"因地制宜"，充分了解自身资源禀赋，确定了东部和中部、南部、北部和西部3个地区现有和新兴的行业优势领域，让所有地区都能充分利用其在创新方面的竞争优势，实现经济增长最大化。爱尔兰智慧专业化帮助欠发达地区充分了解自身资源禀赋及在此基础上能够发展的优势产业，有助于欠发达地区的快速发展，缩小地区之间的差距。

（四）加强了区域内外的合作，建立协同效应

一方面，爱尔兰智慧专业化战略将国家、地区企业与创新政策联系起来，并连接其他国家政策，在多个治理层面保持了政策一致性；另一方面，爱尔兰智慧专业化战略致力于在其整个生命周期内寻求企业RD&I领域与其他国家合作和建立协同效应的机会，通过积极参与国际计划，加强国际RD&I领域合作。

参考文献

[1] INTERREG ALPINE SPACE. Overview[EB/OL].[2024-05-18]. https://www.alpine-space.eu/project/s3-4alpclusters/.

[2] INTERREG ALPINE SPACE. Programme committee[EB/OL].[2024-05-19]. https://www.alpine-space.eu/about-us/management/.

[3] INTERREG ALPINE SPACE. Managing authority[EB/OL].[2024-05-19]. https://www.alpine-space.eu/about-us/management/.

[4] INTERREG ALPINE SPACE. Certifying authority[EB/OL].[2024-05-19]. https://www.alpine-space.eu/about-us/management/.

[5] INTERREG ALPINE SPACE. Audit authority[EB/OL].[2024-05-19]. https://www.alpine-space.eu/about-us/management/.

[6] INTERREG ALPINE SPACE. Joint Secretariat[EB/OL].[2024-05-19]. https://www.alpine-space.eu/about-us/management/.

[7] INTERREG ALPINE SPACE. Smart Specialisation Strategies with Smart Clusters – A New Approach to Generating Transformative Activities[R/OL].[2024-05-25]. https://www.alpine-space.eu/wp-content/uploads/2022/06/s3-4alpclusters-final-publication-interactive.pdf.

[8] GOVERNMENT OF IRELAND. National smart specialisation strategy for innovation 2022 – 2027 execu-

tive summary[EB/OL].[2023-05-23]. https://www.gov.ie/en/publication/2aa15-national-smart-specialisation-strategy-for-innovation-2022–2027/.

[9] 王婷,冯泽,蔺洁.智慧专业化战略的创新发展逻辑及区域实践[J].科学管理研究,2022,40(4):24–32.

第八章 区域创新引擎

区域创新引擎是指一定区域内,能够引领和推动创新活动,促进产业升级、经济增长和社会进步等诸多方面改善的核心力量或系统。区域创新引擎能够促进区域内创新驱动力的提升、产业创新与升级、创新资源集聚等,通常涉及高校或研究机构、企业、风投机构等诸多主体,对于区域创新发展有重大意义。本章以英国东伦敦科技城、新加坡纬壹科技城等为例说明区域创新引擎的具体实践。

第一节 英国东伦敦科技城

一、政策任务

"东伦敦科技城(East London Tech City)"以东伦敦老街硅环岛为中心,是英国科技初创企业集聚区,它被定义为科技、数字和创意企业为主的科技集群。其政策任务是引入科技企业,留住科技创新人才,激发创新活力,促进"非正式交流空间"和"职住平衡",为科技创新提供良好的环境。硅环岛原为伦敦东区老街地铁站环形路口附近的一块区域,历史上是伦敦贫民、移民较为集中的区域,与金融街仅一街之隔。2008年之前英国的人才及经济增长点集聚于金融城。2008年面对金融危机,英国政府明确提出"创新驱动战略",通过科技创新驱动经济发展,以及为创新驱动战略提供专项国家基金,金融街中的大量人才选择来到了离金融城一街之隔但租金便宜许多的硅环岛。优越的地理位置吸引大批科技工作者在这块区域附近成立公司,一个个科技创新点诞生于硅环岛。英国政府也开始有意识地利用英国的科研优势,推动从金融大国向科技大国的快速转型。为了将东伦敦科技城打造成创新城区,进一步激发增长潜力,伦敦政府使用一系列规划改善城区环境,为科创产业的发展提供坚实的基础。知识密集企业集聚的地区会继续发展和创新,目前东伦敦已经成为英国科技企业最密集、全球人才密度最高的区域。

二、政策治理

金融危机后科技创新人才的涌入及政府激励政策的制定,促进了东伦敦科技城硅环岛的科技产业集群发展。2008 年,伦敦政府成立了科技城投资组织,将区域命名为东伦敦科技城。英国政府作为牵头主体,领导企业跨行业合作,并且构筑企业与大学、政府、民间组织的合作平台,支持科创产业的发展,为以伦敦为首的相关英国城市中的科技创业者和企业创造有利的辅助条件,科创型小微企业也是政府的重要关注对象。

科技城的工作重心在项目和政策两个方面:启动与科创企业相关的项目方案,如 Future Fifty(旨在从政策、平台、资金等方面支持入选英国 B 轮以上发展最快的 50 家科创企业的项目)、Digital Business Academy(与高校联合为毕业生提供免费在线的创业培训课程的项目),以及 Tech Nation(英国科技产业研究项目)。政策制定涵盖金融、产业发展、办公空间、互联互通、商业发展、移民、公私竞争和研究合作等多个方面。例如,以政策推动研发税收优惠,制定优惠政策吸引大型国际公司入驻科技城,带动区域的经济发展,这也是谷歌等科技巨头企业入驻的重要原因。

三、政策工具

英国东伦敦科技城采用的政策工具主要有基础设施投资、人才移民签证和创业生态圈建设。

(一)基础设施投资

2010 年,伦敦市政府投入 4 亿英镑发展东伦敦科技城。一是建立民用设施中心。政府投资 5000 万英镑建造欧洲最大的民用设施中心,民用设施为新兴科技公司提供礼堂、会议厅、实验室及工作空间,吸引企业聚集于此,伦敦东区逐渐成为伦敦新的经济中心和最具活力的初创企业社区。二是开展轨道交通建设。完善交通方便工作人员通勤,科技城核心区硅环岛能够快速抵达伦敦金融城等重要区域,也能抵达其他市中心重要区域。同时,东伦敦毗邻伦敦最繁忙的火车站之一——利物浦火车站,提供覆盖东英格兰地区的通勤列车服务,还设有去往斯坦斯特德机场的机场快线。

(二)人才移民签证

东伦敦科技城在人才集聚方面更加突出国际化。一方面得益于欧盟人才自由流通政策,伦敦积攒了大量来自欧洲各个国家的高科技人才;另一方面,英国政府在鼓励创业的同时也给出了不少人才移民签证政策上的扶助,如欢迎科技人才来英国就业的杰出人才移民签证(Exceptional Talent Visa),使伦敦外来人才移民手续受理的时间要比欧洲平均受理时间短 20%。英国政府还颁布企业家签证吸引创业人才。伦敦科技创业企业的从业人员多达 150 万人,从产品的技术开发到商业运营,外籍雇员比例高达 53%。受金融危机和欧债危机影响,在希腊、意大利、西班牙、葡萄牙等国的科技人才选择到经济发展状况更好的英国、德国和法国等国家就业,导致欧洲内部的科技人才流动。而在伦敦本地国际知名高校培育的科技人才和国外科技人才流入的双重影响下,伦敦成为科技创新创业人才的巨大蓄水池,科技创新企业在这里更容易找到符合公司要求的员工。

(三)创业生态圈建设

科技创新创业生态,除了解决办公空间和培育创业企业的联合办公和孵化器,更为重要的是当地创新环境的营造和培育。随着创业文化的兴起,以老街为中心的"硅环路"逐渐成为伦敦科技创业的起点,从老街到斯特拉福(Stratford)的东伦敦地区,遍布共享工作空间、孵化器、加速器,和高频次的创业论坛、活动聚会。丰富的创业活动为伦敦的创业者们提供了充沛的交流和社交机会。创业者在聚会中找到合伙人,投资者也是在这样的场合下发现投资项目,它为创投业的参与者们提供了一个开放的进行信息交流和人脉搭建的平台。而一个创业圈的发展不仅来自这个平台提供的各种元素,更得益于整个圈子内开放式思维所营造的融通的生态环境。

在2010年,政府试图吸引大规模的外国投资,扩大已有产业集群的边界,将硅环岛与奥林匹克公园连接起来。到2014年,科技城有了显著的扩张,但在最初提出的奥林匹克公园的方向上不那么明显,相反,它更靠近伦敦的西部,将肖尔迪奇、布卢姆兹伯里充满活力的出版、艺术和广告产业空间,以及国王十字区附近不断扩大的医疗产业空间联系起来。

老伦敦区地区的城市开发必须进行高品质的城市设计,周边的新建建筑需进行杰出的建筑设计。自硅环岛区域被定位为科技城后,地方政府在制定规划时对新建建筑的外观提出了一定的风貌意向导向,如地方规划中要求新建设的建筑外观要能体现前沿科技,形成"科技老城",以吸引科技企业、科技精英入驻。为了满足年轻人的休闲娱乐需求,硅环岛还对内部的商业网点进行了调整,设置了多样性和针对性的特色商业,公共空间及文化区,如酒吧、咖啡馆、艺术文化设施、活动广场、绿色空间等。营造了现代化活力氛围,满足了科创人员的生活需求。

四、政策效果

科技城的成功建设与资源高密集集中密切相关,吸引一些金融机构,导入高校资源,聚集了谷歌、微软、IBM等大批科技巨头及它们生态圈里的中小微企业,大量银行在此开设分支机构,牛津大学、剑桥大学、帝国理工学院等世界顶尖高校环绕在周边。高密度、优质稀缺资源的集中让东伦敦迅速实现了井喷式发展和爆炸式增长,确立了其在全球AI产业和金融科技领域的霸主地位。

东伦敦科技城产业成长迅速,已成为欧洲成长最快的科技枢纽,科技城内的公司数量从2008年到2012年的5年时间内大幅度增加,其TMT产业(数字新媒体产业,technology、media、telecom)规模已超越了传统金融行业。吸引多家跨国企业入驻,包括亚马逊、微软、Facebook、思科、麦肯锡等巨头企业。

东伦敦科技城充分利用城市空间,为科创人才提供了廉价的办公和居住空间。东伦敦科技城自 21 世纪初开始,硅环岛中旧工业用地减少近 50%,比例远高于伦敦其他地区,而这些减少的工地主要被用于科技公司的办公场所及员工的居住用地,不仅降低了公司的租金成本,而且实现了片区内办公与居住两大功能的平衡,充分发挥了城市核心区位置优势,为人才提供良好的科研环境。

第二节 新加坡纬壹科技城

一、政策任务

2000 年,新加坡政府提出集"工作、学习、生活、休闲于一体"的活力社群概念,发展知识密集型产业,建设"纬壹科技城",其政策任务是建设融合居住—工作—游憩—学习等多重功能的园区。

2000 年 9 月,裕廊集团（JTC,现称为 JTC 公司）被指定为发展 Buona Vista 科学中心的主导机构。2001 年 6 月,JTC 开启了科技创业园规划设计阶段,这是科学中心的前身。该园区位于 Buona Vista 地铁站附近,由 60 个集装箱单元组成,建造成本为 400 万新元。其主要租户包括年营业额低于 100 万新元的本地信息技术公司。本阶段的目标是作为总体规划开发的试点项目支持初创企业,并作为 JTC 的现场办公室。随着科学中心项目的启动,集装箱单元随后被拆除,为科学中心让路,并于 2008 年捐赠给新加坡理工学院。

2001 年 12 月 4 日,新加坡政府公布了波纳维斯塔科学中心项目的总体规划,该项目因地址位于北纬 1（One-north）,谐音"纬壹",故改名为纬壹科技城。当时,纬壹科技城估计耗资 150 亿新元,占地约 200 公顷,15～20 年分阶段完成。

自成立以来,纬壹科技城已成为一个充满活力的创新中心,拥有由风险投资家、创新者、学生、研究人员和媒体企业组成的热闹的技术企业家社区。它地理位置优越,靠近新加坡国立大学和科学技术研究局等研究和高等教育机构,有助于促进学术、工业和公共研究之间的思想交流和合作。

科技城的发展进一步推动了新加坡科技管理体系的完善和集中化,促进了科技设施的更新换代,推动了科学管理和共享服务的现代化。这种新园区建设理念将各类科技人才、科研专家和企业家集中在一起,为他们提供便利舒适的生活、工作、交流和娱乐空间。作为一个以研发为主的产城一体化项目,其目标是打造科技城成为一个集住宅、商业中心、高等学府、研究机构、休闲体育设施等功能于一体的活力社区。同时,科技城也是一个聚集科研精英和创新创业人才的平台,涵盖了生命科学、信息科技、环境科学与工程、数字创意、金融服务等五大主题产业体系的集群发展,并辅以商业娱乐和教育生活配套组团。同时，也预留了远期拓展区，为创新创业提供了广阔的土壤。随着新加坡成为全球知识经济的强国，越来越多的知名企业纷纷汇聚在纬壹科技城，建立他们的知识密集型业务。

二、政策治理

2001年底纬壹科技城的开发建设工作正式启动。新加坡政府决定委托新加坡贸工部下属的裕廊集团担任纬壹科技城的整体开发商和运营管理商。采用政府主导、市场运作的模式，国有企业负责重资产自持，裕廊集团负责市场化运营，引导目标产业入驻、精准配置企业资源、长期运营优质项目，确保园区的开发、建设、运营有序进行。政府拨款150亿新元作为科技城建设的启动资金，全程参与纬壹科技城的开发建设。园区的土地所有权归新加坡政府所有，由裕廊集团从新加坡土地管理局购买或长期租赁。裕廊集团秉持综合创新社区理念，采取分期分区开发策略，并与私营机构广泛合作，共同推动科技城的开发建设，致力于打造集居住—工作—游憩—学习于一体的新型科技园。

纬壹科技城的开发模式为，以核心主导产业驱动整体区域开发，开发模式和流程如图8-1所示。纬壹科技城整体土地使用功能复合，居住用地占比高达24%，商业等混合用地占比达12%，产业用地由于集约使用占比仅为13%。

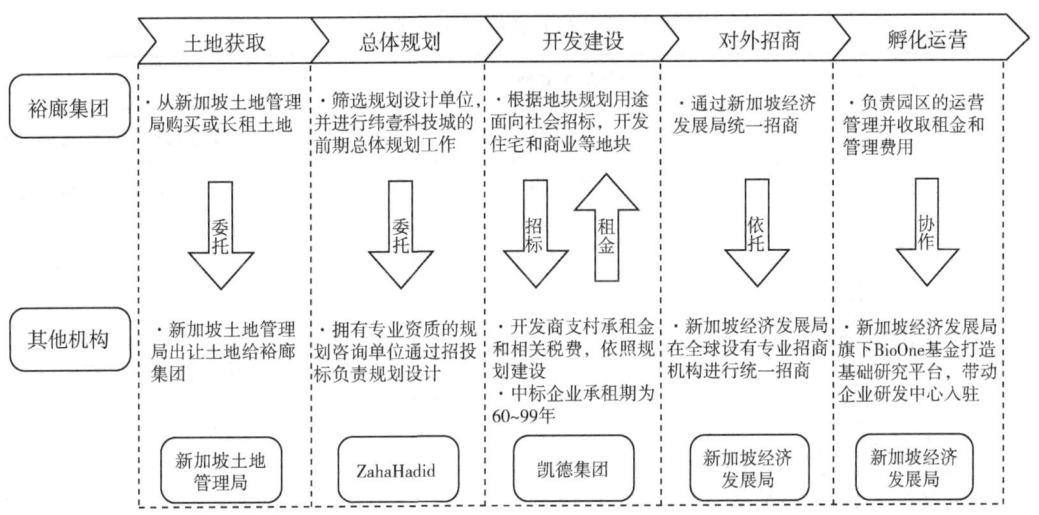

图8-1 纬壹科技城开发模式

来源：佚名. 新加坡纬壹科技城建设运营管理经验借鉴[EB/OL]. [2024-04-24]. https://mp.weixin.qq.com/s/sIilFCN5O2CtiKe1j8QChA.

纬壹科技城的发展进程清晰有序，以分区开发为主要策略，不断引领着新加坡科技产业的发展。在首轮开发阶段，生物医药和信息通信领域被重点培育，形成了以启奥城和启汇城为核心的两大产业区域，并逐步带动了商务核心区和生态居住区的建设。政府在硬件设施建设的同时，也注重软环境的优化，通过设立入园标准、引进国际企业和研究机构等举措，保持了园区的竞争活力，同时完善了居住、商务、教育和娱乐等配套设施，提升了园区的生活品质。进入第二个发展阶段后，科技城的重心转向了新兴产业集群的拓展和创新生态的营造。积极推动多媒体工业区的发展，助力传媒产业集群的成熟化；规划预留用地，建立起步谷和多个孵化器，提供更优质的孵化服务；打造中央绿地纬壹公园，进一步优化园区的公共空间，提升了整体环境质量。这些举措有助于吸引更多的创新企业入驻，促进产业升级和科技创新，进一步巩固了纬壹科技城在新加坡科技产业中的地位。

JTC 作为新加坡主要的工业设施规划、推广和开发的专业机构，被内阁政府任命负责纬壹科技城的规划、开发、市场推广和管理，其在整个开发过程中发挥着关键的作用。JTC 可以邀请私人机构参与科技城的建设，并在合作过程中扮演协调者的角色。首先，JTC 负责划分地块的规划使用目的，根据科技城的发展规划和需求，将土地划分为不同的功能区域，并对这些地块进行招标。招标的目的是吸引符合条件的私人机构参与科技城的建设。接着，中标的私人机构将成为合作方，与 JTC 共同参与纬壹科技城的建设。他们将通过承租土地的方式进行科技城的开发，承租期通常为 60～99 年。在承租土地的过程中，中标机构需要支付土地价格的溢价、货劳税及印花税等费用。其中，涉及的主体、角色定位、具体工作如表 8-1 所示。

表 8-1 纬壹科技城建设主体

主体	角色定位	具体工作
政府	主导	制定开发目的、遴选并任命开发商
裕廊集团	总体开发商	科技城的规划、开发、市场推广与管理
凯德集团	合伙方	科技城具体项目建设实行
腾飞集团		
新加坡联合工程公司		
华业集团		
庆隆联合公司		
刘景发（新加坡）有限公司		

来源：人人文库. 新加坡纬壹科技城[EB/OL]. [2024-04-24]. One North 项目案例分析报告. https://www.renrendoc.com/paper/231223401.html.

纬壹科技城开发部的成立标志着对纬壹科技城建设的专门化管理和更高效的执行。通过从 JTC 内部抽调专业人员并采用不同于传统办公制度和流程的方式，该部门能够更灵活地应对科技城建设的需求，并直接向 JTC 首席执行官和指导委员会汇报工作，提高了决策效率和执行效果。此外，来自不同政府部门的专业人士组成的工作小组进一步强化了纬壹科技城建设的协调与推进。

E-21 部长级委员会（E-21 Ministerial Committee）由新加坡政府最高层人员组成，致力于确保纬壹科技城的发展符合新加坡的宏观目标和更广泛的国家战略。纬壹科技城指导委员会（One-North Steering Committee）由参与科技城发展的政府机构和各部委的主要人员组成，旨在协调各方利益，推动科技城的有序发展。纬壹科技城审查委员会（One-North ReviewCommittee）由当时的 JTC 首席执行官主持，致力于解决由于跨多个机构而导致的技术类问题。纬壹科技城软件改造委员会（One-North Software Remaking Committee）主要任务是促进不同机构之间互相合作来对新想法或新方法进行测试，确保纬壹科技城可以作为一个测试新方法的沙盒，并看看是否可以将新方法复制、推行到新加坡其他地区。该委员会由多边贸易委员会（MTI）常务秘书担任主席。纬壹科技城资源咨询小组（One-North Resource Advisory Panel）由私营部门的顶尖城市规划师和建筑师组成，他们为纬壹科技城的发展提供国际化的视野和丰富的经验，为 JTC 提供战略方向和运营问题的解决方案。总体规划选择委员会（Master Plan Selection Committee）由教育局前副局长主持，其任务是为纬壹科技城选择总体规划。

三、政策工具

纬壹科技城采用的主要政策工具是社群建设和功能规划。

（一）社群建设

纬壹科技城作为新加坡政府 21 世纪科技企业家计划的核心项目之一，是新加坡经济发展的关键组成部分。在城市规划方面，追寻土地利用的最优化和经济增长与城市发展平衡的原则是至关重要的，这有助于实现城市的可持续发展和提高居民的生活质量。城市规划要点包含：在熟悉的地方建设新住屋；在高楼城市生活中有更多的休闲选择；商业用地更加灵活；形成全球的商业金融中心；建设更加密集的轨道网络；更强调各地区的特色。

（二）功能规划

基于科技城规划原则和要点，纬壹科技城确定了五大区域功能区，在规划过程中重视并推行"种子培育"理念——规划一个共享的空间，让公共研发机构、大型公司研究部门、信息传媒公司、咨询服务机构和私人小企业在其中从事研究和服务，各自不断成长，同时相互合作、共享各类公共设施，打造高度集聚的生命科学、信息科技、环境科学与工程和数字创意多媒体产业集群。

五大区域功能区包含：①核心功能区是科技城的窗口及商务中心，由写字楼、商业、酒店、商务中心、市民中心组成；②多功能开放区域主要是绿地广场及儿童活动区，是区域内室外公共活动空间；③资讯传媒城主要坐落在以信息通信、传媒产业为主的办公设施及商业配套；④生命科学园不仅是一个科研中心，更是生命科学与生物产业的管理中心和国际会展会议中心；⑤生活区是公寓及低密度住宅组成的生态居住区。如表 8-2 所示，各个区域功能定位不同，因此具体规划和项目细节也不同。

表 8-2　纬壹科技城五大区域功能区概况

区域名称	占地规模	功能定位	项目细节
核心功能区	17公顷	社交场所、交通枢纽、商务办公区、综合商务服务区	①Rochester Park 11：由11栋老建筑翻新构成的开放式商业街，包括中西主体餐厅及酒吧、SPA、企业家俱乐部和医疗服务机构；②Rochester Park 20：由20栋老建筑翻新构成的主题度假村，包括酒店、服务式公寓、SOHO公寓；③Integrated Hub：由3.8万平方米的音乐剧院和2.8万平方米的购物中心共同构成
多功能开放区域	16公顷	区域内租户非正式聚会、自发活动场所	由开放区域构成，包含绿地景观、绿色步道、开放广场、开放草坪区、儿童游乐场，实现WIFI无线宽带网络全覆盖，有流水幕墙景观、无花果森林、蝴蝶花园、农作物绿地等
资讯传媒城	30公顷	信息通信技术、传媒企业；科学技术和研究局下属的公共研究机构	包含10余栋商务办公楼，入住率100%，主要租户包括科学工程研究委员会、信息通信研究机构、高性能计算研究机构、新加坡制造技术机构、数据存储机构、微电子机构、材料研究和工程学机构。配套公共设施有洽谈室、会议室、研讨室、视听工作室、卫星接收器接口、剧院配套服务设施
生命科学园	20公顷	实验室研发企业、商务办公及孵化器	包含10余栋商务办公楼群，入住率达100%，拥有茶餐厅、银行、诊所等商业配套设备
生活区	40公顷	低密度居住社区	该区为历史保留区，为早期英军在新加坡驻军场所，为低密度Walk-up Apartments。2005年，该区域被逐步翻新，并成为摄影、平面设计、广告等创意产业的工作室

来源：原创力文档．新加坡纬壹科技城案例研究［EB/OL］．［2024-04-27］．https://max.book118.com/html/2018/0310/156612842.shtm.

四、政策效果

纬壹科技城建立全新的科技产业平台，从科技研发角度分析，是一个跨学科、跨领域、跨国界的研究平台；从产业化角度，它是连接产学研一体化的合作平台；从普及科技和教育的角度，它是一个科普平台。这个科技平台，不仅可以吸引世界一流的科研院所、人才和跨国公司前来合作或落户，还可以推动本国科研人员与企业合作研发，加速科研成果的商业化。新加坡已经基本形成了一个完善的、先进的科技平台，特别是新加坡政府科技管理组织体系完善，且集中于纬壹科技城内。

2005年，纬壹科技城获得了国际城市和区域规划师协会（ISOCARP）颁发的"卓越奖"。2013年，纬壹科技城项目本身也荣获了东盟杰出工程成就奖和IES国际工程成就奖。纬壹科技城在建筑设计上采取了水平与垂直两个维度的精细化混合，设计理念考虑了园区内各功能区的特性、不同产业的特点及行业组合，从而在业态组合上实施不同的混合比例。园区规划强调开放式创新环境，通过建立研究机构、大学、企业和创业孵化器的紧密联系，促进知识传播和技术商业化，同时注重可持续性，包括绿色建筑、节能技术和环境保护措施。目前，科技城中有超过 400 家领先企业、15 个公共研究机构、5 所高等院校和企业大学，超过 5000 名知识工作者。涉及生物医学科学、信息通信、媒体、电子和工程专业等，这些多元化知识密集型企业和孵化器、风险投资家和生态系统合作伙伴组成了充满活力的创新社区，为知识共享和协作提供了机会。

（一）纬壹科技城遵循产城融合的发展理念，培育产业生态

纬壹科技城打造了集办公、居住、休闲娱乐、教育设施于一体的硬件环境，交通便捷、毗邻新加坡国立大学和新加坡理工学院等知名高校，项目区域范围内还拥有该国教育部、欧洲工商管理学院和南洋理工大学孔子学院等机构。园区规划和专注于知识经济的发展定位，为产学研合作提供了广阔的平台。

（二）"政府主导、市场运作"的开发建设模式

新加坡在纬壹科技城的开发上采取了突破以往惯例的做法。裕廊集团承担了整体规划和项目启动建设的主要责任，并引入了私人发展商参与各产业组团分期和配套设施的开发和建设。裕廊集团隶属于新加坡贸易与工业部，负责规划、建设、租赁和管理国有工业地段和园区，并参与制定国家总体规划，配合经济发展战略，研究并拟定长远工业用地需求，布局区域开发，规划和建设相关工业基础设施。基于此种实施方案，不仅加快了整体开发速度，还有效带动了私人发展商参与产业项目，有助于带来更好的收益。

（三）利用弹性规划使土地空间效益最大化

纬壹科技城通过科学预测用地规模和产值规模，制定不同类型用地的容积率，并将其纳入规划体系，在建设中予以严格落实，如"堆叠式厂房"，向空中拓展空间，在厂房边设置盘旋而上的货车坡道，提高了物流效率和便利性。此外，园区建筑强调多功能垂直整合，大大提高了土地使用效率。而且，科技城的功能区呈现中低层、高密度、高容积率的紧凑互联集群特征。例如，启奥城的生物医药组团，开发面积 14 公顷，容积率 4.54，建筑密度 61.4%，企业密度 8 家/公顷，在功能上涵盖了研发办公、物流、商业配套、会展设施、科技配套设施等，全面紧凑的配套使整体研发成本降低、研发周期缩短，发挥出园区组团强大的集聚效益。部分零售、餐饮、娱乐被精细化安置在建筑群内，形成高效、完善、有活力的组团。纬壹科技城的土地得到了充分利用，体现了规划管控的弹性和动态灵活性。

第三节　美国波士顿肯德尔广场

一、政策任务

肯德尔广场（Kendall Square of Cambridge District）位于美国马萨诸塞州坎布里奇市查尔斯河西岸，紧邻麻省理工学院（Massachusetts Institute of Technology，MIT），是全球创新企业最密集、创新活动最活跃的地区之一，被誉为"全球最具创新的一平方千米"，也是美国公认的"创新心脏"。其政策任务是引入创新源和持续创新动力，充分整合创新资源，提高创新效益。

该区域承接了麻省理工学院的知识技术外溢，集聚了大量能源、IT与数据、生物医药等企业，产业环境是具备全球竞争力的新兴高新技术产业集群。肯德尔广场紧邻麻省理工学院，周围环绕着生命科学和信息技术公司及许多研究机构，具有创新街区的天然优势。随着新能源等新兴科技产业的崛起，肯德尔广场的区域创新能力不断增强。谷歌、亚马逊和微软等顶尖信息技术公司及生物技术和制药巨头都扩大了在肯德尔广场的业务，在肯德尔创新街区进行创新活动。

波士顿肯德尔广场的发展大体经历了政府主导进行探索建设、由高校领先的技术发展和多元创新主体齐发力3个阶段。

第一阶段由政府主导，侧重空间环境的整组。20世纪城市的更新规划让肯德尔广场迎来了创新发展的第一次转机。麻省理工学院接收了肥皂厂的旧址厂房，并与私人开发商合作，将其改建为科研与工业结合的综合办公楼，称之为"科技广场"（Technology Square），为肯德尔广场带来了新的发展契机。第二阶段，即肯德尔广场转向技术驱动创新阶段，主导主体为以麻省理工学院、哈佛大学为主的高校，不断引入更多的实验室和科研中心，大学或企业可以享有联邦资助所获发明的专利权，技术创新成果产业化的步伐加快，肯德尔广场迅速变成生物技术公司聚集地。第三阶段是广场发展较为成熟后，各类型的创新主体集聚于肯德尔广场，形成创新生态系统，成立了波士顿首批孵化器——剑桥创新中心（Cambridge Innovation Center，CIC），培育了众多创新创业公司，为肯德尔广场的创新活力与影响力做出了巨大贡献。加之日益成熟的创新生态圈，政府开始混合布局多种功能用地，包括科研办公、零售、餐厅等，营造开放性、多样性的空间，吸引全球的创新人才。

如今的肯德尔广场已发展成为包括生物医药、信息技术、软件开发、金融服务等多种类型企业的创新集聚区，引领剑桥市走向全球创新城市。肯德尔广场及周边目前的产业分布如图8-2所示。

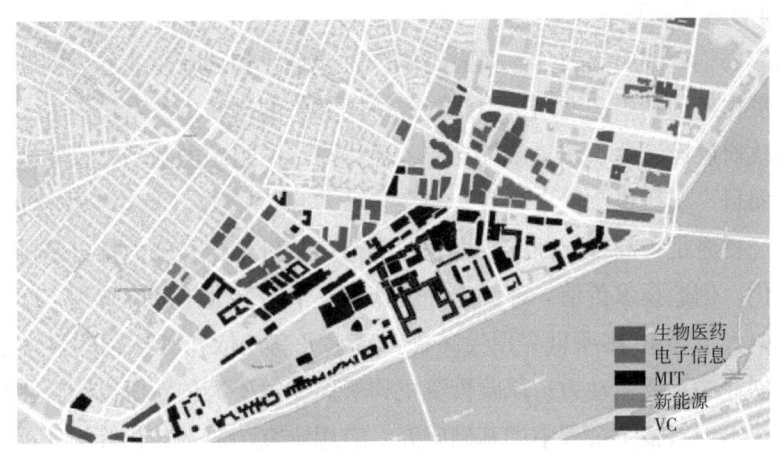

图 8-2　肯德尔广场及周边产业分布（见书末彩图）

来源：根据任俊宇等（2018）编制。

二、政策治理

在政策治理方面，波士顿政府成立的剑桥更新局（Government Renewal Authority，GRA）负责肯德尔广场更新运作的具体工作。MIT 与肯德尔广场关系密切，二者发展互有裨益，《波士顿环球报》描述肯德尔地区"像一颗跳动的心脏，而 MIT 就是主动脉。"MIT 的资源会使涌向肯德尔广场的高科技公司占据优势，而 MIT 也会因肯德尔广场而获得更多娱乐、学习和工作的空间。此外，合作会带来更多学术和商业活动的交叉，进一步强化伙伴关系，提供更多的实习机会和技术商业化机遇。肯德尔广场选择麻省理工学院作为其紧密的合作伙伴也推进了创新引领的城市发展战略的落实。因此，经剑桥规划委员会一致投票通过提案，批准麻省理工学院作为肯德尔广场"规划单元开发"的一部分。

三、政策工具

肯德尔广场采用的政策工具主要是孵化器、引导基金和税收。

（一）孵化器

肯德尔广场打造了良好的创业基础和创新氛围，包括创新创业环境及吸引人才、企业的文化环境。为了保持肯德尔广场的竞争力和活力，美国政府给予初创企业充分的发展空间，鼓励孵化器、联合办公空间等平台的发展，形成产业集聚效应，在一定程度上也可以降低企业合作与交流的成本，稳固创新生态圈的集聚效应。同时，该区域成立了具有政府性质的剑桥创新中心（波士顿首批孵化器），为创业创新人才及企业提供优质的环境。此外，肯德尔广场努力引导创新文化，营造良好的创新氛围，鼓励校企合作制度，促进区域内创新生态的形成。

（二）引导基金和税收

肯德尔广场整合政府、大学、风险资本、大型企业和创新企业五大创新主体，以利益机制为纽带构建创新生态网络，由此形成协同共生的创新生态系统。

波士顿政府层面，提供相关政策支持，通过与不同组织的互动，设立政府引导基金等风险投资项目，实行税收优惠政策、减免税收等激励措施，为各主体提供经济支持，保证研究的经费充足；高校层面，联合企业实行产学研合作，大力推进基础理论研究并注重成果转化，创造技术价值。环波士顿地区聚集了哈佛大学、麻省理工学院、塔夫茨大学、波士顿大学等40多所世界顶尖高校，高水平高校依托其新颖的科学理念、技术等成为创新创业的重要驱动力；风险投资机构层面，主要为创新研究与转化提供关键的资本支撑。技术创新整个过程中的基础研究、应用研究、成果转化等均离不开资金的扶持，除了政府的资金政策扶持，风险投资是解决资金问题的另一有力途径。波士顿是美国第三大金融中心和全美最大的基金管理中心，金融与保险业占GDP比重超过15%；大型企业和创新企业层面，二者差异不大，具体区别在于大型企业以创造技术价值赚取利益盈收为侧重点，而创新企业则以与高校大学进行合作研发进行技术突破为主。环波士顿地区基础研究和临床研究的丰富资源吸引了世界级大制药公司纷纷在此创建研发中心，如诺华、辉瑞、赛诺菲、阿斯利康等大型制药企业都通过新建或并购的方式在环波士顿地区建成了各自的生物医药研发基地。大型制药企业丰厚的资金实力和超群的市场化能力，为基础创新成果最终的价值实现提供了众多机会和载体。

四、政策效果

通过构建以麻省理工学院为主的肯德尔广场创新街区创新集群，利用麻省理工学院的人才及学科优势，促进肯德尔广场创新资源有效集聚，并得到快速发展。肯德尔广场的发展带动了波士顿地区整体经济效益的提升，尤其为波士顿生物医药产业的发展提供了更多风投资金及其他创新资源。据统计，肯德尔广场作为创新资源的聚集地，在2019年推动了波士顿地区生命科学领域的发展。在这一年，波士顿在生命科学领域的风投资金高达47亿美元，占据了美国整个生命科学风投市场的24.6%。这一巨大的资金投入不仅为波士顿带来了数百亿美元的生产总值，还成功创造了超过11万个就业岗位，使得健康服务业迅速崛起为波士顿的第一大支柱产业，进一步彰显了波士顿在生命科学领域的强大实力和吸引力。

美国肯德尔广场建设过程中，剑桥更新局积极与麻省理工学院及市场主体合作，给予初创企业充分的发展空间，为创新企业提供了孵化空间、种子投资、技术支持等多方面的创新支撑，在助力初创企业成长上发挥了重要的助推作用，同时降低了创新企业在创新街区的经营成本，为企业孵化与发展提供服务。

同时，肯德尔广场也十分注重创新街区人才建设。美国肯德尔广场建设过程中，凭借优越的地理位置和巨大的发展潜力，吸引了大量优秀人才，人才是创新发展的第一动力，因此促进了肯德尔广场的飞速发展。

第四节 美国硅巷

一、政策任务

美国硅巷（Silicon Alley）的政策任务是吸引并聚集高科技企业，形成产业群，推动经济增长与就业，同时鼓励科技创新与创业，以提升纽约市在全球科技领域的地位和影响力。

硅巷位于美国东海岸，因此也被称作"东部硅谷"（图8-3）。它发源于美国纽约曼哈顿的熨斗区，是一个无固定边界的创新复合空间，也是城市更新和科技创新相结合的产物。硅巷通过改造闲置或废弃的老城区或老工业区等闲置空间，为创新创业者提供了一个集结的场所，推动了城市更新和经济发展。硅巷逐渐发展为一个广阔的高科技园区，拥有众多高科技企业群，已成为纽约经济增长的主要引擎，被誉为继硅谷之后美国发展最快的信息技术中心地带。纽约市正以硅巷的地位，崛起为美国东岸科技重镇，致力于成为美国的"新科技首都"。自20世纪90年代起，硅巷以熨斗区为核心，逐步扩展至曼哈顿下城和布鲁克林，展现出强大的发展势头和无限潜力。硅巷不仅是一个地理概念，更是一个充满活力的创新生态系统，汇聚了众多科技企业和创新人才，共同推动着纽约乃至全球的科技进步。

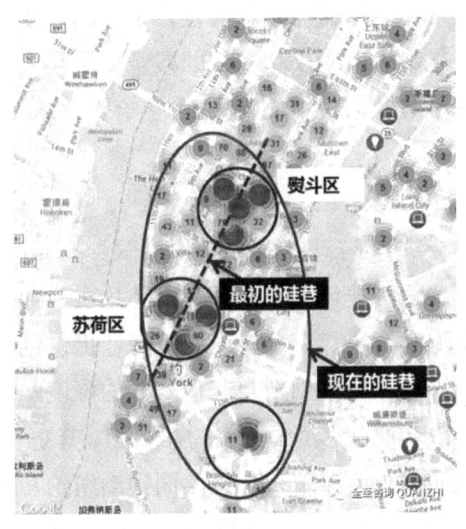

图8-3 硅巷示意图（见书末彩图）

来源：全至咨询 QUANZHI. 城市观察系列 | 创新时代的新经济空间：美国东岸模式——纽约硅巷（Silicon Alley）[EB/OL].（2021-08-20）[2022-12-15]. https://mp.weixin.qq.com/s/LTYMpEIy1PRBNHsWZyibGQ.

二、政策治理

硅巷政策治理主要涉及政府、高校和企业三方面。

（一）政府

政府对硅巷的准确定位和引导为硅巷的发展提供了政策基础。不同于硅谷模式注重科技与城市融合的增量扩张策略，硅巷模式更注重对城市中心有限土地的存量空间进行优化与更新。"硅巷"的主要业务不是技术开发，更多的是高新技术的多元应用。为了充分适应中心城区的局限性，政府积极引导硅巷以嵌入式的方式在街巷间为创新创业者提供空间。这里汇聚了现代科技、新兴产业、创新人才、金融资本等要素，使产业聚集地与居民区实现和谐共生。与此同时，纽约市航空、公路、铁路，特别是水运网络发达，港口体系健全且设备先进，为紧邻哈德逊河的硅巷提供了得天独厚的航运条件，为贸易活动提供了便利。此外，政府还与纽约科学院合作，旨在加强高技术就业人数和科研经费的集聚对投资者的吸引力，加强本地区的科技力量，共同构建"区域科技局"作为联系大学、企业和政府等各方的桥梁。

硅巷融合发展的模式和优越的条件不仅促进了产业的集聚，也形成了大众创业、人人创新的城区氛围，将硅巷打造成为一个充满创意与活力的创新高地。

（二）高校

硅巷中的曼哈顿岛作为教育高地，拥有71所高等学府。其中，上城区的哥伦比亚大学在多个学科领域展现了其卓越实力。下城区的纽约大学以其卓越的研究实力和学术水平吸引全球的目光。此外，曼哈顿的艺术与设计氛围同样浓厚，众多艺术院校为硅巷注入了丰富的文化底蕴。这些学府不仅是知识的殿堂，更是人才的摇篮，吸引着来自全美乃至世界各地的优秀学子。年轻人才的汇聚为曼哈顿注入了源源不断的活力和创新力量。

（三）企业

硅巷以独特的"东岸模式"与硅谷的"西岸模式"形成鲜明对比。受纽约深厚文化、商业底蕴的熏陶，硅巷的科技创新并非聚焦于芯片、半导体等硬件领域，而是更倾向于利用先进的信息技术为时尚传媒、金融商业等行业提供创新解决方案、应用场景和优化策略。这种跨界融合推动了科技创新与其他产业的深度融合，催生了新的互联网增长点。随着时代的发展，硅巷所代表的"东岸模式"因其更符合当下潮流和需求，正吸引着越来越多的互联网初创企业汇聚于此，共同推动纽约乃至全球的创新进程。

硅巷汇聚了众多企业巨头，其中美国500强企业的总部便占据了三分之一。而在这片充满创新与活力的土地上，硅巷更以其独特的魅力吸引着科技创新企业的目光。谷歌、Facebook、微软等科技巨头纷纷在此设立研发机构和业务中心，使得硅巷成功实现了从商业中心向科技中心的华丽转型。如今，硅巷已成为科技创新的摇篮，引领着全球科技产业的发展潮流。

三、政策工具

硅巷的政策工具包括税收减免、基础设施建设、项目和创业投资。

(一) 税收减免

硅巷中的企业在雄厚的资金链支持下蓬勃发展。然而，面对纽约市税收偏高这一挑战，政府在20世纪90年代果断采取了行动。如表8-3所示，为了鼓励硅巷企业的持续创新与增长，政府提供了优厚的减税政策，为企业创造了更加宽松和有利的发展环境。这一举措不仅减轻了企业的税收负担，更激发了企业的活力与创造力，为硅巷的繁荣注入了新的动力。

表8-3 硅巷企业减税政策与细则

硅巷企业减税政策	细则
房地产税特别减征5年计划	前3年减50%，第4年减33.3%，第5年减16.7%
免除商业房租税	前3年商业房租税全免，第4年免4.7%，第5年免3.3%
曼哈顿优惠能源计划	期限12年，前8年每年电费减少约30%，以后每年电费减少20%

来源：根据《纽约"硅巷"——水泥森林中的高技术园区》一文编制。

(二) 基础设施建设

为了迎合高科技产业群的迅猛发展，政府积极优化基础设施，实施了管线改造计划，并加强了地铁站的建设和移动信号的覆盖。这些举措不仅提升了硅巷的整体竞争力，更为其未来的可持续发展奠定了坚实基础。

(三) 项目

"数字纽约"计划与纽约种子基金都是美国硅巷项目类的政策工具，以下对这两个案例进行详细介绍。

1. "数字纽约"计划

20世纪90年代，硅巷经历了科技股泡沫，纽约市政府与纽约市经济发展公司（New York City Economic Development Corporation，NYCEDC）及全球领先的软件运营服务公司Gust一起发起了"数字纽约"计划（Digital.NYC），打造了一个在线创业服务网站，为初创企业、投资者等提供诸多资源，从而助力初创企业的创业进程。Digital.NYC的目标用户从寻找可以投资的新初创企业的风险资本家，到在纽约市数字经济中寻找工作机会的应届毕业生。Digital.NYC汇集了有关6000多家纽约市科技和数字公司的详细信息，旨在使所有纽约人更容易接触纽约的科技生态系统，并将为所有参与者提供一个创新平台，能为初创企业和投资者汇集纽约所有技术领域所涉及的每一个公司、新创企业、投资者、事件、工作、博客、视频、工作间、创业孵化器、资源和组织机构等相关资源和数据。

Digital.NYC是纽约市政府、NYCEDC、Gust公司及十多家位于纽约市的科技和民间组织一起创建的，Digital.NYC 的组织结构如图 8-4 所示。

图 8-4　Digital.NYC 组织结构

来源：根据 nyc.gov 网站的 *Directory of NYC resources organized by category* 编制。

首先是纽约市市长办公室。纽约市市长 Bill de Blasio 表示，技术正在推动纽约市各行各业的创新——从时尚到金融再到制造业，这使得纽约市的数字社区比以往任何时候都更有必要拥有一个中央平台。

其次，NYCEDC 是一个以使命为导向的非营利组织，在纽约市创造共享繁荣，其项目和倡议旨在经济发展过程的每一步都与社区合作并为社区服务——将新兴产业带入 5 个行政区；创造蓬勃发展和就业机会所需的空间和设施；为纽约人提供在这些工作中取得成功的工具和培训机会；投资于公共基础设施和社区发展项目，使这座城市成为生活、工作和经商的好地方。

最后是 Gust 公司，Gust 公司为创业者提供创业管理软件，旨在帮助创业者在早期阶段高效地管理商业模式、融资、团队和运营，是用于创建、运营和投资可扩展、高增长公司的全球软件运营服务平台。Gust 公司的在线工具可帮助企业家创办、运营公司和筹集资金，并为投资者提供交易流程和关系管理。作为全球最大的汇集 192 个国家企业家和早期投资者的社区，Gust 公司开创了股权融资合作行业，是全球领先的天使投资人联盟和风险加速器的官方平台。超过 85 万家初创公司已经通过 Gust 公司与超过 8.5 万名投资专业人士建立联系。

（1）计划启动

纽约市政府旨在提供一个平台供投资者、初创公司、社区组织和求职者等参与者使用，致力于使所有纽约人更容易进入纽约的科技生态系统。Digital.NYC 是在纽约《互联网周刊》于 2012 年创建的"纽约制造数字地图"及纽约市于 2013 年发起的"We Are Made in NY™"活动的基础上提出的。Digital.NYC 建立前期，NYCEDC 召集了一系列圆桌会议，向主要科技公司、社区组织、商业改进区和其他利益相关者就该网站如何更好地为其用户和一般纽约人提供服务征求反馈意见。

"数字纽约"计划的网站开发由 Gust 公司领导，整合了纽约领先高科技公司的数据、应用程序和内容，包括 CourseHorse、WayWire.com、The Muse、Uncubed、AlleyWatch、General Assembly、Flatiron School、Meetup.com 和 NewYork 每日新闻。它由位于纽约的 Gust 公司在 IBM 公司的新云开发技术"Bluemix"上构建并持续维护，是首批利用新的名为".NYC"的顶级 Internet 域的 Web 平台之一，该域专为纽约市居民和企业保留。

该网站提供以下资源：一个统一的搜索门户和数据库，其中包含几乎所有纽约市科技公司和投资者的资料；纽约市早期技术与数字职位空缺和课程的持续更新；将创意转化为纽约市企业所需的工具、服务和支持目录，包括工作空间、启动资金来源、风险加速器、与开发人员和商业专业人士的联系，以及来自投资者和技术领导者的指导；面向纽约市创业社区的综合性互动活动日历；有关纽约市科技和数字经济的最新新闻报道、视频和博客。以此为风险投资者、其他早期投资者及求职者提供宝贵资源，从而促进纽约科技创新企业的集聚和发展，推动纽约硅巷的复兴。

（2）计划实施过程

①启动创业支持服务

建立纽约市创业支持系统，成员包括纽约市的一些创新实验室、企业孵化器协会、高校实验室等，为初创企业、求职者等提供创业支持服务。例如，亚历山大发射实验室（Alexandria Launch Labs）是纽约市独特的、可以提供全方位服务的创业平台，旨在为那些处于种子阶段的生命科学公司提供交钥匙办公室或实验室空间，以及获取风险投资，满足它们的关键需求，如为成员公司提供即插即用的办公室、实验室和共享工作空间，一流的支持资源、共享设备和服务，富有创意的便利设施，战略性的规划等。所有这些都对加速纽约市种子阶段公司的发展至关重要。

②创立创业咨询机制

创立创业咨询机制为初创公司指导计划和指导资源，包括提供免费商业咨询、实行导师计划、举办创业导师聚会等，形成一个跨行业和创业阶段发展企业家的生态系统。例如，"8（a）"业务发展计划，该计划是一项强大的九年计划，旨在帮助社会和经济上处于劣势地位的个人拥有和控制公司。参与该计划的企业将获得能够加强其在美国经济中有效竞争的能力的培训和技术援助。阿拉斯加原住民公司、社区发展公司、印第安部落和夏威夷原住民组织拥有的小企业也有资格参加该计划。小企业的发展是通过提供各种形式的管理、技术、财务和采购援助来实现的。该计划中的认证公司可以：有效竞争并获得预留和独家来源合同；从专注于帮助公司成长和实现其业务目标的专业商业机会专家那里获得为期九年的一对一业务发展援助；通过美国小企业管理局（Small Business Administration，SBA）的"小型企业管理局导师—学徒计划"（SBA Mentor-Protégé），寻求经验丰富且技术能力强的公司的指导机会；与了解业务增长、财务和政府合同方面法规的采购和合规专家联系；与成熟企业合资以提高产能；有资格优先获得联邦剩余财产；接受"SBA7（j）"管理和技术援助计划的免费培训。

③提供创业操作指南和商业计划

提供执照、许可证、激励措施，帮助在纽约市运营初创公司的操作指南、商业计划及用于启动和运行业务的工具，帮助初创企业更快地适应市场。例如，小型企业资源指南，可找到有关咨询、培训、资金、合同、灾难援助、商业宣传、本地目录等的信息；商务课程"NYC Business Solutions"，该商业计划在所有 5 个行政区内提供免费的商业课程和研讨会，企业家可以学习如何制订商业计划、如何制订营销计划、获得向政府出售产品的认证需要什么等。

④纽约市政府提供激励支持

通过关联纽约市的人才政策、财政激励政策等优惠政策，加强与纽约市的业务联系，从政府层面加强 Digital.NYC 的实施力度。一是纽约市技术人才管道（Tech Talent Pipeline），这是纽约市市长于 2014 年 5 月宣布的企业、社区团体、培训提供者、政府和学术机构之间的合作项目。该计划为致力于提供技术教育、培训的公共和私人合作伙伴提供资金和支持，以及为纽约人提供工作机会；二是商业税收优惠，有关纽约工业发展局税收优惠的信息，可用于激励商业公司进行重大资本投资，从而在纽约市创造和保留大量工作岗位；三是纽约创业基金，为有前途的纽约市科技初创公司提供早期资本。

⑤开放纽约市政府数据

开放数据是让纽约人参与市政府信息的生产和使用。助力于让每个纽约人都可以从开放数据中受益。利用开放数据，可获得 19 世纪至今的城市文件及公民所在社区或城市其他地区的数据等。

2. 纽约种子基金

为促进美国硅巷的经济复苏，美国还启动了纽约种子基金（NYC Seed Fund），重点支持投资处于种子期的初创中小企业，以更加快速与低成本的方式推进区域创新能力提升与经济复苏项目。该基金计划由美国国家自然基金会（National Science Foundation，NSF）提供支持，每年向大约 400 家初创企业和小型企业提供 2 亿美元，将科学发现转化为具有商业和社会影响的产品和服务。几乎所有在科学和技术领域开展工作的初创公司都可以分阶段获得高达 200 万美元的资金以支持研发，帮助降低技术风险以实现商业成功。

纽约种子基金为纽约市种子阶段企业家提供从创意到产品发布所需的资金和支持，除了为初创公司提供研发资金，纽约种子基金还为初创公司提供人力资源，汇集了许多纽约的机构，在美国所有地区促进创新并帮助创造就业机会，为早期的高科技小企业提供用于概念验证或可行性研究的资助，之后可能会为尖端、高质量的科学研究和开发提供资助，以降低其技术风险。

纽约种子基金是 NSF 内的一个项目，隶属于工程理事会的工业创新和合作司（Innovation and Industry Partnerships Division，IIP）。IIP 支持加速 NSF 资助和其他联邦资助的市场机会基础研究的计划，并促进公私合作以推进技术创新。

如图 8-5 所示，纽约种子基金下属投资委员会和风险顾问委员会。风险顾问委员会由经验丰富并致力于纽约市早期技术投资的各代表组成，主要负责申请项目的风险评估；投资委员会由经验丰富的技术和金融领导者组成，主要负责项目投资的具体流程。

第八章 区域创新引擎

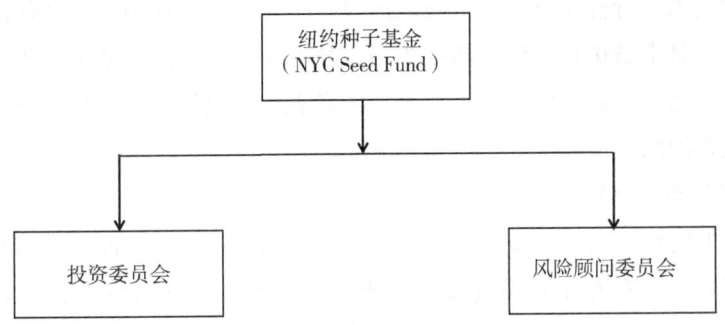

图 8-5 NYC Seed Fund 组织结构图

来源：根据 NYC Seed 网站的 ABOUT NYC Seed 编制。

（1）申请条件

申请者必须提交项目推介书以评估项目是否适合该计划。具体的申请条件有两方面，即申请公司的资质要求和申请公司资助项目的要求。

申请公司资质的要求：申请公司必须是位于美国的小型企业（员工少于500名）；美国公民或永久居民必须拥有至少50%的公司股权，不资助由多家风险投资公司、私募股权公司或对冲基金持有多数股权的公司；所有受资助的工作，包括顾问和承包商所做的工作，都需要在美国进行。

申请公司资助项目的要求：具备应用创造性、原创性或潜在变革性；使用科学方法，根据合理的理论、计算、测量、观察、实验或建模提出合理的计划；具备合格的团队或组织；具备理解新理论新方法的基础。

（2）申请流程

纽约种子基金全年随时接受项目推介，提出申请到从 NSF 工作人员那里得到正式答复需要大约一个月的时间。

首先，申请公司需要提交项目申请书，其中包括与技术创新、关键技术目标和挑战、市场机会、公司和团队相关的问题，直接通过 NSF 门户提交。

接下来由纽约种子基金的投资委员会进行初步筛选。如果确定提议的项目合适，则企业家或公司代表将收到 NSF 的正式电子邮件邀请，以提交完整的提案，进行第二步提案审核。

如果提交了申请却没有收到邀请，则未受邀提交完整的第一阶段提案的小型企业可以在下一个提交窗口（通常为3个月的期限）重新提交其项目推介，第二阶段的提案通常由更多专家进行审查，技术和商业审查人员都参与其中。

申请公司提交的申请书主要包括以下四项内容：一是技术创新内容，对将成为第一阶段项目重点的技术创新内容进行详细阐述，包括对创新点来源的简要讨论，并解释其为何符合计划重点支持研究和高影响力的创新；二是技术目标和潜在风险，描述要在第一阶段项目中完成的研发或技术工作，包括讨论拟议的工作将如何及为什么有助于证明产品或服务的技术可行性及显著降低技术风险，并讨论最终这项工作如何产生商业可行性和影响力；三是市场机会，说明将成为与该技术项目相关的近期商业重点的客户概况和市场痛点；四是公司和团队，描述自身背景和现状，包括领导本项目技术推进及后续商业工作的主要团队成员。

（3）项目评价与审核

对于提交的完整提案，由审查人员进行项目遴选。在第一阶段，要求在拟议研究领域或目标市场领域具有专业知识的技术审查员对提案进行保密审查。这些审阅者在科学、工程、商业或技术的相关领域接受过技术培训和专业知识。第一阶段的审查过程在很大程度上依赖于这些技术审查员的意见，一些审查员同时提供商业和技术专业知识。通常会要求专门的商业评论员参与第一阶段的小组讨论。具有相关技术和商业专业知识的项目主管领导整个审查过程，并直接帮助评估每个提案的技术和商业化细节。

其中审核标准有两方面的要求，知识价值标准及实际应用意义。知识价值标准包括提高知识的潜力，并利用基础科学或工程研究技术来克服技术风险；实际应用意义包括对社会的潜在利益及对实现特定的、期望的社会结果的贡献。

（四）创业投资

政府进行创业投资体现在诸多方面，如在 Digital.NYC 项目中，政府通过纽约创业基金为科技领域的初创企业提供早期资本。纽约种子基金更是专门重点支持和投资处于种子期的初创中小企业。

四、政策进展

（一）企业数量增加

纽约种子基金通过资助小型初创企业，使得小企业大量崛起，诞生了近700家上市公司，已发布7万项专利，吸引了大约410亿美元的风险资本投资。这些初创企业的成立与崛起，有助于美国硅巷的复兴，支持小企业和创业活动，促进经济公平发展，更进一步恢复了硅巷的创新活力，促进了美国经济的发展。

（二）创新性成果增加

纽约种子基金通过对初创企业及其创新项目的直接资金支持，使很多初创企业在众多技术领域也研究出诸多创新性成果，如 Artaic 是一家由纽约种子基金资助的小型企业，该企业使用机器人进行设计和制造。纽约种子基金通过第一阶段拨款填补了空白，在第二阶段完成后，Artaic 成为成长阶段公司，其技术成果为全球客户提供服务。正是这样诸多的技术创新成果，促进了美国技术创新的发展，构建了多元化生态系统。

（三）就业机会增加

2014年，美国硅巷受益于 Digital.NYC 平台，纽约市的数字生态系统支持超过30万个技术类工作岗位和另外25万个支持类工作岗位。到10月该中心成立一周年之际，已经从超过78.5万名独立访客中跟踪了超过100万次的访问，Digital.NYC 为新想法提供了跳板，并巩固了纽约市作为世界科技之都的地位，提供超过6500家纽约初创公司、近200个早期投资者、超过8900个工作岗位、超过400个纽约举办的相关科技活动的有用资源和信息。

(四) 金融支持更加完善

2014年，美国硅巷受益于Digital.NYC平台，纽约的启动资金申请总数有所增加。来自专业天使投资行业在线平台Gust的季度数据显示，美国硅巷2015年第一季度的融资申请增加了22%，推动这个快速发展的创业中心超越了长期处于统治地位的硅谷同行。在初创公司和天使投资人生态系统的其他地方，全球融资申请总量比2014年第四季度增长了近7%。在2015年的前3个季度中，纽约市科技生态系统的启动资金申请比美国任何其他地区都要多，包括处于长期统治地位的加利福尼亚州的硅谷。在第三季度下跌之后，纽约在第四季度反弹，占全国所有资金申请的近20%。总体而言，2015年收官强劲，总资金申请比上一季度增长21%，与2014年第四季度相比增长61%。2015年7月20日进行的种子轮融资中，Digital.NYC在一轮融资中总共筹集了27.68万美元。可见，Digital.NYC对美国硅巷创新街区的融资申请有很大促进作用。

(五) 科技生态系统更加完善

纽约市的科技生态系统获得了巨大的增长，现在直接雇用了近30万人，间接创造了另外25万个工作岗位，总共约占全市劳动力的12.6%。科技为不同教育背景的纽约人提供了高质量的就业机会；在科技生态系统中，有超过12.5万份工作不需要学士学位，而且薪酬比其他行业同等学力的工作高出约45%。通过包括Digital.NYC在内的项目，如纽约科技人才管道、"连通纽约"计划（LinkNYC）、BigApps de Blasio等，政府正在努力支持科技生态系统的发展，让纽约成为世界上最善待科技和创新的城市，产生越来越多的科技生态系统。

第五节 美国区域创新引擎计划

一、政策任务

区域创新联盟能够整合区域资源，提升创新能力，加速科技成果转化，增强区域竞争力。同时，它还有助于集中优势资源，提高产业竞争力，促进知识共享、技术交流和人才培养，为区域经济可持续发展注入新动力，对增强区域和国家的综合实力具有重要意义。

面对在科学、技术、工程、数学研究与教育领域人才和领导地位方面的全球竞争，美国必须利用全国所有地理区域内的资源、创造力和独创性来扩大其创新能力。2022年5月，美国国家科学基金会（National Science Foundation，NSF）的技术、创新与合作局（Directorate for Technology, Innovation and Partnerships, TIP）通过了一项大胆的新倡议——区域创新引擎计划，或称 NSF 引擎计划。这是一项推动非技术聚集区多合作伙伴研发的计划。

区域创新引擎计划为美国过去几十年没有充分实现技术繁荣的地区提供了一个独特的机会来刺激其经济增长。该计划将在这些地区建立区域创新引擎，以培育并促进全美国的创新生态系统，推进先进的关键技术，应对国家和社会挑战，推动跨行业、学术界、政府、非营利组织、民间社会和实践社区的合作伙伴关系，刺激经济增长，创造就业机会，促进区域创新和人才发展。区域创新引擎可以促进植根于科技创新的合作伙伴关系，对一个地理区域内的经济产生积极影响，提高国家竞争力。

区域创新引擎计划的政策任务是：第一，提升创新能力。提高整个创新地理区域研发活动的商业投资水平；在具有国家级重要性的主题领域，培养应用导向型研发的全球领导者；在参与组织中嵌入创新和包容的文化。第二，创建可持续的创新生态系统。在工业界、学术界、政府、非营利组织、民间社会和实践社区之间建立可信赖的伙伴关系网络，以促进科学创新；技术转型和教育创新以应对国家和社会的挑战；实施区域创新生态系统持续成长路径，展示包容性经济增长。第三，利用国家创新地理。让所有对科学和工程研究创新感兴趣的人参与进来，无论他们的背景、组织隶属关系或地理位置如何；关注区域利益相关者的需求；根据区域劳动力需求，培训各种技术人员、研究人员、从业人员和企业家；创建专注于蓬勃发展新兴技术的公司。

二、政策治理

NSF 是一个独立的联邦机构，支持所有美国领土的科学和工程，下属 13 个部门，如图 8-6 所示。

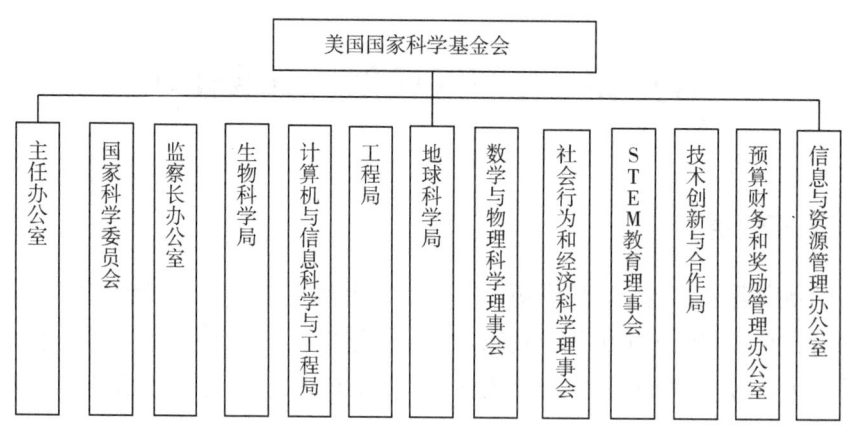

图 8-6　NSF 组织结构

来源：根据 NSF 网站的 *Our Directorates and Offices* 编制。

NSF 于 1950 年由国会成立，旨在促进科学进步，国民健康、繁荣和福利，稳固国防。NSF 主要支持发现与创新、伙伴关系、基础设施、教育四大主题。NSF 主要通过拨款来完成使命，平均每年资助约 1.2 万个用于研究、教育和培训的竞争性奖项，支持约 2000 所学院、大学和其他机构，支持约 31.8 万名研究人员、企业家、学生和教师。

70 多年来，NSF 一直处于研究、创新和教育的前沿，改变了美国人的生活，推动了经济发展，并提升了在全球舞台上的竞争力。为了加快先进技术的下一代开发和部署，着眼于解决当今社会和经济面临的最重要挑战，2022 年 3 月，NSF 成立了技术、创新和合作局（TIP），旨在创造突破性技术，满足社会和经济需求，带来新的高薪工作，并授权所有美国人参与美国的研究和创新事业的权利。TIP 是一个独特的机会，它可以吸引国家的多元化人才，参与以应用为导向的研发，推动创造未来技术和解决方案。

TIP 主要支持 3 个重点领域的工作：第一，培育创新科技生态系统。加速关键技术领域的突破，以提高美国的长期竞争力，带来颠覆性技术和解决方案，应对社会和经济挑战，并为新的高薪工作铺平道路；第二，建立转化途径。加速研究成果向实践的转化，为研究人员、初创企业和有抱负的企业家提供将他们的想法从实验室转移到市场和社会的途径；第三，促进跨部门合作，合作吸引全国多元化的人才。在学术界、工业界、政府、非营利组织、民间社会和实践社区之间建立伙伴关系，整合专业知识和资源，推动研究、创新和教育的发展。该局与整个机构密切合作，利用正在进行的投资来推动所有科学和工程领域的研究和创新，从而更快地产生社会和经济效益。

2022 年 5 月，TIP 通过了区域创新引擎计划，在美国各地建立"区域创新引擎"，鼓励 NSF 与学术界、工业界、非营利组织、州和地方政府及风险投资集团建立合作伙伴关系，以培育和加速区域产业，迎接商业和经济增长的转型。TIP 利用跨学科和跨部门的战略合作伙伴关系来推进新兴产业前沿技术的发展，相关领域从值得信赖的人工智能系统到生物技术、网络安全、下一代无线网络、微电子和半导体及量子计算平台。2022 年 9 月 29 日，区域创新引擎计划结束了第一阶段的项目提案提交工作。

2023 年 5 月，NSF 宣布了第一个 NSF 区域创新引擎计划奖项，授予 44 个独特的团队——这些团队横跨美国各州和地区的大学、非营利组织、企业和其他机构，每个获奖团队将在两年内获得高达 100 万美元的奖励。

NSF 认为完善的创新生态系统有 4 个基本组成部分：①一所或多所大学，这些大学能够获得大量的联邦研究资金；②鼓励学术研究人员在做出具有商业潜力的发现时能够像企业家一样进行思考的文化；③能够获得资金、人才和专业知识来完善想法并与客户建立联系；④区域内熟练的劳动力和可以为他们提供工作的公司。四大要素必须结合在一起，才能形成真正的区域伙伴关系。

创新生态系统从发展到成熟的过程可用多种创新生态系统模型来概述，NSF 使用的是五阶段模型（图 8-7），说明了区域创新引擎计划中创新生态系统的发展：①开发阶段：确定初始范围，并制订战略计划；②萌芽阶段：组织和合作伙伴关系得到巩固，创新活动得到加强；③新兴阶段：进一步扩大技术产品和服务，培育劳动力，创新生态系统开始吸引大量外部资金，促进以创新为基础的经济活动；④成长阶段：创新生态系统在州、地方和联邦政府的支持下作为区域发展领导者吸引越来越多的经济活动和业务，并成为某领域的全国领先者；⑤成熟阶段：无须 NSF 区域创新引擎资金再支持，可自我成长。区域创新引擎项目的申请者必须证明其所在地区的项目领域处于开发或萌芽阶段。

图 8-7　NSF 创新生态系统五阶段模型

来源：NSF. About NSF Engines[EB/OL].[2023-03-08]. https://new.nsf.gov/funding/initiatives/regional-innovation-engines/about-nsf-engines.

区域创新引擎计划强调在明确定义的"服务区域"内刺激创新驱动的经济增长，"服务区域"广义上定义为从大都市到横跨多个州的部分地区。区域创新引擎计划的资金优先考虑没有成熟创新生态系统的美国地理区域，尤其是存在潜在的创新生态系统成员但创新活动连接松散的地区。

虽然特定引擎中的参与组织应主要由服务区域内的组织构成，但引擎也可以引入地理区域以外的合作伙伴。所有合作伙伴都必须与引擎的目标保持一致，并且对推动服务区域经济发展有积极作用。此外，区域创新引擎计划强烈鼓励有经验的组织对其提供指导，如在现有成熟创新生态系统中运营的组织与支持其他服务区域的倡议者。

三、政策工具

美国区域创新引擎计划用到的主要政策工具包括奖励性资助和项目资助。

（一）奖励性资助

区域创新引擎计划的资助包含"区域创新引擎开发奖"与"区域创新引擎奖"两大奖项。首批"区域创新引擎开发奖"于 2023 年 5 月宣布，最高 100 万美元，资助时间最长 2 年。该奖项能够使获奖者为其所在地区的特定主题领域建立新 NSF 引擎奠定基础。该奖项资助区域创新引擎的开发阶段，在此阶段，引擎需要确定初始范围，并开始建立合作伙伴关系，制订战略计划。在该奖项授予期结束时，获奖者需要做好在萌芽阶段建立 NSF 引擎的充分准备。

"区域创新引擎奖"跨越创新生态系统的 3 个不同阶段——萌芽阶段、新兴阶段和成长阶段，资助金额最高 1.6 亿美元，资助时间最长 10 年。在这 3 个阶段中，引擎将创建坚定的合作伙伴和利益相关者；通过扩大科学、技术、教育和劳动力开发，寻求创新生态系统的持续增长；帮助其区域创新生态系统在成长阶段成为主题领域的全国领导者。

(二) 项目资助

NSF 鼓励以下组织类型提交区域创新引擎计划项目的提案：美国认可的高等教育机构，且校园位于美国；总部设在美国的非营利组织与营利性组织。除上述机构之外，联邦政府资助的研究和发展中心、国家实验室以及州、地方和部落政府（仅限于专门致力于创新、经济和/或劳动力发展的机构、办事处或部门）可以通过特定方式获得 NSF 的资助。NSF 的项目遴选标准包括：拥有先进关键技术，能够应对国家和社会挑战，促进工业界、学术界、政府、非营利组织、民间社会和实践社区的伙伴关系，刺激经济增长和创造就业机会，激发区域创新和人才发展。

四、政策效果

区域创新引擎计划主要作用于美国过去几十年没有充分实现技术繁荣的非技术聚集区，对这些区域来说，该计划的实施将在以下几个方面获得预期成效。

(一) 培育和促进区域创新生态系统

NSF 建立五阶段模型说明了区域创新引擎计划中创新生态系统的发展，计划的两大奖项分别资助创新生态系统的不同发展阶段，"区域创新引擎开发奖"资助区域创新引擎的开发阶段，"区域创新引擎奖"资助萌芽阶段、新兴阶段和成长阶段。由此可见，在创新生态系统完全发展成熟之前，区域创新引擎计划都发挥着保驾护航的作用，有效地培育和促进了非技术聚集区的创新生态系统。

(二) 建立稳健的科技创新合作伙伴关系

区域创新引擎计划是一项多合作伙伴共同研发的计划，每个区域创新引擎都包括来自工业界、学术界、政府、非营利组织、民间社会和实践社区的合作伙伴，各方深入合作，共同创建和设计引擎，刺激产出技术驱动型产品，提出解决方案，促进了植根于科技创新的稳健的合作伙伴关系。

(三) 刺激经济增长，应对国家和社会挑战

区域创新引擎计划为非技术聚集区提供了一个刺激其经济增长的机会。计划将在这些地区建立区域创新引擎，以培育并促进全美的创新生态系统、推进先进的关键技术、应对国家和社会挑战、推动合作伙伴关系、创造就业机会、促进区域创新和人才发展、刺激经济增长、应对社会挑战并提高国家竞争力。

第六节 奥卢创新联盟

一、政策任务

奥卢创新联盟（Oulu Innovation Alliance，OIA）是芬兰奥卢市为推动科技创新和经

济发展而设立的一个重要组织。奥卢作为芬兰的重要科技创新中心，拥有众多科技大学和丰富科研资源，在科技巨头公司的影响下，奥卢积累了信息与通信技术（Information and Communication Technology，ICT）领域的经验，随着奥卢面临的经济结构调整和科技创新发展挑战，奥卢市成立了 OIA。OIA 的政策任务是打造国际化的奥卢，为研究开发创新业务、创建具有国际竞争力的公司及新的就业增长点提供资金和服务，加强奥卢市教育机构、研究机构、企业及公共部门之间的合作，创建区域创新生态系统，共同推进奥卢市的科技创新和经济发展，保持奥卢作为名满天下的创新中心的地位。2017—2025 年，OIA 的战略重点是提高 ICT 在商业和公共部门的利用率和数字化程度。

奥卢市被誉为"欧洲硅谷"，其成功来自开放创新的方式。近年来，奥卢市创新活动日益活跃，产生了对可持续创新生态系统的需求。奥卢市的区域创新已经从封闭的内向型过程转变为协作过程，如今更进一步转变为以生态系统为中心的跨组织过程。在奥卢的开放创新方式中，它所立足的原则是一体化合作、共同创造共同价值、建设创新生态系统、带来指数级增长的技术及创新成果的研发。

二、政策治理

奥卢创新联盟是 2009 年奥卢市政府与奥卢大学（University of Oulu）、奥卢应用科学大学（Vocational University of Oulu）、奥卢大学医院（Oulu University Hospital）、奥卢地区教育联合局、芬兰自然资源研究所（Natural Resources Institute Finland）、芬兰国家技术研究中心（VTT Technical Research Centre of Finland，VTT）及技术城公司（Technopolis Plc.）一起组建的，如图 8-8 所示。为了达成政策任务，OIA 的合作伙伴们把力量集中到商定的创新领域中，投资于基础设施，并创建和发展供大家共同使用的生态系统。这些创新领域是 OIA 根据国际标杆分析和前瞻性研究的结果中挑选出来的，包括清洁技术、未来互联网、打印智能及与幸福生活相关的技术。它们不仅是全球公认最

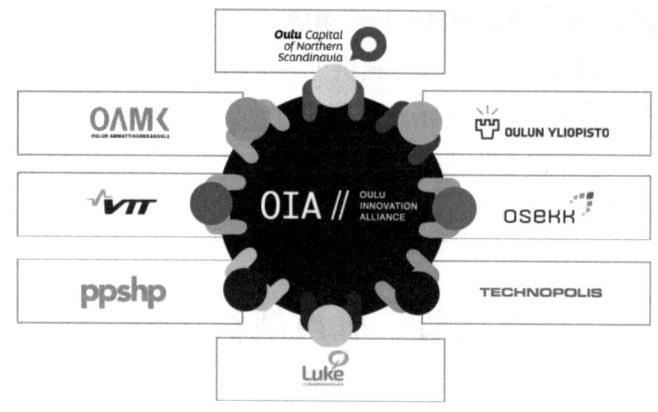

图 8-8 奥卢创新联盟合作伙伴

来源：Oulu Innovation Alliance. COMPANY NETWORKS[EB/OL]. [2020-10-21]. https://www.businessoulu.com/en/frontpage-old/en/company-networks-2/oulu-innovation-alliance.html.

具潜力的领域,而且在这些领域内更有利于奥卢开展和利用创新活动。

OIA 采用多头并进的创新生态系统结构,目的是通过一套涵盖整个价值链的多学科合作网络来支持潜力部门的创新活动(图 8-9)。这套生态系统纳入了从共用基础设施至国际商务等各方面的创新支持机制。以强势部门打入全球市场,从而让整个生态系统受益。在跨越部门界限、按照智慧专业化的原则连接一流优势来开启创新活动方面,这种多头并进的结构同样行之有效。

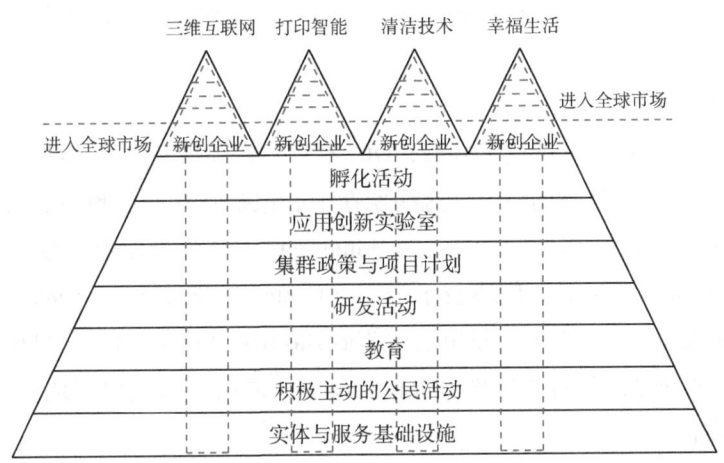

图 8-9 奥卢创新联盟生态系统

来源:贾伟.2015 年国际科技动态翻译报告系列之 4—开放创新 2.0 [M].北京:科学技术文献出版社,2015.

为了保证顺利合作,OIA 采用了共同决策的架构,由各组织的代表组成理事会,如图 8-10 所示。理事会之下的第 2 层级是工作委员会,负责在参与奥卢创新联盟的各组织之间开展信息交流。第 3 层级是由创新中心主任构成的团体,合作方面的具体实务就由这一团体来商讨。日常合作的层级设在创新中心内,由奥卢创新联盟责任组织的工作人员构成,实际工作就由他们来完成。

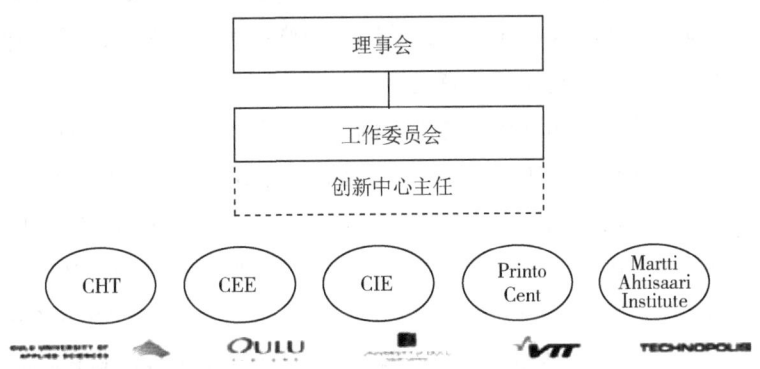

图 8-10 奥卢创新联盟组织结构

来源:贾伟.2015 年国际科技动态翻译报告系列之 4—开放创新 2.0 [M].北京:科学技术文献出版社,2015.

OIA 主要负责组织研究、开发与创新项目、寻找发展伙伴与融资。在进行研究、开发与创新项目时，OIA 通过国内外金融工具帮助企业进行融资，并与投资者联系。OIA 拥有 5 个生态系统，包括"工业 2026 生态系统""奥卢健康生态系统""敏捷商业化生态系统""ICT 与数字化生态系统""最具吸引力的北方城市"。

三、政策工具

OIA 所采用的主要政策工具是创新中心、城市应用创新实验室和奥卢智慧专业化战略规划。

（一）创新中心

基于创新中心瞄准不同的优势领域，OIA 有针对性地展开研发活动，同时项目主持与协调的责任落在合作伙伴的肩上。这些创新中心包括互联网卓越中心（Center for Internet Excellence，CIE）、打印智能中心（Printocent）、能源与环境中心（Center for Energy and Environment，CEE）、健康技术中心（Centre for Health Technologies，CHT）及马尔蒂·阿赫蒂萨里研究所商务中心（The Business Centre Martti Ahtisaari Institute，MAI），它们将生态系统所有主题部分都衔接起来，同时将重点放在地方开放生态系统及无缝合作方面。

以 CIE 为例，其使命是积极推动下一代互联网技术、电器和服务的联合开发。CIE 着眼于将前沿研究创新与灵活敏捷的新型商务创建过程结合起来，从而抓住由互联网推动的增长机遇和价值，其中重点则是"未来互联网"这种新技术。互联网卓越中心的任务是与奥卢创新联盟的合作方及本地和国际上的其他合作伙伴开展合作，并物色能够让研究与创新更上一个台阶的先锋式项目计划。CIE 十分重视开放创新，在这方面运用了开源平台，并促进对这种平台的使用与开发，如 2006 年建立的三维互联网（3D Internet）领域开源平台 realXtend。

（二）城市应用创新实验室

CIE 一直都在以"奥卢城市应用创新实验室"（OULLabs）的名义来拓展奥卢的应用创新实验室活动。OULLabs 按照一站式采购的原则来为企业和组织提供开发及测试等服务，推动开放创新，吸纳终端用户意见。

OULLabs 由一组特殊的测试环境构成，例如：帕蒂奥论坛（PATIO）——收集用户意见的在线论坛，当前拥有 700 多名用户，跨越从 18～85 岁的年龄段；泛奥卢网（panOULU）——公共无线网络，覆盖奥卢市大部分，每月热点网络用户达到 3 万人；UBI 热点——公共交互式显示屏网络，用于征集公民意见，每月用户达到 3 万人；三维虚拟实验室——对诸如城市规划等方案进行可视化，并让用户参加开发工作；特卡库里（TTkaakkuri）——真实医卫环境中的产品测试平台；融合网络实验室——无线网络测试实验室。

从城市的角度来看，用户参与这一因素提供了一种吸引真正的用户加入开发的绝佳机会。这些服务在实际推出之前就先在奥卢市应用创新实验室中接受测试。采购过程中也需要用户的参与，用户在应用创新实验室中测试不同投标商提出的服务方案并发表自己的评论，这些用户评论在挑选中标商家时将会被参考。

奥卢市还按照开放创新的精神开放了数据库，让它们能够投入产品开发等用途。就三维互联网而言，奥卢市还在开发一种开源虚拟环境——奥卢三维模式，它可以成为环境开发平台及新型服务的接入点。修卡瓦拉新区（Hiukkavaara）的开发是奥卢市在开放创新和用户参与方面所做工作的范例。奥卢市将这片新区当作一座应用创新实验室，民众和企业从规划程序开始之初就加入进来。这种做法除从一开始就在规划工作中纳入终端用户的意见之外，还开创了制定节能的生态型创新解决方案的良机，并从这些解决方案中进一步产生成功的商务。OIA的所有行为主体都按照跨学科的方式参与了这一创新过程。

（三）奥卢智慧专业化战略规划

智慧专业化是一种区域创新战略，让各地区确定自己的优势和发展领域。这些优势使各区域能够脱颖而出并蓬勃发展。奥卢地区的智慧专业化战略规划是与利益相关者共同制定的，支持跨行业和跨边界的合作。奥卢地区面对的挑战包括创新活动缺乏商业化和融资专业知识。在该地区的公司中，92%是微型、小型企业，员工人数少于10人。奥卢地区的智慧专业化战略旨在通过区域层面创新促进企业发展，应对数字化和全球化带来的挑战。

奥卢地区的优势是具有强大的信息和通信技术专业公司。传统的工业部门包括金属和金属产品工业、机械加工、木材加工及生物精炼。新兴的工业包括与健康和福祉有关的应用和设备，以及印刷电子产品的各种应用。奥卢通过智慧专业化战略，营造良好的创新生态，提升区域经济及奥卢地区的竞争力。战略实施过程中，通过相关指标对战略实施结果进行监测，指标包括研发支出占GDP的百分比、创新型公司数量及地区分布、公司的营业收入来源、专利数量、温室气体排放量等。监测的指标根据区域发展进行适当调整。

四、政策进展

OIA加快推动了开放创新。如今，CIE的开源平台realXtend已经广布全球，成为虚拟世界的一种开源选择。CIE及其合作方如今还参加了欧洲未来互联网项目（FI-WARE），以进一步开发这座平台，使之成为三维互联网的标杆。除了平台开发，CIE还在它的活动中着眼能够充分利用并有望提供最大价值的领域。同时，CIE开展了与教学和旅游等相关的项目。

OIA加速了研究成果产业化。OIA以终端用户的需求为目标，借助终端用户的支持，在创新过程阶段让用户实时对产品进行检验。立足于创新生态系统，OIA将研究活动和民众作为创新的基础，构成了非常典型的开放创新生态。

此外，OIA 在信息与通信技术领域中也获得了很大的成功，它的基础便是教育机构和研究机构、企业、公共部门及充满热情和创新精神的个人之间悠久的合作传统。这套以智能城市为焦点的创新生态系统意味着整套系统都服务于一个共同目标，那就是让这座城市成为更加美好的宜居之地，并让以全球增长为导向的企业能够在这座城市中发展壮大。OIA 的合作为强化和拓宽奥卢的国际网络，使它再创佳绩并提高吸引力起到了重要作用。由于在开展创新时采用国际方式，加之奥卢市在交互式三维互联网领域中出类拔萃的地位，奥卢市建立起了紧密的交互式创新生态系统国际网络。

第七节　韩国地区合作研究中心

一、政策任务

韩国政府建设"地区合作研究中心（Regional Research Center，RRC）"，其政策任务是推进创新集群网络建设，进而促进区域技术创新和经济发展。1995 年，韩国 RRC 首次以公私合作的模式为具备专门技术的研究机构提供共同的研究网络，以增强技术能力。RRC 的产出（技术知识等）惠及整个参与群体，其目标是实现公众利益。RRC 需要集群成员（公共研发机构、中介机构和大学）的共同参与，通过政策健全社会机构和完善经济关系，激发集群内部活力。

二、政策治理

一般情况下，RRC 是以大学为中心代理机构，涉及当地政府、当地公共研究机构、当地企业（当地用户公司和当地供应商企业）及拟向韩国中央政府（主要是韩国科技部）提出提案的大学。RRC 是公私合作的一种常见形式，在实践中取得了诸多成果。

如图 8-11 所示，RRC 的关键机构是处于网络核心位置的大学，称为中心网络主体（Central Network Agent，CNA）。参与的其他机构包括区域公共研究机构（简称研究机构）、其他大学、供应商（生产制造企业）及用户企业。在 RRC 中，供应商、大学及研究机构等不局限于本地，还可能在创新集群区域外。

在 RRC 中各方保持紧密联系与沟通。核心大学处于集群网络的中心，与其他大学、研究机构、供应商和用户企业都直接或间接产生联系。供应商通常为区域内或区域外的企业，数量相较于用户企业可能更多，分布也可能较为分散，其为用户企业提供产品或劳务，与用户企业关系最为紧密。用户企业的需求往往是区域各方活动的立足点，即未被满足的用户需求往往会暴露现有问题（如技术低下、产能不足及供需不匹配等），为创新集群各方的活动提供目标与依据。

第八章 区域创新引擎

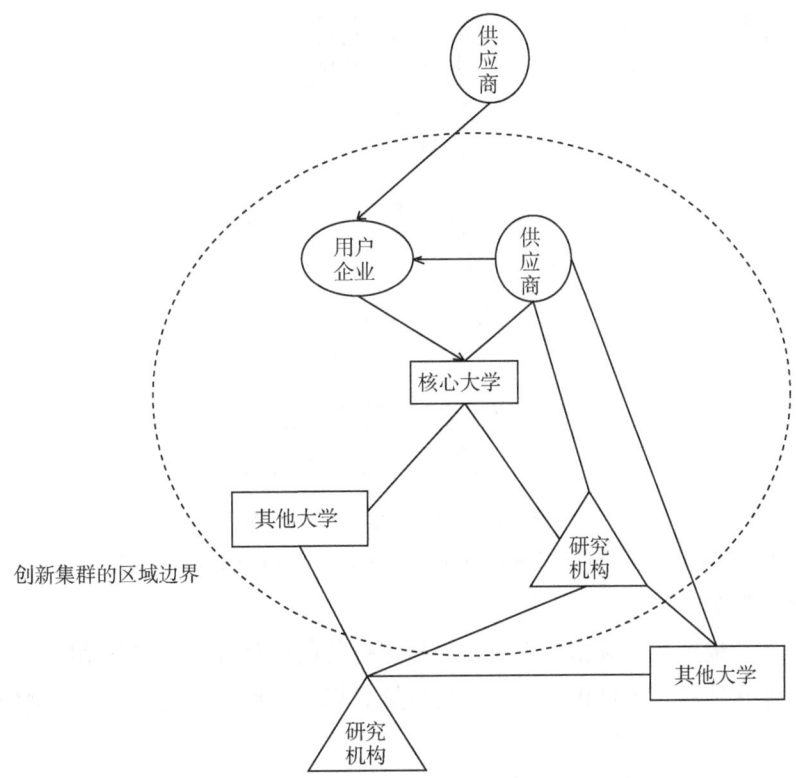

图 8-11 RRC 创新集群发展理念

来源：LEE K. Promoting innovative clusters through the Regional Research Centre (RRC) policy programme in Korea [J]. European Planning Studies, 2003, 11 (1): 25-39.

三、政策工具

RRC 采用的主要政策工具是研发资助和合作共建。

接下来简要叙述 RRC 的确立及实现过程，在此过程中明确政策工具的使用情况（图 8-12）。

RRC 构建的第一步，是核心大学与区域内其他机构在预计实现目标及目标如何实现等方面达成共识。首先，如果各方能就"做什么"及"如何做"达成共识，核心大学就可以向韩国科技部提出提案。

然后，由监管机构成立委员会对提案进行筛选，通常每年会选定 6~10 个 RRC。最后，被选定的提案由大学、公司、地方政府和中央政府共同承担费用并落实（研发资助和合作共建政策工具）。RRC 的整个确立及实现过程从环节来看比较精简，加之区域内部协调工作开展较容易，供应商与用户企业也可以参与并发挥重要作用，因而 RRC 的开展和落实有很强的可行性与针对性。

RRC 有一个特点，即不是在提案通过之初给予一次性资金支持，而是设定研发活动经费，根据评估结果决定是否予以进一步支持。这种合作的考核方式有助于高校、企

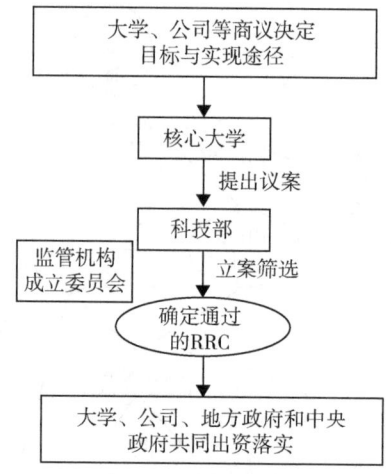

图 8-12 RRC 确立及实现过程

来源：LEE K. Promoting innovative clusters through the Regional Research Centre (RRC) policy programme in Korea[J]. European Planning Studies, 2003, 11 (1): 25-39.

业、研究机构及地方政府等相关方对于成果进行阶段性分解，有利于循序渐进地实现目标，并不断地在项目实施过程中反复强化目标意识，实现全过程控制，以确保最终目标稳步实现。

从 RRC 取得的效果来看，如果可以将参与主体自身优势与特定区域或项目的优势融合起来，以核心问题为导向，多管齐下解决问题，并注重培育科学的项目考核方式以获得持续的发展动力，就更易取得良好的效果。在项目的具体实施过程中，需要着重全过程控制，而不是以简单的事前控制或事后控制为主，使各方保持更加紧密的联系，确保最初目标能够逐步实现，提高资源的利用效率。

湖西大学半导体制造装备研究中心（Semiconductor Equipment Research Center, SERC）是 RRC 的一个成功案例。它是为改善半导体设备技术能力落后的问题，于1996年由湖西大学设立的，专门从事半导体设备相关研究。SREC 的研究课题分为两类，一类是指向基础技术的基础研究课题，一类是用以解决企业技术困难的特别研究课题，两类课题各占 SERC 课题的 50%。

SERC 以湖西大学为中心，大学周围有大型半导体制造公司及多家半导体设备供应商。而且，区域内众多大学、研究机构与企业集聚的人才、资源供给与技术需求推动了网络的形成。加之韩国半导体技术问题限制了产业发展，合作具备可行性和必要性，为 SERC 的建立和落成提供了现实的需求空间，因而以湖西大学为核心建立 SERC 来推动半导体技术的全面发展，具备现实的必要性与环境的可行性。

最初成立时 SERC 的经费来自各方支持，各方占比为韩国科技部 27.5%、参与公司 54.4%、省政府 10.9% 及包括湖西大学在内的其他机构 7.1%（研发资助与合作共建政策工具)①。1996年成立首年，SERC民间企业提供的预算超过半数，参与中心研究计划的半导体装备制造公司达8家。

SERC确定了5个有竞争力的技术领域，为软件、控制、测试设备、等离子体仿真和部件模块设计。软件和控制领域由计算机科学系的研究人员处理，其他领域则由湖西大学和其他地方大学，如鲜文大学、檀国大学、延世大学和顺天乡大学等各工程系的研究人员处理。

SERC与27家私营公司、5所大学及两所公营研究机构保持研究合作。其中，63%的公司、80%的大学与50%的研究机构都位于韩国的天安和牙山地区，因而SERC的活动主要是地区性的，创新集群的形成如图8-13所示。SERC是整个网络的中心，内部供应商企业、内部用户企业、内部研究机构和内部大学都围绕SERC开展工作（合作共建政策工具）。而外部企业则主要与内部和外部供应商发生合作，外部供应商企业则与外部用户企业和内部用户企业发生合作，外部研究机构与外部大学直接与SERC发生合作。实线代表的是比虚线更为紧密的合作伙伴关系；图8-13中将半导体装备供应商企

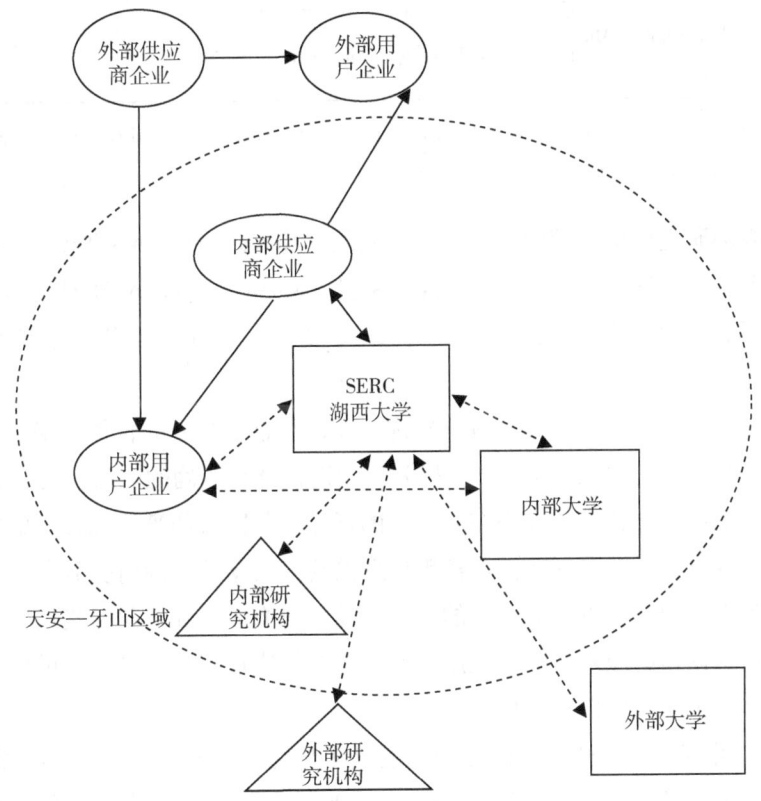

图8-13 以湖西大学SERC为中心的创新集群的形成

来源：LEE K. Promoting innovative clusters through the Regional Research Centre (RRC) policy programme in Korea [J]. European Planning Studies, 2003, 11 (1): 25-39.

---

① 因计算四舍五入的原因，各项指标最终结果合计不是100%。其余同。作者注。

业划分为内部供应商与外部供应商，企业名单如表8-4所示。

表8-4 半导体装备供应商企业名单

代码	名称	代码	名称	代码	名称
S1	韩国未来集团（Mirae）	S8	艾特尼斯（Artnix）	S15	韩国 NS System 公司
S2	松原-爱德华兹（Songwon-Edwards）	S9	杰尼科技（Geni Tech）	S16	瑟翰光纤（Sehan Opticfiber Tech）
S3	韩国东和（TowaKorea）	S10	伊茨韦尔（Itswell）	S17	凯斯科技（K. C. Tech）
S4	帝爱（D. I. Corporation）	S11	韩国新盛 ENG（Shinsung ENG）	S18	吉物科技（Jiwoo Tech）
S5	韩国 DNS（Korea DNS）	S12	韩筑科技（Hanjoo Technology）	S19	韩国 DY Carbon 公司
S6	环球晶圆韩国子公司 MEMC KOREA	S13	韩国 APEX 公司	S20	韩国 NIS Tech 公司
S7	AMK 公司（Applied Materials Korea）	S14	阿莫泰克（Amotech）		

来源：LEE K. Promoting innovative clusters through the Regional Research Centre (RRC) policy programme in Korea [J]. European Planning Studies, 2003, 11 (1): 25-39.

其中，内部研究机构为韩国电子部品研究院（Korea Electronics Technology Institute, KETI），外部研究机构为韩国机械与材料研究院（Korea Institute of Machinery and Materials, KIMM）；内部大学包括顺天乡大学、鲜文大学、檀国大学等，外部大学为延世大学。

网络目标化是指由地方政府、科研机构、高校和企业组成的合作网络，在提案之初就要明确"做什么"与"如何做"，目标和实现途径都是明确的。换言之，网络有很明确的目标与实现计划，各参与方都在此目标的指导下共同协作来确保目标的实现。运作的规范化是指各方的活动受到目标与实现计划的约束和支持，同时受到其他相关方的约束与支持，各方各司其职以确保目标的顺利实现。研究成果商业化是指研究工作最终的目的及实现技术创新的最终目标，也用于援助企业解决现实生产经营中的问题，破除技术壁垒，最终实现研究成果商业化。

1996年，韩国半导体产业最核心的问题是半导体设备技术非常落后，需要大量进口他国的产品与装备。有学者通过调研提出，需要为本地设备供应商提供相关技术援助，以此促进区域经济的发展，解决半导体产业对外依存度过高的核心问题。此后的相关措施都是紧密围绕"技术落后"而展开的，如提供培训课程、培养专业人才、提供技术咨询、转让技术研究成果并予以成果转化支持等。可以说，SERC 的成果是多管齐下、共同作用的结果，也是各方努力的成果。首先确定技术落后的核心问题，然后通过各种方式与各方努力解决核心问题，最终将技术成果转化为现实的生产力。

SERC 开展首年，项目从私营企业拿到超过一半的预算。三星电子公司特别指派其专门供应半导体设备的姊妹公司韩国 DNS（KDNS）参加 SERC 方案，此后 KDNS 聘用了大多数在 SERC 接受培训的学生。SERC 成立 4 年后，获得 3 项专利，将 22 项技术转让给私营企业，并使其中 6 项成功实现了商业化。另外，为中小企业提供 34 门培训课程和 97 次技术咨询，在地方期刊上发表文章 29 篇，在国际期刊上发表文章 21 篇。SERC 取得了显著成果，促进了韩国地区合作研究中心的应用，并提供了可供参考的案例。

四、政策效果与评价

（一）吸引众多主体参与，项目覆盖区域广泛

平均来看，在前 5 年的 RRC 的参与者投入经费比例中，民营企业占比 26%，中央政府占比 34.4%、地方政府占比 16.1%、高校占比 23.4%。最初 3 年，RRC 每年研发活动经费约 5 亿韩元（约 260 万元人民币），然后根据评估结果决定是否提供进一步支持。1995 年设立的 RRC 为 3 个，1996 年设立 10 个，1997 年设立 1 个，1998 年设立 13 个，1999 年设立 10 个。1999 年底，已有 15 个地区及其 104 所高校参与研究资助中心计划。

（二）提升了合作的效率，合作成果显著

RRC 体现了诸多优势，尤其在规则设置方面，它能够根据当地实际情况设置合作方式，围绕最核心的目标，按照评估结果分阶段投入资源，提升了合作的效率。RRC 的合作成果显著，一方面得益于各方的积极交流；另一方面得益于各方利益的一致性，促使每一方都是计划推进的监督方，共同努力实现既定目标。

（三）促进了区域技术创新和经济发展

RRC 以合作的模式为具备专门技术的研究机构提供共同的研究网络，增强技术能力，RRC 的产出惠及整个参与群体，需要集群成员（公共研发机构、中介机构和大学）的共同参与，通过政策健全社会机构和完善经济关系，激发了集群内部活力，促进了区域技术创新和经济发展。

参考文献

[1] 张俊. 创新导向下高科技园区的规划管控研究——以广州科学城与新加坡纬壹科技城为例[D]. 广州：华南理工大学，2019.

[2] 东方朔. 谁能详细介绍下新加坡的纬壹科技城，尤其是所谓创新社区规划？[EB/OL]. (2023-08-27)[2024-04-22]. https://www.zhihu.com/question/52026864/answer/3184916431.

[3] 资本门. 一文让你读懂从无到变成世界的"亚洲硅谷"——新加坡纬壹科技城[EB/OL]. [2024-

04-23］. https://www. sohu. com/a/472747532_334665.

［4］ CAPITALAND. One-north：a vibrant centre of innovation［EB/OL］.［2024-04-24］. https://www. capitaland. com. cn/sg/en/lease/businesspark-industrial-logistics/workspace-content-studio/one-north-a-vibrant-centre-of-innovation. html.

［5］ 佚名. 新加坡纬壹科技城建设运营管理经验借鉴［EB/OL］.［2024-04-24］. https://mp. weixin. qq. com/s/sIilFCN5O2CtiKe1j8QChA.

［6］ 人人文库. 新加坡纬壹科技城［EB/OL］.［2024-04-24］. OneNorth 项目案例分析报告. https://www. renrendoc. com/paper/231223401. html.

［7］ 原创力文档. 国际案例分析新加坡. OneNorth［EB/OL］.［2024-04-25］. https://max. book118. com/html/2020/0429/7146020042002132. shtm.

［8］ 原创力文档. 新加坡纬壹科技城案例研究［EB/OL］.［2024-04-27］. https://max. book118. com/html/2018/0310/156612842. shtm.

［9］ 建筑中国. 世界领先的产业园区是如何打造的？新加坡产业园的升级之旅［EB/OL］.［2024-04-27］. https://www. thepaper. cn/newsDetail_forward_26779549.

［10］ JTC. One-north［EB/OL］.［2024-04-27］. https://www. jtc. gov. sg/find-land/land-for-long-term-development/one-north#learn.

［11］ 礼森产业园区智库. 建设世界一流高科技园区——以新加坡纬壹科技城为例［EB/OL］.［2024-04-27］. https://zhuanlan. zhihu. com/p/659915183.

［12］ 数字 TOD. 启示录：新加坡纬壹科技城成功建设经验［EB/OL］.［2024-04-22］. https://cloud. tencent. com/developer/article/1838538.

［13］ 经理人杂志. 科技园区"进化论"："产城一体化"的纬壹科技城［EB/OL］.［2024-04-28］. https://www. sohu. com/a/543968054_479806.

［14］ 科企岛. 科技园区新加坡纬壹科技城［EB/OL］.［2024-04-28］. https://www. sohu. com/a/603494057_121294044.

［15］ MAX NATHAN1 AND EMMA VANDORE2. Here Be Startups：Exploring a young digital cluster in Inner East London［EB/OL］.［2022-07-24］. https://discovery. ucl. ac. uk/id/eprint/10086283/1/25-04-10_techcity_FINAL. pdf.

［16］ 周烨，王琳. 伦敦"硅环岛"数字文化产业创新策略研究［J］.文化产业，2020（29）：15–16.

［17］ 李楚天. 东伦敦科技城：欧洲对硅谷的回应［J］.张江科技评论，2021（1）：50–52.

［18］ 李海涛. "全球最具创新性的一平方英里"：肯德尔广场［EB/OL］.（2019-08-09）［2023-07-02］. https://www. sohu. com/a/332678491_775193.

［19］ 王宇彤. 城市更新中的创新转型路径与模式——以肯德尔广场为例［C］//中国城市规划学会，重庆市人民政府. 活力城乡美好人居——2019 中国城市规划年会论文集. 北京：中国建筑工业出版社，2019.

［20］ 胡琳娜，张所地，陈劲. 锚定＋创新街区的创新集聚模式研究［J］.科学学研究，2016，34（12）：11.

［21］ 约时代. 走进肯德尔广场（Kendall Square）［EB/OL］.（2021-03-31）［2023-07-02］. https://www. drugtimes. cn/2021/03/31/f14ed100a8/.

[22] 中孵健康. 世界生命健康产业集群式创新的"波士顿模式"[EB/OL]. (2021-01-15)[2023-07-02]. https://www.cn-healthcare.com/articlewm/20210115/content-1180957.html.

[23] SQZBIOTECH. SQZ Biotech Closes $65 Million Series D Financing[EB/OL]. (2020-05-18)[2022-10-18]. https://sqzbiotech.com/wpcontent/uploads/2020/05/SQZ_SeriesDRelease-2020.05.18-FINAL.pdf.

[24] 邵黎明. 从波士顿经验看上海生物医药产业的源头创新[N]. 上海科技报, 2015-05-29 (006).

[25] 邓智团. 第三空间激活城市创新街区活力——美国剑桥肯戴尔广场经验[J]. 北京规划建设, 2018 (01): 178–181.

[26] MASSBIO. 2019 Industry Snapshot[EB/OL]. [2022-10-18]. https://www.massbio.org/wp-content/uploads/2020/03/2019-INDUSTRYSNAPSHOT-ELECTRONIC-FINAL_SEPT2019.pdf.

[27] 张成. "硅巷": 美国新科技首都[J]. 宁波经济 (财经视点), 2014 (2): 51.

[28] 全至咨询. 城市观察系列 | 创新时代的新经济空间: 美国东岸模式—纽约硅巷[EB/OL]. (2021-08-20)[2022-12-15]. https://mp.weixin.qq.com/s/LTYMpEIy1PRBNHsWZyibGQ.

[29] Directory of NYC resources organized by category[EB/OL]. (2021-03-01)[2021-12-15]. https://www.nyc.gov/.

[30] FORBES. Silicon Alley rising new york startup funding applications trump the long reigning valley[EB/OL]. [2022-12-15]. https://www.forbes.com/sites/groupthink/2015/04/28/silicon-alley-rising-new-york-startup-funding-applications-trump-the-long-reigning-valley/?sh=3881c1c74898.

[31] FORBES. Silicon alley closes 2015 on top in a boom year for startups[EB/OL]. [2022-12-15]. https://www.forbes.com/sites/groupthink/2016/02/11/silicon-alley-closes-2015-on-top-in-a-boom-year-for-startups/?sh=72a368ff42c9.

[32] NYC SEED. NYC Seed Portfolio Companies[EB/OL]. [2022-12-15]. http://nycseed.com/portfolio.html.

[33] 根据纽约"硅巷"——水泥森林中的高技术园区[EB/OL]. (2016-04-03)[2023-05-10]. https://worldscience.cn/qk/2000/8y/zsjj/623493.shtml.

[34] 任俊宇, 刘希宇. 美国"创新城区"概念、实践及启示[J]. 国际城市规划, 2018, 33(6):49–56.

[35] 深科技. MIT 肯德尔广场提案获批, 开启新创新时代[EB/OL]. (2016-06-17)[2023-05-27]. https://www.sohu.com/a/84118275_354973.

[36] NSF. About NSF Engines[EB/OL]. [2023-03-08]. https://new.nsf.gov/funding/initiatives/regional-innovation-engines/about-nsf-engines.

[37] 中国科学院科技战略咨询研究院. 美国国家科学基金会启动"区域创新引擎计划"[EB/OL]. [2023-12-20]. http://www.casisd.cn/zkcg/ydkb/kjzcyzxkb/kjzczxkb2022/zczxkb202207/202209/t20220927_6517810.html.

[38] NSF. National Science Foundation[EB/OL]. [2023-03-08]. https://beta.nsf.gov/about.

[39] NSF. Meet TIP-Technology, Innovation and Partnerships[EB/OL]. [2023-03-08]. https://beta.nsf.gov/tip/latest.

[40] NSF. Funding and regions of interest[EB/OL]. [2023-03-08]. https://beta.nsf.gov/funding/initiatives/regional-innovation-engines/funding-regions-interest.

[41] OULU INNOVATION ALLIANCE. Company networks[EB/OL]. [2020-10-21]. https://www.busi-

nessoulu. com/en/frontpage-old/en/company-networks-2/oulu-innovation-alliance. html.

[42] 贾伟. 2015 年国际科技动态翻译报告系列之 4—开放创新 2.0[M]. 北京：科学技术文献出版社，2015.

[43] LEE K. Promoting innovative clusters through the Regional Research Centre（RRC）policy programme in Korea[J]. European Planning Studies, 2003, 11 (1): 25 – 39.

[44] 澳大利亚：合作研究中心征集优先研究项目[EB/OL].[2020-10-10]. https://mp. weixin. qq. com/s/HVJRKX1F9mUQZ2osHpVQDg.

[45] 范惠明，吴伟. 澳大利亚合作研究中心计划经验及其对实施"2011 计划"的启示[J]. 高等工程教育研究，2017 (6): 125 – 129.

[46] 刘艳. 澳大利亚以合作研究中心计划为抓手建设国家创新体系[J]. 全球科技经济瞭望，2013，28 (12): 1 – 7.

[47] 徐锐. 美国公布首批区域创新引擎计划项目[N]. 中国科学报，2024-02-01 (001).

[48] 宁雅静，阳建强. 新加坡产业园区综合规划方法及其对我国产城融合的启示——以纬壹科技城为例【抢先版】[EB/OL].[2023-12-10]. https://mp. weixin. qq. com/s/Its1xdbAIoCJlQQ0HaNZuQ.

[49] 科技园区导览. 波士顿肯德尔广场——美国"创新心脏"[EB/OL].[2023-12-10]. https://www. sohu. com/a/224950435_99991987.

[50] 药时代. 走进肯德尔广场（Kendall Square），探讨如何打造一流生物医药创新生态圈[EB/OL].[2023-12-10]. https://www. drugtimes. cn/2021/03/31/f14ed100a8/.

[51] 河南产城. 全球最具创新力的一平方公里——肯德尔广场[EB/OL].[2023-01-15]. https://mp. weixin. qq. com/s/H5NB3YyhsUV1RiPRapwNNw.

[52] 黄丁芳，刘泉. TOD 视角下创新街区空间布局规划方法——以美国波士顿肯德尔广场为例[J]. 规划师，2024，40 (S1): 183 – 187.

[53] 李迎成，陈兰馨，杨钰华，等. 城市创新区第三空间的发展特征与营造策略——以波士顿肯德尔广场为例[J/OL].[2024-08-21]. https://doi. org/10. 19830/j. upi. 2022. 691.

[54] 规划中国. 纽约"硅巷"科创崛起的秘密[EB/OL].[2024-08-21]. https://mp. weixin. qq. com/s/qgANYo8rAgFV7jNBQ2wTig.

[55] 邓智团. 纽约硅巷：美国"东部硅谷"[EB/OL].[2024-08-21]. https://g-city. sass. org. cn/_upload/article/files/3b/13/be80d3494c2a85892bb2cf464f37/4032e4e7-d8c2-47d1-9012-63965d749273. pdf.

[56] 姜琴，陆红姝. 从纽约硅巷经验谈南京硅巷建设建议[J]. 科技和产业，2019，19 (2): 41 – 45.

[57] 缪其浩，周玉琴. 纽约"硅巷"——水泥森林中的高技术园区[J]. 世界科学，2008 (8): 24 – 26.

[58] 佚名. 一文读懂何为硅巷[EB/OL].[2023-08-01]. https://baijiahao. baidu. com/s? id = 1721911286525732765&wfr = spider&for = pc.

[59] 孙彦妮. 20 世纪 90 年代后半叶纽约市硅巷的发展[D]. 厦门：厦门大学，2012.

[60] 奥卢之窗. 奥卢创新联盟（OIA），共同创造北极机遇[EB/OL].[2023-08-01]. https://mp. weixin. qq. com/s/W0I9vSiZAGybplml9dyY3w.

[61] 佚名. 诺基亚"收缩"后，这个芬兰小镇靠 5G 焕发新生（下）[EB/OL].[2023-08-13]. https://www. sohu. com/a/316435293_210640.

[62] 申超玲. 前沿雄安丨浅谈国际优秀智慧城市建设实践对我国的启示[EB/OL].[2023-08-13]. https://mp.weixin.qq.com/s/hlvbEDjOHTr_pJcY_SMvOw.

[63] 佚名. 诺基亚的衰败[EB/OL].[2023-08-13]. https://zhuanlan.zhihu.com/p/91718132.

[64] 佚名. 曾经手机市场的领军者,一夜间消失无踪,欲凭借5G健康强势回归[EB/OL].[2023-08-13]. https://baijiahao.baidu.com/s?id=1633344475102851464&wfr=spider&for=pc.

[65] 澎湃. 探索旧城区可持续更新之道,以东伦敦科技城为例(下)[EB/OL].[2023-08-13]. https://m.thepaper.cn/baijiahao_16956696.

第九章 未来人才培育

未来人才是具有终身学习理念的创新人才,能够面向未来进行贯穿生命始终的学习,在学习的过程中能够持续激发潜能、主动热情地学习并不断创新实践、解决问题。我们讲的未来人才,不仅应该具备扎实的专业知识,还应掌握管理技能、变革思维和终身学习的理念。人才是第一资源,国家科技创新力的根本源泉在于人,为优秀人才提供良好的发展环境和政策支持,做好未来人才的培育是保持国家科技创新力的基本途径。本章以英国未来领导者研究基金计划、日本新一代研究者挑战性研究项目、《日本加强研究能力和支持年轻研究人员综合方案》及韩国《数字新技术人才培养创新共享大学基本计划》为例说明一些国家未来人才培育的最新实践。

第一节 英国未来领导者研究基金计划

一、政策任务

为保持在全球的创新地位,继续提升创新活力,英国政府通过大量资助在研究和创新领域尚处于职业生涯早期的研究人员和创新者,来支持和培养未来的杰出创新人才和领导者。未来领导者研究基金计划(Future Leaders Fellowships,FLF)即为众多战略和计划中的一个,是英国为巩固自身全球科学研究和创新领导者地位所部署战略的重要组成部分。FLF 的政策任务是支持研究人员或创新者发展成为具有国内或国际影响力的研究或创新领导者,它超越了其他小型项目所能资助的范围。

FLF 于 2018 年开始实施,旨在吸引各个学科和领域的优秀研究人员和创新者在英国的大学和企业中追求他们的想法,为处于职业生涯早期的研究人员和创新者开展新颖、可能具备变革性的研究提供长期且灵活的资金和资源支持,为英国支持、培养、吸引、留住研究和创新人才提供支撑,以培养下一批世界级的研究和创新领袖。同时推动英国学术界、商业界及跨学科领域的职业道路的发展,促进研究人员在不同部门之间流动。

二、政策治理

FLF 由英国国家研究与创新署（UK Research and Innovation，UKRI）资助、运行和管理。UKRI 是一个由英国科学、创新和技术部（Department for Science，Innovation and Technology）赞助的科学和研究公共机构，于 2018 年 4 月设立。该机构设有人文艺术、物理、生物等 7 个领域的研究委员会，以及支持商业主导创新的机构"Innovate UK"和负责英国高等教育机构研究和知识交流的机构"Research England"。UKRI 建立的目的是将英国和世界各地的研究团体、机构、企业和社会更广泛地联系起来，在英国建立一个出色的研究和创新系统。

三、政策工具

FLF 可以由一个研究计划项目组成，也可以由研究人员或创新者领导的多个连续或同时进行的相互关联的项目组成（称为组合研究基金或项目组合），这就是 FLF 采用的最主要的政策工具。资助金额从 30 万英镑到 200 万英镑不等，且不会因为提案所需潜在成本的高低而有所偏好。获得资助的项目在第一阶段可持续开展长达 4 年，若想延长资助期限，可以在项目开展的第 4 年之后最多再申请延长 3 年。申请者得到资助后，在提供充分证明材料并获得 UKRI 批准的前提下，可以灵活变更研究方向或创新计划，资助基金也可以跟随工作单位的变化而转移。

在经过前期严格的项目评审的基础上，允许资助者根据研究和创新的进展延长资助年限或对主办组织进行更改甚至根据新的发现或技术制订新的研究或创新计划，在一定程度上减少了就职机构对研究人员和创新者的限制，研究开展的连续性得到了保障，使有关研究能够切实反映不断变化的业务需求和市场机会，有利于研究人员和创新者保持良好的研究状态与积极性。项目流程主要包括项目申请和项目评估两个阶段。

（一）项目申请

FLF 的资助对象是处于职业生涯早期的研究人员或创新者，资深的研究人员和创新者或已经实现的研究和创新不能申请资助。FLF 的资助对象具有很强的灵活性，对于职业背景、创新领域、是否为重返职场人员、是否重回研究领域、是否为英国国籍等均无限制，都可以申请该基金。但申请人必须满足在一个学术或非学术机构工作，且拥有博士学位这一条件。没有博士学位的，必须证明有同等的研究或创新的经验。研究人员或创新者依托所在的机构进行申请，申请方式根据申请者所在机构的不同分为学术主办组织申请和非学术主办组织申请。学术主办组织包括任何已注册有资格向研究委员会申请资助的英国组织及任何有资格获得英国政府补贴、能提供具有国际水平创新或研究环境的非学术机构等，非学术主办组织包括企业、慈善组织和公共机构等。

主办组织在提交提案之前需仔细考虑申请者的目标是否符合其组织战略，是否能够为申请者提供其所需的工作环境（包括基本的办公室、实验室，以及相关的培训、指导、支持等)。所有申请者的提案通过联合电子提交系统(Joint Electronic Submission System)提交,提交的基本内容包括主办单位、课题题目、领域分类、目标、开展时间、摘要、申请人详细信息、受益人等。更重要的是,需要申请者详细阐述 FLF 将如何支持申请者实现长期职业目标、对兴趣领域的了解程度、所进行的研究或创新的卓越性和重要性、开展的项目能够在所处的领域发挥引领作用等。

(二)项目评估

提交的申请将通过 3 个阶段的审查进行评估,分别是部门或学科专家进行书面同行评审、FLF 筛选小组召开筛选会议进行筛选并定级、FLF 面试小组组织面试并确定最终资助名单,评估流程如图 9-1 所示。

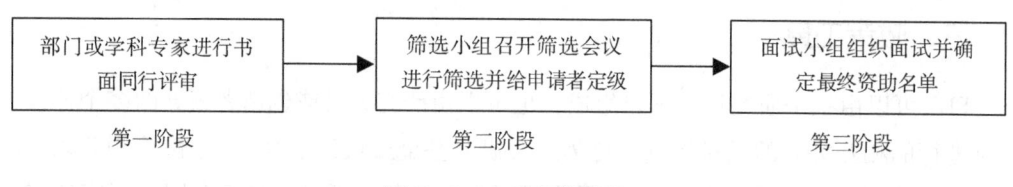

图 9-1 FLF 评估流程

来源:根据 UK Research and Innovation 网站 *Future Leaders Fellowships Round 8 Guidance for Academic-hosted Applicants* 编制。

第一阶段至少由 3 位来自英国或海外的独立专家从 4 个维度对提案进行系统评估并给出评估意见。第一个维度是研究与创新的卓越性,包括目的、目标、方法、在所在领域具备何种竞争力、特别突出的创新点等;第二个维度是申请者及其发展,包括申请者的职业发展如何与 FLF 计划的目标保持一致、申请者是否具备一定的领导力、申请者及其团队明确的发展计划等;第三个维度是影响力和战略相关性,包括对解决英国主要挑战的贡献,对当前或未来英国经济的贡献,与国家、UKRI 领导的战略的相关性等;第四个维度是研究和创新的环境和成本。

第二阶段由 FLF 筛选小组在筛选会议上进行筛选,筛选小组的成员来自学术界、产业界及公共机构,他们或跨多学科研究,或跨越多个领域。对于第一阶段专家提出的意见或问题,申请者需要在第二阶段的筛选会议上进行回应。同时,FLF 筛选小组也将根据第一阶段所评估的 4 个维度,考虑申请者的资助金额。

第二阶段结束后,所有申请者将被分为 A~D 4 个等级。A 级代表申请人达到了评估的最高标准,是面试的优先人选。B 级代表申请人达到了评估的较高标准,应被考虑参加面试,但不被优先考虑。C 级代表候选人达到了评估的标准,但质量不高,是面试的最低优先级。D 级代表候选人未达到一项或多项评估标准,不建议参加面试。

第三阶段由 FLF 面试小组进行面试并确定资助名单。

四、政策进展

FLF 于 2018 年启动,前 5 轮的资助金额约 8 亿英镑,颁发了近 500 项研究基金。

第 6 轮资助金额约 9800 万英镑，共有 84 位研究人员获得资助。第 7 轮资助总额为 1 亿英镑，于 2022 年 6 月 15 日启动申请，2023 年 10 月公布了资助名单，其中 29 岁以下的申请者占比 5%，且没有人获得资助；30～39 岁的申请者占到 70%，获资助人数占所有申请人数的 80%。第 8 轮资助申请于 2023 年 3 月 27 日启动，2024 年 2 月底已召开筛选会。第 9 轮资助申请于 2024 年 2 月底启动，数轮 FLF 的开展为研究人员提供了大量资助，帮助他们开展研究，支持培养未来杰出创新人才和领导者，巩固了英国的创新领导者地位。

获得资助的项目中，利物浦大学的 Stefania Soldini 博士将领导开发一组自驱动小型卫星的研究，这些卫星将被发射到太阳系中，以跟踪和分析小行星，这将提供有关地球可能面临的威胁的重要数据，有助于制定减轻撞击风险的措施；许多抗生素都以细菌细胞壁为靶点，但有些细菌却能在细胞壁缺失的状态下暂时存活，从而躲过抗生素的攻击，这种现象被称为"L 型转换"，细菌在抗生素作用减弱的状态下存活下来，然后重建细胞壁，并在疗程结束后"复活"。纽卡斯尔大学的 Katarzyna Mickiewicz 博士将研究某些细菌如何躲避抗生素的攻击，以推动此医学研究方向取得新的突破。

第二节 日本新一代研究者挑战性研究项目

一、政策任务

日本政府于 2021 年设立了新一代研究者挑战性研究项目，其政策任务是在参与此项目的大学范围内，跨越大学的研究部门和实验室等现存框架限制，挑选优秀的博士生，由国家为其提供多元化的支持，以加强对作为日本科技创新中坚力量的博士生的经济支持，完善博士生的职业路径，促进博士生个人优势的发挥。

新一代研究者挑战性研究项目是为打破当时日本面临的不利局面。具体来说，当时的日本由于人口减少与老龄化、待遇预期不佳、就业压力增加和科研压力大等原因，研究生毕业后选择继续攻读博士学位的人数及升学率都呈现下降趋势，而博士生是日本科技创新的中坚力量，因此迫切需要加强对博士生的各类支持，强化科技创新的力量，使其在科技创新各领域中发挥积极作用。但由于日本的博士生教育体系未能根据社会需求变化进行战略调整和改革，自身存在一定的结构问题，很难产生超越现有框架的、具有挑战性和融合性的研究，因此提出了新一代研究者挑战性研究项目来解决上述问题。

二、政策治理

日本政府设立了新一代研究者挑战性研究项目委员会，以支持推动新一代研究者挑战性研究项目的实施，研究和制定项目实施方针并践行监督、审查和筛选博士生资助项目,支持优秀博士生获得资助。委员会设立1名委员长、10名委员。为保障上述措施的顺利实施,还成立了相关的管理团队。

三、政策工具

新一代研究者挑战性研究项目所采取的政策工具是项目,在流程上主要有项目申请和项目评估两大阶段。

(一)项目申请

日本新一代研究者挑战性研究项目的支持对象是2021年所有的在籍博士生,2021年的资助人数最多为6000人[包含博士一年级(含秋季入学)、二年级、三年级、四年级生(四年制学制)],其中,2021年、2022年、2023年毕业的人数每年设定为最多2000人。有意愿参与本项目的日本国内的国立及私立且设有博士课程的大学,统一将本学校的参与人员汇总,向该项目提出申请,并设立一名项目主管进行管理。此外,可以多个大学提出共同申请,此时需要在几所大学中确定一名首席项目主管,项目主管可以组建一支管理团队来协助项目的实施。被选拔出来的优秀博士生可专注于挑战性、融合性研究,由国家向博士生提供生活费、研究经费补助、职业发展等多种支持。

由于项目要求大学以项目的形式提出申请,资助经费将划拨至通过评审的大学,然后再由大学分配至学校内提出申请的博士生。对于博士生的生活费及研究经费将会以研究奖励经费的方式发放,占资助部分的四分之三。博士生每人的补助额度为290万日元/年,研究奖励经费一年最多为220万日元。此外,政府还会向各大学拨付项目统一分配经费,统一分配经费大约每个学生70万日元/年。支持期限最长为3年,只要超过3年,就会停止资助。但是,受妊娠及育儿等生活因素影响的博士生,可根据个人情况,申请中断或延长支持期限。

日本新一代研究者挑战性研究项目资助未来科技创新技术的产生,因此并未设定具体的研究领域。但要求申请者能够综合考虑大学的研究水平、博士人才的培养方针与理念、大学自身及地区的优势,关注参加项目的博士生,支持项目进行。除了大学的战略性重点研究,还希望申请者能够提出自然科学与人文社会科学相融合的博士生支持项目。项目委员会将从项目负责人的素质和能力、博士生的选拔计划和方法及为博士生提供的研究环境和支持等角度,选择符合目标的项目。

(二)项目评估

新一代研究者挑战性研究项目的实施情况由日本科学技术振兴机构(Japan Science and Technology Agency,JST)评估,具体而言,JST会直接听取学生的意见,通过进度报告会和报告材料等进行监督,以掌握每个学生的研究进度,以及项目开发、培养内容的实施情况。若发现相关研究内容与申请内容不相符,JST将对该学生进行劝导。若劝导后不见情况好转,JST可以减少活动经费或中止资助。JST对新一代研究者挑战性项目进行年度评估,并将评估结果进行公布,同时还负责追踪调查。除上述内容外,JST

还掌握参加这一项目的各大学的措施及成果情况,并在合适的情况下进行公开。

四、政策评价

日本新一代研究者挑战性研究项目的实施,产生了积极影响:一是开拓研究领域,支持和资助多个领域的博士生,拓宽了研究领域,培养了相关领域的研究人员。二是解决社会问题,对于目前正在面临的及未来将会凸显出来的社会问题,支持能够产生多种解决方式的研究成果,并培养解决未来社会问题的研究人员。2021年,共有5811位在读博士生获得新一代研究者挑战性研究项目的资助,占到当年入读博士生的三分之一以上,同时产生了不少包括论文在内的优秀研究成果。

第三节 《日本加强研究能力和支持年轻研究人员综合方案》

一、政策任务

日本科学技术与创新委员会于2020年1月23日发布《加强研究能力和支持年轻研究人员综合方案》(以下简称《方案》)。顾名思义,《方案》的政策任务就是为了加强日本研究能力和支持年轻研究人员,具体来说,一是从根本上改善青年研究人员的研究环境,使研究人员能够自由开展探索性和挑战性研究;二是充分保障研究与教学时间;三是实现研究人员职业路径多元化,鼓励产业界积极录用博士,并改善其待遇;四是开设更具吸引力的博士课程,引领日本打造知识密集型价值创造系统,实现研究人员在学术界与产业界之间的良性循环。目标任务关系如图9-2所示。

《方案》的发布背景是日本科学与技术政策研究所2016年的研究报告。该研究报告显示,其他发达国家的论文数量在不断增长,而日本却维持在以往水平,导致日本论文数量在全球所占的份额大大降低,这种趋势在高被引论文中更为明显,同时在国际关注的研究领域,日本论文的数量和比例停滞不前。日本政府认识到有竞争力的研究人员是加强国家研究能力的关键,但以年轻人为首的研究人员所处的状况十分严峻,研究人员的优势正在下降。同时,日本博士的升学率下降,博士后的就业率停滞,40岁以下有固定任期的国立大学教师的比例增加,大学教师研究和教学活动的比例下降、时间减少。为解决上述问题,日本提出了《方案》。

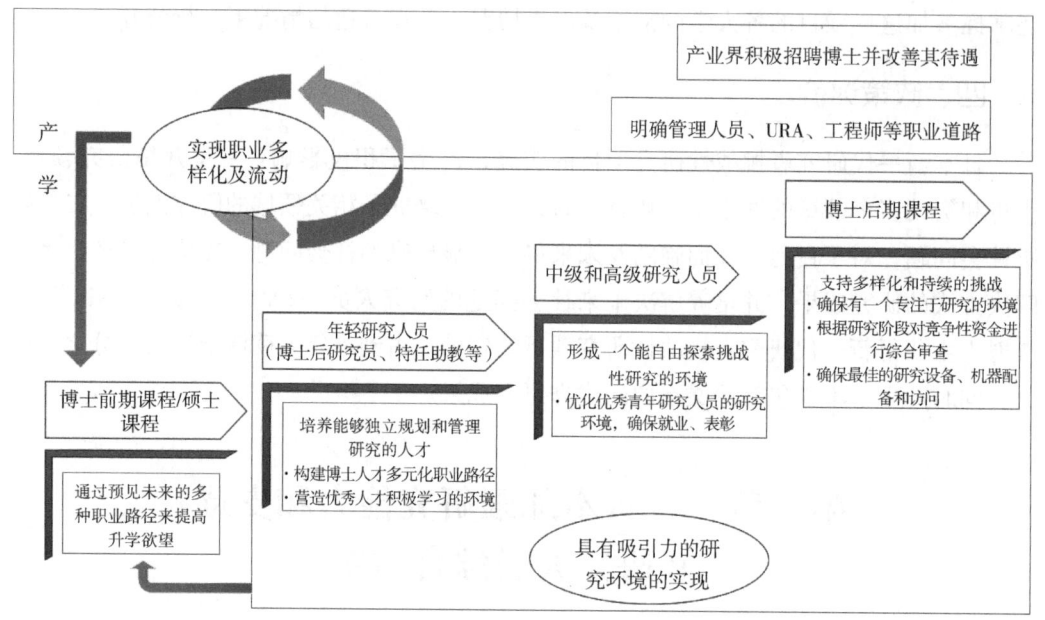

图 9-2 综合方案目标任务关系

来源：根据日本総合科学技術イノベーション委員会的"研究力強化・若手研究者支援総合パッケージ"（2022）整理。

二、政策治理

《方案》由日本政府及相关部门落实，围绕青年研究人员学习、研究、工作各个阶段存在的困难和挑战，从各方面提供改善举措，激发日本青年研究人员的科研热情，为日本科技和经济的发展提供人才支撑。在人才方面，提高研究生院在读博士生补助；通过多元化资金来源为博士人员职业路径规划提供更多选择，保障优秀青年研究人员就业。在资金方面，对竞争性研究经费管理办法进行全面修订，鼓励研究人员开展多元化、挑战性研究，保证研究成果持续涌现；充分利用开放创新，鼓励大学大力吸引外部资金。在环境方面，以青年研究人员为核心，创设支持自由探索开展挑战性研究的环境；制定管理人员、科研管理辅助人员、高级研究人员职业发展规划；促进科研仪器和设备开放共享，推进智能实验室建设。

三、政策工具

《方案》中主要采用的政策工具包括项目、工资、待遇（福利）、就业和科研资源开放共享。日本政府在以年轻研究人员到顶级研究人员范围中选择积极性较高的研究人员，为他们提供有吸引力的研究环境，使研究成为有吸引力的职业。特别强调加强对青年研究人员的支持，使其能够在一个稳定的环境中投身于未来的挑战性研究。《方案》拟通过以下措施的综合实施，实现整个日本社会所需的研究人员的良性循环。

一是项目,提升大学中年轻正规教师比例,并提供挑战性研究经费。主要举措包括:推动各大学制订"中长期人事计划",对于能够保障青年研究人员教职的大学优先予以财政支持;以青年研究人员为中心进行挑战性研究支持,设立最长为10年的"创发性研究支持项目",每年为700~1000人各提供1500万~3000万日元的研究经费支持,旨在让青年研究人员占比较高的大学助教能够像美国大学的青年博士后、助理教授那样独立开展研究;修订竞争性研究经费管理办法,重点支持青年研究人员,推动研究成果不断形成;赋予受雇于特定项目的青年研究人员自主开展研发活动的权利;提高国立大学博士后及在职研究生的个人所得税扣税额度。

二是工资,为优秀研究人员提供世界同等水平的待遇。主要举措包括:制定年薪制基本框架,明确规定实行"混合工资制",并鼓励推广实施;完善国立大学等机构的人事工资管理改革指南,对致力于改革的大学予以财政拨款倾斜;修订"交叉任职"制度,使大学和为其提供资助的外部机构能够开展共同研究,同时在外部机构可根据职务和能力使用独立的工资体系。日本政府预计通过政府财政投入和吸引外部资金,以研究人员"混合工资制"提高其工资待遇。例如,在可获得外部资金的大学或学科领域实行15个月工资制,其中9个月工资来自财政拨款,6个月工资来自外部资金。

三是待遇(福利),提高博士生待遇。主要举措包括:利用外部资金等多元化资金来源为优秀博士生提供奖学金,并提供担任研究助理、特别研究员及赴海外研修的机会;确保研究助理工资保持在合理水平;加大国立研究机构对博士生研究助理的录用;创设新的奖励制度,支持博士生开展挑战性研究。

四是就业,畅通博士毕业生向产业界流动的路径。主要举措包括:实现博士生带薪实习常态化;政府主导研究改善博士人才待遇;支持大学和企业创设优秀青年研究人员发掘机制,特别是鼓励企业录用博士生人才;修订中小企业技术创新制度,重点支持致力于创新发展的风险投资项目。

五是科研资源开放共享,完善研究环境,共享研究设施。主要举措包括:加强各类项目资助机构间的合作,简化申请手续;完善大学内保育设施,以应对研究人员育儿期间的各类需求;出台专项制度,确保科研管理辅助人员的质量;制定研究设施共享共用指南。日本政府预计,通过《方案》落实,减少研究人员的事务性工作,保障研究时间;构建大学与研究机构等主体间的研究设施共享机制,包括实现共享设备可视化、使用费用合理化等。

第四节 韩国《数字新技术人才培养创新共享大学基本计划》

一、政策任务

韩国教育部于 2021 年 2 月 24 日发布《数字新技术人才培养创新共享大学基本计划》（以下简称《计划》），其政策任务是通过创新高等院校当前的人才培养模式，缓解未来数字新技术人才短缺的问题，构建培养未来人才的新型高等教育体系（图 9-3）。具体而言，一是以先进数字技术为基础，扩大非面授教育，通过大学之间的共享与合作，构建培养未来人才的新型高等教育体系。二是汇聚和共享高校、科研院所、产业界、政府部门等机构或组织的能力，开发新技术领域的各类融合教育课程，分层培养人才。三是为处于新技术领域教育盲区的本科生、人文社科等非技术专业的学生提供参与学习的机会，建立具有包容性的社会教育网。

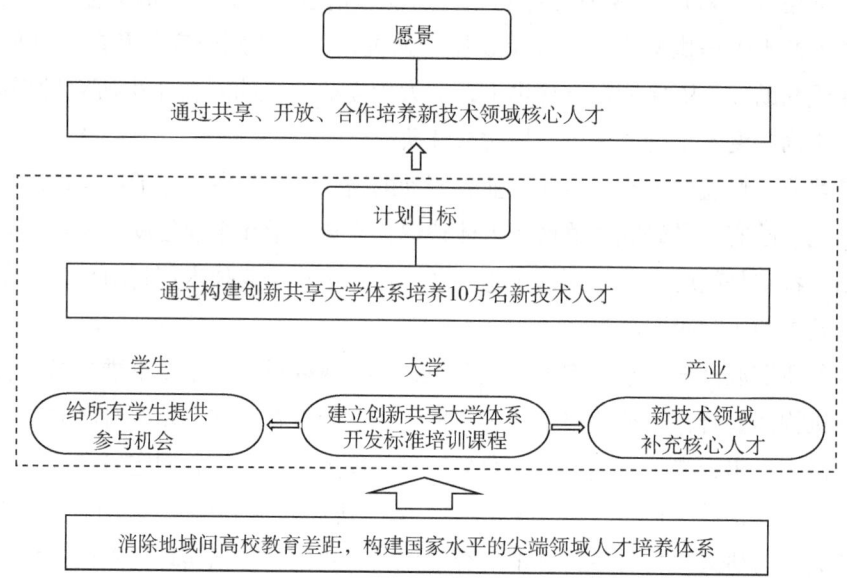

图 9-3 韩国《数字新技术人才培养创新共享大学基本计划》的计划愿景和计划目标
来源：根据교육부的"디지털신기술인재양성혁신공유대학사업기본계획"（2002）整理。

随着数字化转型的加速和第四次产业革命的正式到来，以尖端领域为中心的产业结构加速重组，促使 AI、大数据等新技术领域的人力需求激增，但相关人才整体数量的不足，会造成数字人才短缺、数字人才需求和供给之间严重不匹配。韩国产业部对新一代半导体、新一代显示器、智能机器人等 9 个尖端领域的人力供需进行了预测，结果显示在所预测的 9 个尖端领域中，韩国预计到 2028 年人才缺口接近 12 万。韩国迫切需要培养新技术创新人才，以赢得和保持领先的地位。但同时，韩国政府认识到现有大学特有的人才培养体系，难以全面支撑对新技术人才的培养。究其原因，一方面是教育内容、专业教授、教学设备等人力物力资源不足，限制了各大学构建有效的人才培养体系；另一方面是优秀的教育资源集中于首都圈，其余地区的大学生对新技术教育基础设施的可获得性较低。为解决上述困境，《计划》应运而生。

二、政策治理

韩国相关部委和教育部推动制订基本经营计划、统筹管理补助执行等工作。韩国研究财团管理和运营项目包括制订详细的实施计划，推进选定评价，评价实施成果，组织运营专家库、评估小组、咨询小组、项目管理委员会等，项目成本也由其进行管理。主办大学和参与大学为每个新技术领域开发和运营课程，推进项目的实施，将成果形成报告，分享项目成果并进行扩散。组织架构如图 9-4 所示。

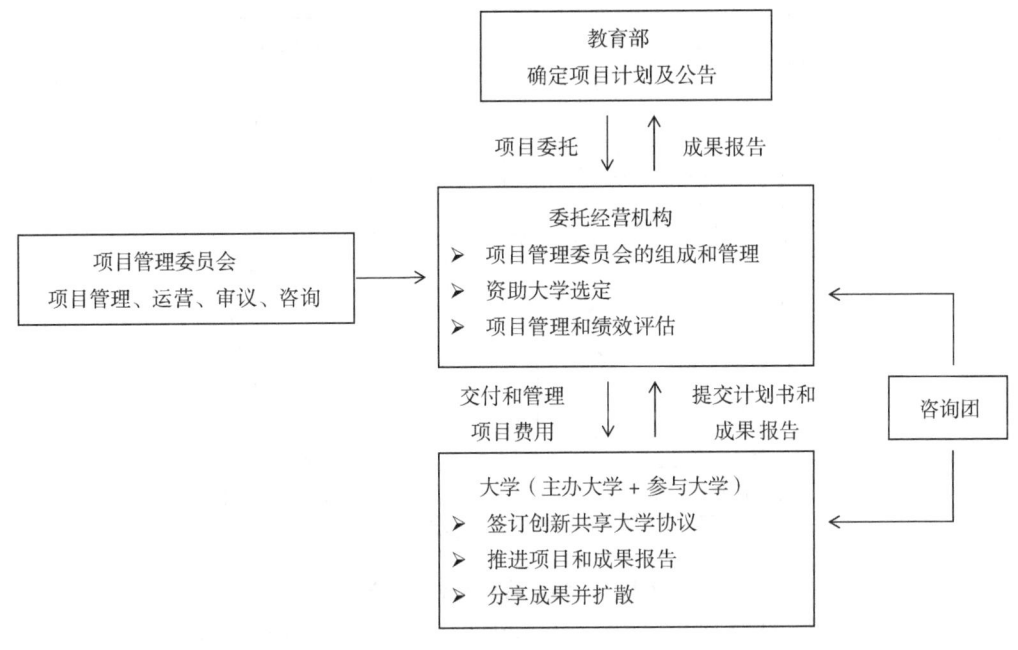

图 9-4　项目组织架构

来源：根据교육부的"디지털신기술인재양성혁신공유대학사업기본계획"（2022）整理。

三、政策工具

《计划》所运用的主要政策工具是战略规划、项目、课程设置与教育内容和成长机会共享。

(一) 战略规划

《计划》主要包括完整的战略规划：构建新技术领域创新共享大学体系、开发面向新技术领域的标准教育课程、为所有对新技术领域感兴趣的学生提供参与机会和阶段性加强弥补新技术领域人才培养盲区。

其中，构建新技术领域创新共享大学体系主要举措包括：①为弥合地域之间、大学之间的教育水平差距，将人力、物力资源相互共享，突破新技术领域教育按院系划分的局限，建立国家级重点人才培养合作体系。②建立都市圈区域合作模式，共同利用分散在各大学的资源，如新技术领域的教学内容、设施、设备等。③形成由研究院所、企业、学术团体、民间机构等相关机构共同参与，相互合作培养骨干人才的机构。各类主体的加入使人才培养更加丰满和立体，培养方向具备了更强的导向性，在人才培养前期便注入了产学研合作的思维，不仅有利于人才综合素养的提升，还能使其更快适应由学术界到产业界的转变。创新共享大学概念模型如图9-5所示。

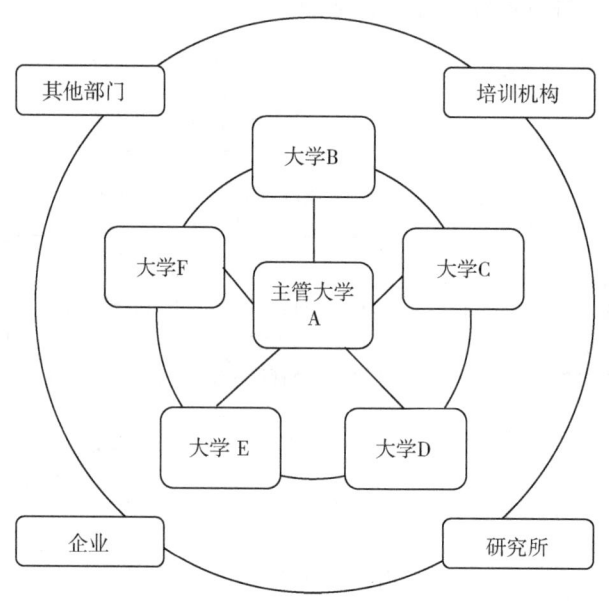

图9-5 创新共享大学概念图

来源：根据교육부的"디지털신기술인재양성혁신공유대학사업기본계획"（2022）整理。

(二) 项目

联合大学由韩国全国范围内的普通大学、职业学校、专科学校组成，成员包括4~7所大学，其中必须包含1所主办大学和1所专科大学，首都圈和其余地区的学校所占比例都要求在40%以上，各大学可以申请1~3个领域。联合大学所包含的高校类型丰富，不同院校间可以优势互补，同时充分发挥各类型院校自身的独特优势，打造层次多样、类型丰富的人才梯队。

该《计划》的资金来源于国家和民间资助，2021年预算为832亿韩元，时间跨度为 2021 年至 2026 年，第一年度（2021 年）优先推进学士制度的灵活化及教育课程的共同开发和运营，第二年度（2022 年）开始共享成果。2021 年优先支持了 8 个尖端领域，分别为人工智能、大数据、新一代半导体、未来汽车、生物健康、虚拟现实技术、智能机器人和新能源产业。《计划》的程序主要分为项目申请和项目遴选两个阶段。

1. 项目申请

项目由具备以下条件的普通大学、职业学校、专科学校组成的联盟申请，一是要对学士制度进行修改，扩大学生对新技术领域课程的选择权，如减少不同系之间听课的限制，缓解学期学分限制，引进灵活学期制。二是要确保教育课程共同运营，联合大学间学士制度相互开放，如学分交流时放宽选课申请、人数及学分限制。三是确保教学人员参与新技术领域教育课程开发。四是确保资源共享，共同利用新技术领域教育相关的人力、物力资源，如发掘和共享联盟内各大学所拥有的教师资源、教学内容、设施、设备等。处于联合大学联盟里的高等院校可以更便利地实现人力、物力、教育资源等方面的共享，这有利于各高校间在教学、科学研究等方面的交流与合作，为人才提供了更广阔的空间和平台，更加有利于人才的培养和发展。

2. 项目遴选

首先由项目管理委员会根据联合大学申请数及各联合大学规模、全体预算规模等，审议决定 8 个领域选定的联合大学数量。然后由产业界、学术界的推荐及教育部专家库组成的评估委员会对各联合大学提交的项目计划书进行书面评估和面对面评估。最后选择得分高的联盟进行资助，即确定参选项目的大学联盟。项目申请和遴选程序如图 9-6 所示。

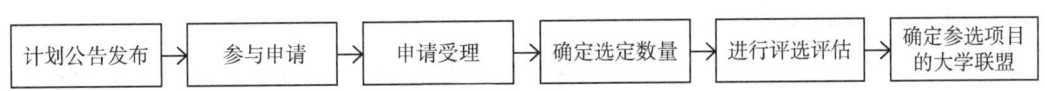

图 9-6 项目申请和遴选程序

来源：根据교육부的"디지털신기술인재양성혁신공유대학사업기본계획"（2022）编制。

（三）课程设置

一方面是开发面向新技术领域的标准教育课程。主要举措包括：①开发不同层次和级别的模块化标准课程并定期进行管理，共同利用联合大学的资源进行运营，以培养新技术领域所需技能的人才。组建由各领域专家组成的临时课程评审委员会，对联合大学开发的课程建立评审反馈制度。②建立模块化的课程，使大学之间的课程可以联合运作，并与各大学现有的专业有机结合。③基于大学间可共享的内容开发运营以解决实际问题为导向的在线实验课程、实习运营手册等，通过新技术领域课程、复合课程（新技术领域＋现有专业）、现有专业课程之间的结合，构成多种形式的学位认证课程。

另一方面是为所有对新技术领域感兴趣的学生提供参与机会。主要举措包括：①大幅增加学生选择权，无论是何专业，有兴趣的学生都可以选择并完成新技术领域的教育课程，提高学生在不同水平领域自由选修新技术领域教育课程的便利性。②通过大学之间学术体系的相互开放,支持学生免费完成其他大学的课程。③支持学生参与新技术领域的课程,帮助学生减少对专业选择限制和对就业的担心。

(四) 教育内容和成长机会共享

主要是为加强弥补新技术领域人才培养的盲区。主要举措包括:①联合大学开发的新技术领域的教育内容由执行该项目的全部大学共享和使用,以产业成果为基础,扩大支援领域,并从以本科生为中心逐步扩大到以具有硕士及以上学位的学生为中心。②通过区域间的联系合作,建立教育安全网,为所有地区的学生提供成长为新技术领域人才的机会,使项目执行大学以外的大学生和韩国民众也可以受益。

参考文献

[1] UKRI. UK RESEARCH AND INNOVATION. About UKRI [EB/OL]. [2023-03-02]. https://www.ukri.org/.

[2] UK RESEARCH AND INNOVATION. Future Leaders Fellowships [EB/OL]. [2023-03-08]. https://www.ukri.org/opportunity/future-leaders-fellowships-round-8/.

[3] UKRI. UK RESEARCH AND INNOVATION. Round 8 Guidance for Academic-hosted Applicants [R/OL]. [2023-03-08]. https://www.ukri.org/wp-content/uploads/2023/02/UKRI-17022023-Round-8-Guidance-for-Academic-hosted-Applicants.pdf.

[4] RESEARCH AND INNOVATION. UKRI Future Leaders Fellowships Assessment Criteria [R/OL]. [2023-03-08]. https://www.ukri.org/wp-content/uploads/2023/02/UKRI-17022023-UKRI-Future-Leaders-Fellowships-Assessment-Criteria-Round-8.pdf.

[5] 次世代研究者挑戦的研究プログラム委員会. 運営体制 [EB/OL]. [2022-07-29]. https://www.jst.go.jp/jisedai/outline/index.html.

[6] 次世代研究者挑戦的研究プログラム委員会. 次世代研究者挑戦的研究プログラムに関する事業実施及び次期公募に関する報告書 [R/OL]. [2022-07-29]. https://www.jst.go.jp/jisedai/spring/dl/report2022.pdf.

[7] 総合科学技術イノベーション委員会. 研究力強化・若手研究者支援総合パッケージ [R/OL]. [2022-06-16]. https://www8.cao.go.jp/cstp/package/wakate/wakatepackage.pdf.

[8] 교육부. 디지털신기술인재양성혁신공유대학사업기본계획 [R/OL]. [2022-06-20]. https://www.moe.go.kr/sn3hcv/doc.html?fn=5f6234625baab2940672e8fa9993b0e1&rs=/upload/synap/202206/.

[9] 교육부. 디지털신기술인재양성혁신공유대학사업기본계획 [R/OL]. [2022-06-20]. https://korea.kr/docViewer/skin/doc.html?fn=58d7d07754134810a2cdd1dbd68d8200&rs=/docViewer/result/2021.02/58d7d07754134810a2cdd1dbd68d8200.

[10] 교육부. 디지털신기술인재양성혁신공유대학사업기본계획 [R/OL]. [2022-06-20]. https://korea.kr/briefing/pressReleaseView.do?newsId=156438123.

第十章 人才国际化

人才国际化指的是全球范围内培养、吸引和配置具备国际视野、跨文化交流能力和专业技能的人才。人才国际化对于促进全球范围内的教育资源共享、提高教育水平、培育具有国际视野和多元专业与文化背景的人才具有重要意义。而且，人才国际化也有助于增进不同国家之间的科技、文化和经济交流与理解，推动全球教育事业与科技事业的共同发展。本章以加拿大全球科技人才计划、欧洲研究理事会的资助计划、欧盟"玛丽·居里"行动计划和欧盟"伊拉斯谟+计划"为例，说明人才国际化的具体实践。

第一节 加拿大全球科技人才计划

一、政策任务

全球科技人才计划（Global Talent Stream，GTS）是加拿大临时外国工人（Temporary Foreign Worker，TFW）计划中的一部分，该计划的政策任务是面向加拿大的创新型企业，瞄准创新型企业短缺的科技人才，通过精准引进并配合签证快速响应机制，为加拿大创新型企业招揽所需的科技人才提供了便捷通道，引进其所需要的高度专业化或高技能全球人才，帮助加拿大创新型企业填补人才空缺以获得更大的竞争优势。

GTS 是一项通过移民的方式来吸引外国科技人才的计划。一方面，加拿大政府希望通过该计划吸引全球科技人才以促进创新和经济增长。加拿大政府认识到，创新产业需要全球科技人才来发展，全球科技人才计划将会为需要获取国外顶尖科技人才及高技能外国科技人才的加拿大创新型企业提供有效渠道。通过响应及时且可预测的全球人才渠道，加拿大人才市场将会涌入一定数量的全球顶尖人才和高技能人才，来促进加拿大的创新和经济增长。另一方面，加拿大政府希望能通过 TFW 计划加强人才保护和合规活动。TFW 计划制定了全面的雇主合规框架，以保护外国人才和加拿大劳动力市场。该雇主合规框架包括检查、行政罚款和禁令，以及公布不合规的雇主。

TFW 的计划报告于 2016 年由加拿大人力资源、技能和社会发展及残疾人地位常设委员会提交加拿大政府，其中概述了 21 项建议，对加拿大教育发展委员会、移民局和加拿大边境服务局都产生了一定的影响。2017年初，政府对该报告做出回应，提到加拿大政府已经采取的早期行动，并表示将宣布完善后的TFW计划的细节。TFW计划根据提供给工人的工资（高于或低于加拿大平均水平）及国家职业分类系统所认定的工人技能水平（高技能或低技能工人）分为7个子计划，分别为高薪工人计划、低薪工人计划、农业工人计划、季节性农业工人计划、全球科技人才计划、家庭护理者计划及外国学者计划。GTS是TFW计划中针对创新科技领域吸引人才的计划。

二、政策工具

GTS的负责机构是加拿大政府，政策对象是全球范围内从事高科技行业的高技能外国专业人士。GTS中采用的主要政策工具是工作签证。

首先，由加拿大创新型企业向加拿大就业和社会发展部（Employment and Social Development Canada，ESDC）提交申请，该申请的内容包含申请企业的基本概况、想雇用的科技人才及相关的薪酬和福利等详细信息。然后进行劳动力市场影响评估（Labour Market Impact Assessment，LMIA），以证明没有加拿大人或永久居民能够填补该职位，从而确定可以招聘外国人才来填补。在申请完LMIA之后，加拿大企业只需向招聘的外籍人才提供一份确认函，该外籍人才即可申请工作签证。通过LMIA构建科技人才引进评估机制，不盲目引进科技人才，以提高科技人才的利用率。

该计划将提交申请的加拿大创新型企业分为A类和B类，由全球科技人才计划指定的合作伙伴所推荐，需要雇用具备独特专业技能人才的企业属于A类，A类企业的指定合作伙伴有加拿大商业发展银行、国家工业委员会、加拿大创新者委员会等。GTS指定的合作伙伴大多是政府部门，截至2021年12月，共有51个合作伙伴，加拿大全球科技人才计划流程如图10-1所示。合作伙伴向ESDC推荐的加拿大创新型企业必须

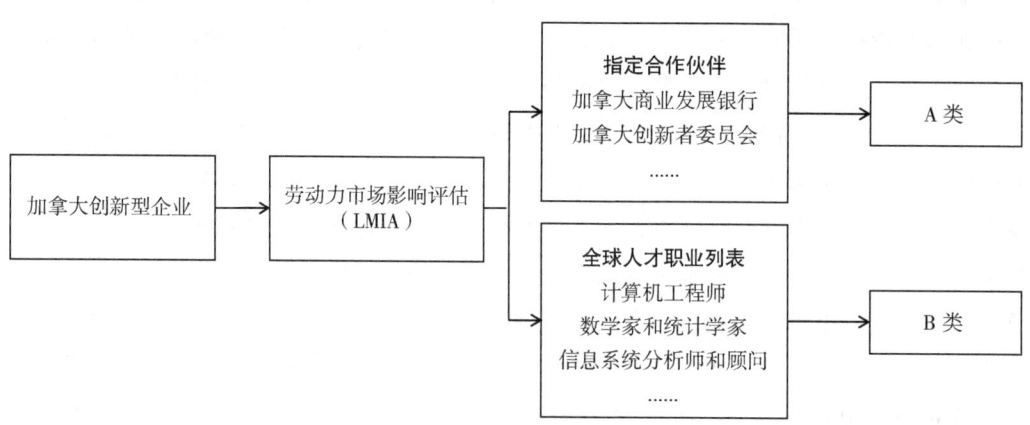

图10-1 加拿大全球科技人才计划流程

来源：根据Employment and Social Development Canada网站的 *Program requirements for the Global Talent Stream*（2022）编制。

符合以下条件：一是在加拿大运营，二是专注于创新，三是有意愿且能够成长或扩大规模，四是企业正需要具备独特专业技能的人才，五是已经确定了一名符合条件的外籍人才可以胜任空缺职位。对于该职位，加拿大企业方必须提供不低于该职位当前工资水平的工资，求职者必须具备充足的行业知识、雇主所需的专业领域的高级学位及至少5年的专业经验。

若加拿大创新型企业所申请的短缺职位包含在全球科技人才职业列表中，则将会作为B类申请者来处理。截至2019年7月，全球科技人才职业列表中的职业包括计算机和信息系统经理、计算机工程师、数学家和统计学家、信息系统分析师和顾问、数据分析师和数据管理员等12种。通过建立科技人才短缺清单，可以较为精准地对接加拿大创新型企业所需的科技人才，提高科技人才引进的精准度。该计划实施的前两年，有近4万名外国人才通过GTS进入加拿大，超过1100家加拿大创新型企业通过GTS获得了所需的外国人才。

加拿大全球科技人才计划原本是一项为期两年的计划，2019年加拿大政府将其修改为永久性的计划，并且承诺将在未来5年向GTS提供至少3520万加元的支持。全球科技人才计划的推进，将对外国人才和加拿大创新型企业都产生积极影响。外国人才可以通过该计划最快在两周内获得加拿大工作许可证，以及获得在加拿大发展和永久居住的机会。同时，加拿大创新型企业获得了保持竞争力的关键资源要素。

第二节　欧洲研究理事会的资助计划

一、政策任务

欧盟为加强基础研究，提高其在国际上的研发与创新水平，应对其他国家强化创新给欧洲带来的冲击与挑战，于2007年成立欧洲研究理事会（European Research Council，ERC）。ERC是欧洲优秀前沿研究的首要资助组织，资助富有创新性的研发人员在欧洲各地开展研究，不对研发人员的国籍和年龄做任何限制。ERC通过竞争性资助鼓励研发人员开展最高质量的研究，提供5类资助计划，分别是启动资助计划（Starting Grant）、巩固资助计划（Consolidator Grant）、高级资助计划（Advanced Grant）、协同资助计划（Synergy Grant）及概念验证资助计划（Proof of Concept），前4个资助计划面向不同研究水平和研究阶段的研发人员，概念验证资助计划主要是为了帮助受资助的研发人员缩短其研发成果与早期商业化阶段之间的时间，实现从研究到商业化应用的顺利过渡。

ERC通过5项资助计划，完成相应政策任务，即为处于不同职业生涯的研发人员、单领域和多学科研究及研究成果的商业化过渡提供全方位的支持，强化了欧洲的基础研发能力,获得了丰富的研发成果,为欧洲留住本土科技人才和吸引国际科技人才提供了重要途径。

二、政策治理

ERC 由科学理事会、ERC 执行机构、ERC 董事会及 ERCEA 指导委员会等组成,如图 10-2 所示。

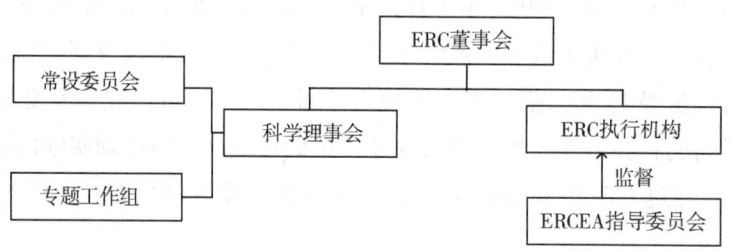

图 10-2　ERC 组织架构

来源:根据 EUROPEAN RESEARCH COUNCIL 网站的 *Discover the ERC funding schemes*(2023)编制。

ERC 由科学理事会这一独立的管理机构领导,科学理事会代表欧洲的科学界,由 22 位杰出的科学家和学者组成,包括 1 名主席和 3 名副主席,主要负责管理 ERC 并制定 ERC 的总体战略,包括通过 ERC 的年度工作计划及确定同行评审和提案评估的方法和程序。另外,科学理事会从其 22 名成员中设立了常设委员会及专题工作组,以解决实际工作中的具体任务。目前,有 3 个常设委员会,分别为专题讨论常设委员会;利益冲突、科学不端行为和伦理问题常设委员会;方案影响监测和评估常设委员会。6 个工作组分别为性别和多样性工作组、创新工作组、扩大欧洲参与工作组、绘制前沿研究地图工作组、开放科学工作组及关键绩效指标工作组,科学理事会可以根据发展和变化,设立新的工作组,终止现有工作组。

ERC 执行机构(European Research Council Executive Agency,ERCEA)负责资助计划的日常管理,如发布资助资讯、征集提案、组织同行评估、建立和管理资助协议等,以及执行科学理事会制订的年度工作计划和战略。

ERC 董事会确保科学理事会和 ERCEA 之间的有效联系,是信息和思想交流平台,它由科学理事会主席、副主席及执行机构的主任等 5 人组成。

ERCEA 指导委员会是监督 ERCEA 运作的机构,由它通过 ERC 的年度工作方案、行政预算和年度报告。

三、政策工具

ERC 资助计划的主要政策工具是项目资助,其流程主要包括项目申请和项目评估。

(一)项目申请

ERC 的不同资助计划面向处于不同阶段的研发人员,且最高资助金额、最长资助年限等均有所不同，如表 10-1 所示。

表 10-1 ERC 资助计划

资助计划	适用对象	最高资助金额	最长资助时限
启动资助计划	具有 2~7 年研究和工作经验的博士	150 万欧元	5 年
巩固资助计划	具有 7~12 年研究和工作经验的博士	200 万欧元	5 年
高级资助计划	过去 10 年内在其研究领域具有重大研究成果的首席研究员	250 万欧元	5 年
协同资助计划	2~4 名首席研究员组成的研究小组	1000 万欧元	6 年
概念验证资助计划	申请了以上 4 种资助计划的研究人员	15 万欧元一次性款项	18 个月

来源：根据 EUROPEAN RESEARCH COUNCIL 网站的 *Apply for a grant*（2023）编制。

ERC 的资助都是以自下而上的方式运作，没有预先确定的优先资助次序。提出资助申请的研发人员不限国籍，但必须在欧盟成员国或其联系国内的一个主办机构进行研究，主办机构的类型包括大学、研发机构和企业，资助申请需要申请人及其主办机构共同提交。资助申请成功后，研发人员需要就职于主办机构，资助金授予主办机构，主办机构需要为研发人员提供良好的研究环境，吸引而来的研发人员可直接开展研究，有效促进人才的利用。项目由研究人员独立指导，资助金由研究人员管理，可以招募任何国籍的研发人员成为其团队成员。除了表 10-1 所提到的最高资助金额，启动资助计划、巩固资助计划，以及高级资助计划可以额外获得最高 100 万欧元，协同资助计划可以额外获得最高 400 万欧元，以用于研发人员迁往欧洲、购买大型实验设备和装置等。

所有成功申请表 10-1 的前 4 种资助计划的研发人员都有资格申请概念验证资助计划，但申请者需要证明将要进行概念验证的想法与正在进行的资助项目之间的关系。每个协同资助计划项目最多可以授予 6 项概念验证资助，剩余 3 类资助计划项目每个最多可以授予 3 项概念验证资助。

（二）项目评估

申请由选定的国际同行评审员以卓越作为唯一评估标准进行评估和打分，国际同行评审员由 ERC 科学理事会根据其科学声誉选出，并组成 27 个小组，每个小组由 1 名主席和 16 名成员组成，属于物理和科学工程、社会和人文科学、生命科学 3 个领域中的一个。除了选定的小组成员，ERC 科学理事会还聘请专家对评估的结果进行有益补充。评估完成后，根据得分、综合评估结果和项目开展年限给予资助，直到资助预算消耗完为止。

四、政策效果

ERC 资助了多名研发人员，帮助欧洲实现在全球范围内的人才引进，并产出了诸多研发成果，包括论文、专利、产品等。ERC 不仅为欧洲留住本国人才做出了重要贡献，还吸引了大量国外科技与创新人才。2007 年以来，ERC 资助了超过 12 000 个项目和 10 000 名研究人员，评估了 10 万份研究提案。接纳了 ERC 受资助者的研究机构超过 850 个，受资助者的国籍超过 85 个。ERC 受资助者在科学类杂志上发表的文章超过 20 万篇，成功申请 2200 多项专利，创办或共同创办了 400 多家初创企业，获 12 个诺贝尔奖、6 个菲尔兹奖、11 个沃尔夫奖等重要奖项。平均每个 ERC 受资助者雇用了 7 名研发人员，目前有超过 75 000 名博士后、博士生和其他工作人员在研究团队中工作。

ERC 资助计划已成为欧盟第九研发框架"地平线欧洲"的一部分，2021—2027 年的预算为 160 亿欧元，占到了"地平线欧洲"总预算的 17%。2023 年，ERC 巩固资助计划共收到 2130 份申请，其中物理和工程科学 881 份、社会和人文科学 635 份、生命科学 614 份，预计拨款 5.95 亿欧元。2023 年，ERC 协同资助计划共收到 395 份申请，涉及 1350 名主要研究人员和 1236 个主办机构，预计拨款 940 万欧元。

第三节　欧盟"玛丽·居里"行动计划

一、政策任务

"玛丽·斯克沃多夫斯卡·居里"行动计划（Marie Skłodowska-Curie Actions，MSCA）（以下简称"玛丽·居里"行动计划）的政策任务是资助优秀的研究和创新，并通过跨国流动和接触不同部门和学科，使处于职业生涯各个阶段的研究人员掌握新的知识和技能。通过对优秀研究人员的长期职业投资，帮助建立欧洲的研究和创新能力。具体而言，一是资助优秀的博士、博士后培训项目和全球合作研究项目的发展，通过广泛传播卓越成果实现对高等教育机构、研究中心和非学术组织的结构性影响。二是根据《欧洲研究人员宪章》和《研究人员招聘行为准则》，力争为教育与培养高质量研究人员制定标准。三是通过各种激励措施强化学术界和非学术界组织之间的联系，增加研究人员与其他部门的接触，来促进学术界以外的研究和创新。四是建立国际联系，通过 MSCA 吸引人才到欧洲，建立国际战略伙伴关系，促进全球研究流动和科学合作。

最初的"玛丽·居里"行动计划是 MSCA 的前身，由来已久，最早可追溯至 1994 年，为支持博士生或研发人员等处于职业生涯各个阶段的优秀研究人员提供资助，同时鼓励跨国、跨行业和跨学科的流动。后纳入欧盟研发框架作为其进行人才培养的主要工具和手段。2014 年，欧盟将其更名为 MSCA，但习惯上，MSCA 还是被称为"玛丽·居里"行动计划。到了 2020 年后，新冠疫情的冲击再次凸显了欧盟对以研究为基础的高技能人力资本的依赖。欧盟需要一个强大的、有弹性的、灵活的和有创造性的人力资源基础，以适应未来劳动力市场的需求并进行创新，将知识和想法转化为产品和服务，以实现经济腾飞和社会效益的提高。因此，在欧盟最新研发框架即欧盟第九研发框架"地平线欧洲"中，继续设立 MSCA，通过 MSCA 让研究人员掌握新的知识和技能，并为他们提供国际和跨部门的机会（包括通过学术界和商界的合作），为优秀的研究做出强有力的贡献，促进就业、增长和投资，以填补未来的顶级职位空缺。

二、政策治理

MSCA 由欧盟研究执行机构（Research Executive Agency，REA）代表欧盟委员会进行管理。REA 是欧盟委员会设立的资助机构，用于管理欧盟的计划和项目，由 1 名主任、1 个指导委员会和其他成员组成。主任由欧盟委员会的官员担任，指导委员会由 5 名成员和 3 名观察员组成，他们都是欧盟委员会的高级管理人员，其主席由欧盟委员会研究与创新部总干事担任。REA 的管理与运行由其主任及指导委员会负责，代表欧盟委员会确保 REA 所有项目和计划的推进，审核通过并执行 REA 的行政预算、年度工作计划、年度活动报告等。

三、政策工具

MCSA 采用的主要政策工具包括奖学金项目、交流项目、联合项目和公民项目。行动计划总预算为 66 亿欧元，包括五大子行动，分别为博士网络奖学金（Doctoral Networks）和博士后奖学金（Postdoctoral Fellowships），对应的政策工具是奖学金项目；科研人员交流项目（staff exchanges），对应的政策工具是交流项目；地区、国家和国际联合资助项目（co-funding of regional, national and international programmes），对应的政策工具是联合项目；MSCA 和公民项目（MSCA and Citizens），对应的政策工具是公民项目。

（一）奖学金项目

1. 博士网络奖学金

MSCA 博士网络奖学金旨在通过欧洲及其他地区不同部门的组织合作实施博士课程，培养善于创造、创新、创业和适应性强的博士生，使他们能够面对当前和未来的挑战，并将知识和想法转化为产品和服务，创造经济效益和社会效益。MSCA 博士网络奖学金将提高欧洲博士生培训的吸引力和卓越性，并以创新思维为导向，通过国际、跨学科和跨部门的流动，为他们在学术界和非学术界提供更广阔的职业前景。

除了标准的博士网络，博士网络奖学金还面向两种特殊类型的博士。一是工业博士，培养那些希望在学术界之外，特别是在工业界和商业界深耕的博士生。二是联合博士，MSCA 提供一种国际化、跨部门和跨学科的高度综合的博士生培训合作项目。这些举措丰富了博士的培养方法与培养方向，扩宽了博士人才类型，促进了人才在学术和非学术部门的流动，使博士生进入产业界前便在非学术部门得到充分锻炼，能够更好地满足欧洲各类人才需求。

（1）项目申请

博士网络的申请者包括由几个组织或机构组成的联盟申请者和个人申请者。机构或组织首先在欧盟委员会的门户网站上找到适合自身的项目，通过"合作伙伴搜索"寻找感兴趣的合作伙伴组成联盟，然后注册账户，得到一个9位数的参与者识别码。各机构需要联系合作伙伴以收集申请所需要的各类详细信息，并通过在线提交系统提交申请，成功申请的项目将在网站上公开相关信息，个人申请者在该网站上查找项目并与对应联盟提出申请。

对联盟而言，该联盟至少包含3个独立的法律实体，每个实体设立在不同的欧盟成员国或"地平线欧洲"联系国，并且至少有1个实体设立在欧盟成员国。同时，该联盟必须包含一所大学或一个有权授予博士学位的学术、研究机构。通过申请的联盟必须至少招募1名博士生，并自行接待和监督。特别地，对于联合博士，至少要有3个独立的法律实体有权授予博士学位。授予联合、双重或多重博士学位的机构中至少有2个必须设立在欧盟成员国或"地平线欧洲"联系国。联盟在提交申请时必须提供一份预先同意授予博士生联合、双重或多重学位的协议，协议中说明授予学位的机构。此外，联合培养的博士生必须建立一个联合治理结构，采用联合招生、选拔、监督、监测和评估机制。

个人申请者不限国籍，但必须满足以下条件：在申请时未获得博士学位，在申请前的36个月内，没有在招募机构所在的国家居住或进行主要活动（工作、学习等）超过12个月。申请通过后必须在至少1个欧盟成员国或"地平线欧洲"联系国的博士课程中学习，并获得博士学位，联合博士则必须在至少2个成员国内学习。此外，工业博士生必须在非学术部门花费至少50%的研究时间。

（2）项目评估

在关闭申请通道之后，REA会检查项目是否符合申请资格标准，符合申请资格标准的项目将进一步由外部专家进行评估，项目只能提交给8个"主要评估小组"（化学、社会科学与人文、经济科学、信息科学与工程、环境与地球科学、生命科学、数学、物理）中的一个。专家根据资助标准对项目进行评分，资助标准包括卓越性、影响力及实施的质量和效率3个方面，所占比重分别为50%、30%和20%，卓越性和影响力分别包含4项二级指标，实施的质量和效率包含2项二级指标，每项指标的满分是5分，评分不低于总分的70%的项目将被考虑资助。通过严格把关项目申请、持续跟进培养进度、组织评审培养成果、及时传播项目经验，将有效提高博士人才的培养质量，输出高质量人才。

（3）项目资助

博士网络奖学金 2021 年的预算为 4.0295 亿欧元，2022 年的预算为 4.2828 亿欧元。欧盟对 MSCA 博士网络奖学金采取单位资助的形式，为每位申请者提供的资金支持包括每人每月 3400 欧元生活补助、600 欧元流动补助，有的还适用家庭补助、长期假补助及特殊需求补助。为联盟提供每人每月 1200 欧元研究、培训和活动补助及 1600 欧元管理和间接成本补助。

从资助协议规定的开始日期算起，项目的期限不得超过 4 年。获得博士网络资助的联盟需完成以下事项，一是建立联盟的监督委员会；二是在项目开始一年后的 30 天内提交进度报告；三是在中期会议前提交招募的博士的个人职业发展计划书；四是召开中期会议并组织参与者和资助机构参加；五是在中期会议上提交数据管理计划；六是在中期提交成果传播和利用计划，并在项目结束时进行更新；七是在研究培训结束时，由每个被招募的研究人员填写评估问卷，并在两年后提交一份后续调查问卷。

2. 博士后奖学金

MSCA 博士后奖学金的目标是提高拥有博士学位的研究人员的创造力和创新潜力，通过高级培训、国际化、跨学科和跨部门的流动培养新技能，鼓励研究人员在非学术部门开展研究和创新项目。

博士后奖学金有两种类型，一是欧洲博士后奖学金，向在欧洲境内流动或从其他国家来到欧洲从事研究工作的研究人员开放；二是全球博士后奖学金，向拥有欧盟成员国或"地平线欧洲"联系国国籍或长期居住的研究人员在欧洲以外的流动提供资助。

（1）项目申请

申请必须由一个设立在欧盟成员国或"地平线欧洲"联系国的主办机构提交。为吸引感兴趣的博士后研究人员，主办机构可以在 EURAXESS 网站和其他主要工作门户网站发布意向书，研究人员在找到合适的主办机构后，将与主办机构共同完成一份申请，并由主办机构代替研究人员提交。每个研究人员只能提交一份申请，如果有几项涉及同一研究人员的申请，只有最后提交的申请有效。如果主办机构为不同的研究人员提交了具有相同研究目标和工作计划的项目，则仅首个提交的项目有机会获得资助。所有研究和技术发展领域都有资格获得资助，第一年项目评估得分低于总分的 70% 的机构和个人不得在次年提交申请。

提交申请的博士后研究人员必须满足以下要求：在申请征集截止前获得博士学位（已经成功通过博士论文答辩但尚未正式获得博士学位的申请者也有资格申请），在征集截止日期前的 3 年内，欧洲博士后奖学金申请者未在主办机构所在国居住超过 1 年，全球博士后奖学金申请者出站阶段未在主办机构工作、学习等超过 1 年。

（2）项目评估

项目评估与博士网络奖学金大致相同，不同之处在于博士后奖学金卓越性包含 4 项二级指标，影响力包含 3 项二级指标，实施的质量和效率包含 2 项二级指标，欧洲博士后奖学金与全球博士后奖学金在进行项目评估时是独立进行的。

（3）项目资助

欧洲博士后奖学金资助期限为1~2年；全球博士后奖学金资助的期限为2~3年，其中前1~2年在非"地平线欧洲"联系国工作学习，剩余资助时间返回主办机构完成项目。

博士后奖学金2021年的预算为2.42亿欧元，其中欧洲博士后奖学金2.057亿欧元，全球博士后奖学金3630万欧元。2022年的预算为2.57亿欧元，其中欧洲博士后奖学金2.1845亿欧元，全球博士后奖学金3855万欧元。欧盟对MSCA博士后奖学金的资助同样采取单位资助的形式，为每位申请者提供的资金支持包括每人每月5080欧元生活补助、600欧元流动补助，有的还适用家庭补助、长期假补助及特殊需求补助，为主办机构提供每人每月1000欧元研究、培训和活动补助及650欧元管理和间接成本补助。

（二）交流项目

科研人员交流项目资助参与组织中从事研究与创新活动的科研人员进行短期的国际或部门间的交流，以推动欧洲内外不同组织之间开展可持续的合作项目。参与交流项目的科研人员将获得新知识、新技能及新的职业发展前景，参与交流项目的组织将提高其研究与创新能力。

科研人员交流项目向大学、科研机构、企业和其他非学术组织等组成的国际联盟开放，该联盟至少包括3个独立的法律实体，其中至少两个设立在不同的欧盟成员国或"地平线欧洲"联系国。若所有参与组织都来自学术界或非学术界，则至少有一个组织必须来自非"地平线欧洲"联系国，跨学科交流除外。与非"地平线欧洲"联系国的交流可在同一部门和同一学科内进行。

科研人员交流项目资助任何国籍、处于任何职业阶段的研究人员及参与研究和创新活动的行政、技术或管理人员，参与交流项目的科研人员由其工作机构选派，并由其学习或工作所在的机构提出申请。项目为期4年，参加人员需在交流结束后回到工作机构并分享知识和经验，促进交流合作。资助基金用于交流人员的活动，包括一般补助和特殊补助，一般补助主要用于交流人员的差旅、住宿、生活支出，特殊补助用于交流人员的研究和培训活动。

（三）联合项目

地区、国家和国际联合资助项目通过共同筹资机制，为地区、国家和国际科研人员培训及职业发展计划提供资金，促进可持续培训，推动科研人员的国际、跨学科、跨界流动。

联合资助项目包括博士项目和博士后项目两类。博士项目为博士生提供研究培训活动，提升博士生的技能和能力，并授予其博士学位，要求申请者为没有博士学位的在读博士生。博士后项目为博士后提供个人高级研究培训和职业发展研究基金，要求申请者具有博士学位,通过博士毕业答辩但尚未正式获得博士学位的也可以申请,但前提是未被申请机构长期聘用。若博士后项目主要是在非"地平线欧洲"联系国完成,则要求申请者为欧盟成员国或"地平线欧洲"联系国的国民或长期居民。

该项目适用于欧盟成员国或"地平线欧洲"联系国的单一法人实体,与联合资助项目合作的组织包括政府、企业、大学、研究机构及筹资机构等。申请者不限国籍,获得资助的申请者将至少获得3个月的资助,每次最高可获得1000万欧元,项目开展持续5年,至少招聘3名研究人员。

(四)公民项目

MSCA和公民项目的目标是拉近科研、科研人员与公众的距离,特别是家庭、中小学生和大学生,它通过开展"欧洲研究人员之夜"来实施。"欧洲研究人员之夜"是在欧盟成员国和"地平线欧洲"联系国间开展的一项研究交流和推广活动,其主要目的是在欧洲内外推广卓越研究项目,提高公众对研究与创新重要性和益处的认识,展现研究与创新对公民日常生活的正面影响,提高青少年对科研的兴趣。

"欧洲研究人员之夜"可以由获得MSCA计划资助且是在欧盟成员国或"地平线欧洲"联系国成立的单个或多个机构组织开展,合作机构包括企业、公共机构、科学博物馆、基金会、媒体等,通常围绕活动宣传、夜间活动、影响评估和管理等方面展开。

"欧洲研究人员之夜"在每年9月的最后一个星期五开展,为期两天,通过展览、动手实验、科学表演、游戏、竞赛、问答等寓教于乐的活动,向公众普及科学知识。自2022年起,"欧洲研究人员之夜"还推动全年的"研究人员进校园"活动,将顶级研究人员请到学校,与教师和学生面对面交流气候变化、可持续发展、健康或营养等社会面临的重要课题。

四、政策进展

对个人而言,MSCA帮助研究人员获得国际化、跨部门、跨学科的经验和机会,强化其以创新为导向的思维,提高其创新创业能力。对欧盟各国家而言,MSCA促进其科学卓越发展,建立可持续的国际和部门间的伙伴关系和网络,在部门和学科之间更好地转移转化知识和成果,为欧洲吸引和留住人才,加强了国家、部门和学科之间的战略合作和人才循环,搭建了研发、产业与社会三者之间的新桥梁,通过高质量的研发和创新促进欧洲的可持续增长。

2007—2020年MSCA资助了约11 5000名研究人员。MSCA还帮助欧盟国家吸引了大量外籍人才,自2014年以来,欧盟国家的外籍研究人员约占38%。同一时期来自130多个国家的8540多个组织参加了MSCA,超过8.73亿欧元用于资助非学术界组织,其中有3.84亿欧元用于资助制药、电子、化工等领域约5500家企业(其中中小企业数量超2300家)。

第四节 欧盟"伊拉斯谟+计划"

一、政策任务

欧盟于 2014 年 1 月 1 日正式启动"伊拉斯谟+计划"（Erasmus + Programme 或 Erasmus Plus Programme），即欧盟"2014 年至 2020 年教育、培训、青年和体育计划"，是欧盟实施的规模最大的综合性交流合作计划，经费也较上期提高了 40%，该计划每 7 年更新 1 次。"伊拉斯谟+计划"的政策任务是通过教育进一步推进欧盟与全球各国的交流合作，推进经济与政治一体化，增强欧盟的整体综合实力和国际影响力。计划支持参与国从终身学习的角度有效利用和开发欧洲人才和社会资源的潜力，支持整个教育、培训和青年领域的正式和非正式学习和交流。

二、政策治理

欧盟委员会负责"伊拉斯谟+计划"的运行，管理计划预算并持续为计划设定目标和标准、全面负责监督和协调该计划在国家层面实施。具体来说，"伊拉斯谟+计划"常以间接管理的方式实施，即欧盟委员会将预算实施任务委托给国家机构，拉近"伊拉斯谟+计划"与受益之间的距离，以提供适应国家教育、培训和青年的相关支持。为此，与该计划相关的每个欧盟成员国或第三国都指定了一个或多个国家机构，这些国家机构在国家层面促进和实施该计划，并充当欧盟委员会与地方、区域和国家层面参与组织之间的纽带，提供有关"伊拉斯谟+计划"的信息，保证项目申请过程公开透明，监测评估项目实施情况，为申请人或组织在项目时间内提供支持，与国家机构和欧盟委员会的网络实现有效合作，促进"伊拉斯谟+计划"知名度与其在国家和地方层面的传播。

同时，该计划呈现出以下几方面的特点：一是整合已有资助计划，精简申请程序，避免项目重叠和资源冲突。二是合作伙伴多样化，与企业合作更加密切。三是财政预算增加，受益人数扩大。四是项目之间更加注重系统性、协同性、配套性，辐射范围广阔。

三、政策工具

该计划主要采用的政策工具是项目，包括个人流动学习项目、创新合作与良好实践交流项目和支持政策改革项目。对应该计划的主要是 3 个关键行动。计划的总预算为 148 亿欧元。其中，支持个人流动学习的总预算占 63%，支持创新合作与良好实践交流的经费至少占 28%，而支持政策改革的经费约占 4.2%。

(一) 个人流动学习项目

个人流动学习项目主要支持三类流动学习。第一类是学习者与工作人员的流动性，主要包括支持学生、年轻人、教师、培训师、青年工作者、教育机构和民间社会组织的工作人员到另一国家学习的项目。第二类是 Erasmus Mundus 联合硕士学位（EMJMD），由高等教育机构联盟提供高水平综合国际学习计划，向全球最优秀的硕士颁发全学位奖学金。第三类是 Erasmus + 硕士贷款，支持参与国高等教育学生申请贷款，以出国攻读硕士学位。"伊拉斯谟＋计划"资助 400 多万人出国学习交流或获得工作经验，资助对象不仅包含高等教育学生，还有职业教育学生及其他教育机构的工作者和青年志愿者等。高校资助人数最多，约占总人数的一半，还有 2.5 万名学生攻读 Erasmus Mundus 联合硕士学位课程，另有 20 万名学生使用 Erasmus + 硕士贷款跨国攻读硕士学位，50 万名青年参加了国外志愿者服务和青年交流，资助了 65 万名职业教育学生出国参加培训或实习，80 万名教育工作者在国外学习了解新的教学和学习方法。

高等教育学生的流动项目使学生可以在合作的国外高等教育机构获得学习机会，在外完成一个周期的学习任务，也可能会包括实习期。教职工的流动项目允许高校教职工或企业人员到国外合作高校去任教，也可能以培训方式开展，其目的是提高教职工的教学水平。高等教育领域的流动性项目支持个人的教育水平普遍较高，对科技创新领域的人才国际化培养具有重大意义。

职业教育和培训学习者及工作人员的流动性项目是职业教育的学生和教职人员在合作的国外高等教育机构或公司获得 2 周到 3 个月的短期学习或交流，或者获得 3 个月到 12 个月的长期学习和交流。能够帮助年轻人敞开心扉，拓展其社交和专业技能，培养其创新性和自主性。特别是长期学习交流项目，可以使参与者更好地熟悉外语、文化和国外的工作环境，从而提高其就业能力。

学校教育人员流动性项目允许教师或其他学校教育人员在国外合作学校任教，支持教师、学校领导或其他教育人员的专业发展，为他们提供在国外教学和生活的机会。

成人教育人员流动项目允许成人教育组织的工作人员在国外合作学校获得教育或培训机会，支持其专业发展。这些项目特别有利于一些弱势群体获得更多专业提升的机会，如年轻的移民、难民等。

青年和青年工人的流动性项目重点关注被边缘化的青年，促进多样性、跨文化和跨宗教的对话，推广自由、宽容和尊重人权的共同价值观及提高青年的批判性思维和主动意识，提高其专业发展能力。青年交流是此类项目最主要的方式，使来自不同国家的青年群体可以见面并共同生活 21 天，在小组领导的带领下共同开展他们的工作计划，如工作坊、辩论、角色扮演和户外活动等。在共同生活和工作的过程中，对不同的文化、习惯和生活方式进行深入的学习和了解，对青年的沟通能力、专业能力都有帮助，同时树立青年团结、民主、友谊等价值观。

Erasmus Mundus 联合硕士学位旨在促进高等教育机构的质量改进、创新、卓越和国际化，通过向全球最优秀的硕士生提供全方位奖学金，提高欧洲高等教育区的教育质量和吸引力，同时增加企业参与，提高硕士毕业生的能力和技能水平，培养企业真正需要的高水平人才。参与该计划的高校或教育机构必须具有硕士学位授予资质，成功完成联合 EMJMD 硕士课程的硕士生可以获得联合学位或由至少两个联合高校或教育机构授予的多个学位。

Erasmus + 硕士贷款为想在另一个合作国家完成完整的硕士学习项目的高等教育学生提供申请欧盟担保的贷款的机会，此贷款可以用于支付其学费和住宿费用，以完成他们的学业。

Erasmus Mundus 联合硕士学位项目和 Erasmus + 硕士贷款项目不仅有利于优质人才的专业培养，也对其提升沟通能力、加强文化包容、解决企业中切实出现的问题、了解和学习企业所在科技创新领域前沿问题、全面提升人才素养大有裨益。

（二）创新合作与良好实践交流项目

创新合作与良好实践交流项目包括众多领域，如教育、培训和青年领域战略合作伙伴关系项目、欧洲大学项目、知识联盟项目、部门技能联盟项目和青年领域的能力建设项目。

教育、培训和青年领域战略合作伙伴关系项目旨在支持创新实践的开发、转让或实施，以及促进相关的合作交流。该项目支持教育、培训和青年 3 个领域的合作，在实践中提升参与者的科技创新技能与水平。通过资格和学习成果互认以消除流动性障碍，并希望在 2025 年前发展成功多语种欧洲教育区。在解决技能差距与不匹配的问题时，可以支持开发以学习为导向的课程，更好地满足学生的学习要求，并使学生更适合劳动力市场的需求。另外，还可以实施跨学科方法和创新教学法，如以学生为中心的学习和基于研究的学习，以获得前瞻性技能。还可以通过 STEM 方法提高 STEM 的吸引力和改革课程，包括企业和大学合作等。

欧洲大学项目的设立是希望促成前所未有的制度化合作，使其具有系统性、结构性和可持续性，支持高等学校与高等教育机构间建立跨大学的校园，拓展参与者学习和研究的学校范围。欧洲大学的倡议响应了一个长期愿景，它可能将高等学校与高等教育机构之间的合作提升到一个全新的水平。

知识联盟项目是跨国的、结构化的、以结果为导向的项目，特别是在高等教育和商业之间。该项目能够促进高等教育、商业和更加广泛的社会经济环境中的合作创新，如共同开发和实施新的教学方法和学习方法，真正以学生为中心，真正基于问题开展合作学习和教学，共同开发课程，培养学生的创业思维和解决问题的能力。还可以与公司或在公司内部组织继续教育计划和相关活动，或者由高等教育的学生、教师与企业一起，共同开发具有挑战性的问题、产品和流程创新的解决方案。

部门技能联盟项目支持按需求制定职业相关课程，并以此对参与者进行培训，提高劳动力技能与目标产业所需技能的匹配程度，以提升参与者的就业能力。

青年领域的能力建设项目同样是跨国合作项目，支持和鼓励不同国家在青年领域的合作、实践和政治对话，加强合作伙伴国组织的管理能力、治理能力、创新能力与国际化。

（三）支持政策改革项目

支持政策改革项目旨在实现欧洲议程的目标，特别是欧洲 2020 战略、欧洲教育和培训合作战略框架和欧洲青年战略，主要支持青年对话项目。青年对话项目可以采取会议、协商或举办活动等形式，促进了青年积极参与欧洲的民主生活，加强了青年与决策者互动。青年可以通过提出立场和建议的方式就如何在欧洲制订和实施青年计划发表自己的意见。

四、政策效果

2014—2020 年"伊拉斯谟＋计划"运行期间，"伊拉斯谟＋计划"历年的资助项目数量统计情况如图 10-3 所示。

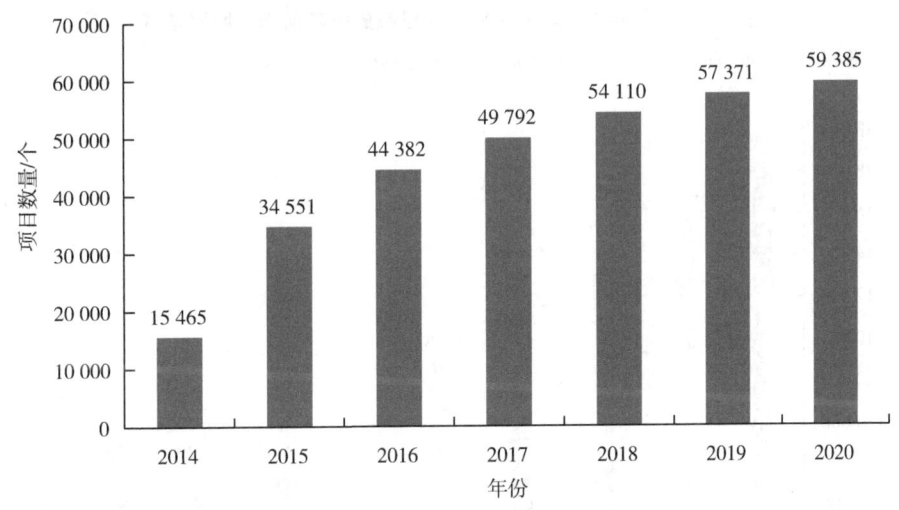

图 10-3　历年"伊拉斯谟＋计划"资助项目的数量统计

来源：根据 European Commission 网站的 *Erasmus + project results*（2022）编制。

"伊拉斯谟＋计划"资助的项目涵盖多个领域，图 10-4 仅展示项目数量排名前十的所属领域，包括新的创新课程/教育方法/培训课程的开发、外语教学、信息通信技术/新技术/数字能力、青年（参与、青年工作、青年政策）、欧盟公民身份/欧盟意识/民主、跨文化/代际教育/终身学习、创意与文化、包容性与公平、国际合作/国际关系/发展合作、劳动力市场问题（包括职业指导/青年失业）。

"伊拉斯谟＋计划"在全球约 110 个合作伙伴国家开展工作，其中合作最为紧密的前 10 个国家分别为西班牙、德国、法国、波兰、意大利、罗马尼亚、捷克、奥地利、希腊、比利时，如图 10-5 所示。

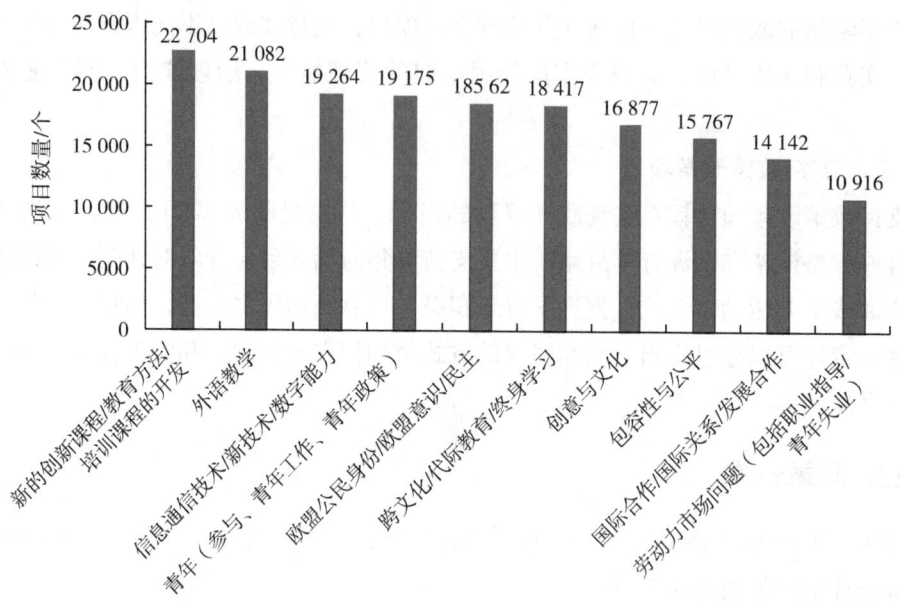

图 10-4 "伊拉斯谟+计划"项目数量排名前十的所属领域

来源：根据 European Commission 网站的 *Erasmus + project results*（2022）编制。

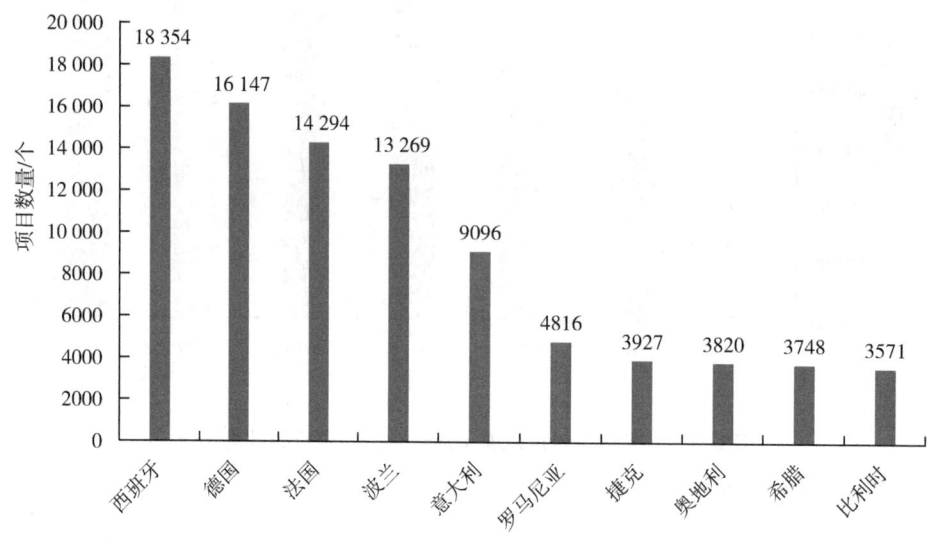

图 10-5 合作最为紧密的前 10 个国家

来源：根据 European Commission 网站的 *Erasmus + project results*（2022）编制。

五、政策评价

（一）加强了科技与教育的融合

"伊拉斯谟+计划"注重高等教育领域的交流，为全球青年人才提供了了解前沿技术的窗口，还将特别关注高等教育与产业界的紧密合作，如建立知识联盟，建立高等教育战略伙伴关系，以联合课程、联合学习项目、短期课程、远程学习等方式允许更多人以更多形式参与到校企合作中，提高了人才国家化水平，加强了科技（产业界）与教育（学界）的融合。

（二）由教育合作实现多领域合作

"伊拉斯谟+计划"加强了如高校、企业、研究院所和实验室跨国优质资源的有效利用，同时加强了科技、教育和人才等领域的人才与国家之间的合作，为各国众多领域，特别是科技创新领域的国际合作与交流、共同参与和解决全国性问题提供了宝贵的机会。

（三）提升欧盟高等教育国际化的影响力

欧洲高等教育由"欧洲维度"向"全球维度"渐进发展的态势，把高等教育国际化从欧洲地区拓展至世界各地区，这种战略性转变提升了欧洲高等教育对世界的影响力。"欧洲中心"在更加广阔的世界范围延伸，欧洲高等教育实现了"全球影响"。同时，"伊拉斯谟+计划"推动欧盟高等教育的深度合作与交流，丰富了人才合作交流的广度。从本科学生交换项目拓展至研究生联合培养项目，通过国际学分转换和认可体系实现联合硕士、博士培养，吸引了更多国家的教师和学生参与欧洲不同种类的教育交流项目，增加了他们对欧洲高等教育的认同感，提升了欧洲文化软实力。

参考文献

［1］时光在路上. 加拿大的全球人才项目（GTS）：将高技能的外国技术人才引进加拿大［EB/OL］.［2024-05-05］. https://www.timezls.com/2022/11/about-gts.html.

［2］EMPLOYMENT AND SOCIAL DEVELOPMENT CANADA. Eligibility for the Global Talent Stream［EB/OL］.［2022-06-02］. https://www.canada.ca/en/employment-social-development/services/foreign-workers/global-talent/requirements.html.

［3］EUROPEAN RESEARCH COUNCIL. Discover the ERC funding schemes［EB/OL］.［2023-03-25］. https://erc.europa.eu/.

［4］EUROPEAN RESEARCH COUNCIL. APPLY for a grant［EB/OL］.［2023-03-25］. https://erc.europa.eu/apply-grant.

［5］EUROPEAN RESEARCH COUNCIL. ERC work programme 2023［R/OL］.［2023-03-26］. https://ec.europa.eu/info/funding-tenders/opportunities/docs/2021-2027/horizon/wp-call/2023/wp_horizon-erc-2023_en.pdf.

［6］EUROPEAN RESEARCH COUNCIL. ERC at a glance［EB/OL］.［2023-03-26］. https://erc.europa.eu/.

［7］EUROPEAN COMMISSION. Legal basis and governance of the European Research Executive Agency［EB/OL］.［2024-01-28］. https://commission.europa.eu/about-european-commission/departments-and-executive-agencies/european-research-executive-agency/legal-basis-and-governance-european-research-executive-agency_en.

[8] EUROPEAN COMMISSION. How To Apply[EB/OL].[2022-07-21]. https://marie-sklodowska-curie-actions. ec. europa. eu/actions/how-to-apply.

[9] EUROPEAN COMMISSION. Doctoral Networks[EB/OL].[2022-07-21]. https://marie-sklodowska-curie-actions. ec. europa. eu/actions/doctoral-networks.

[10] EUROPEAN COMMISSION. Staff Exchanges[EB/OL].[2024-04-02]. https://marie-sklodowska-curie-actions. ec. europa. eu/actions/staff-exchanges.

[11] EUROPEAN COMMISSION. Horizon Europe Work Programme 2021 – 2022[R/OL].[2022-07-21]. https://ec. europa. eu/info/funding-tenders/opportunities/docs/2021-2027/horizon/wp-call/2021-2022/wp-13-general-annexes_horizon-2021-2022_en. pdf.

[12] EUROPEAN COMMISSION. COFUND[EB/OL].[2024-04-02]. https://marie-sklodowska-curie-actions. ec. europa. eu/actions/cofund.

[13] EUROPEAN COMMISSION. MSCA & Citizens[EB/OL].[2024-04-02]. https://marie-sklodowska-curie-actions. ec. europa. eu/actions/msca-citizens.

[14] EUROPEAN COMMISSION. Marie Skłodowska-Curie Actions[EB/OL].[2023-07-23]. https://marie-sklodowska-curie-actions. ec. europa. eu/about-msc.

[15] 百度百科. 德西德里乌斯·伊拉斯谟[EB/OL].[2022-07-22]. https://baike. baidu. com/link? url = wK7T-qYZxWTUkP4rtG7_x13V2dY4bZeKctB7E7laoXZlnqxNzNTcdSgUp7mW6yEP9M3gcHyFdr0aMHxuaU8XtYtAq_cBOvoqGI0Ny2RvsxoNd5jRx6Zpz43qtNtHTclFr8pUBx2G014tLn79Mm1skqcTNIHdV7SQTL7QiFLEm5uz49jlrfKrmj4NO3XsxdyMg-sWt3eu06iDRfgeT2lWuq.

[16] 百度百科. 伊拉斯谟[EB/OL].[2022-07-22]. https://baike. so. com/doc/6424582-6638254. html.

[17] TONGLISHI. Erasmus[EB/OL].[2023-05-08]. http://www. tonglishi. com/news/39684. html.

[18] 明珠. 欧盟"伊拉斯谟计划"的历史进程及项目经验[J]. 重庆第二师范学院学报,2021,34(5):115 – 118.

[19] "伊拉斯谟 +" 计划:提升欧盟青年就业能力[EB/OL].[2023-01-12]. http://edu. sina. com. cn/a/2014-03-19/1124240902. shtml.

[20] Erasmus + Programme Guide. The Erasmus + Programme Guide l Erasmus +[EB/OL].[2024-01-07]. https://erasmus-plus. ec. europa. eu/erasmus-programme-guide.

[21] SOHU. 欧洲留学伊拉斯谟奖学金计划详细介绍[EB/OL].[2023-01-12]. https://www. sohu. com/a/113371566_486595.

[22] Erasmus-plus. Home l Erasmus +[EB/OL].[2023-11-12]. https://erasmus-plus. ec. europa. eu/.

[23] ERASMUS MUNDUS ASSOCIATION. Erasmus Mundus[EB/OL].[2023-11-12]. https://www. em-a. eu/erasmus-mundus#:~:text = Erasmus%20Mundus%20Joint%20Master%20Degrees%20%28EM-JMDs%29%201%20Are,the%20end%20of%20successful%20completion%20of%20the%20programme.

[24] EUROPEAN COMMISSION. Erasmus + project results[EB/OL].[2022-07-22]. https://erasmus-plus. ec. europa. eu/projects/search/? page = 1&sort = &domain = eplus2021&view = list&map = false&searchType = projects.

[25] 中国教育科学研究院. 新一代"伊拉斯谟 +" 拓展欧盟合作空间[EB/OL].[2023-11-13]. https://www. sohu. com/a/240905379_243614.

图 8-2　肯德尔广场及周边产业分布（见书末彩图）

来源：根据任俊宇等（2018）编制。

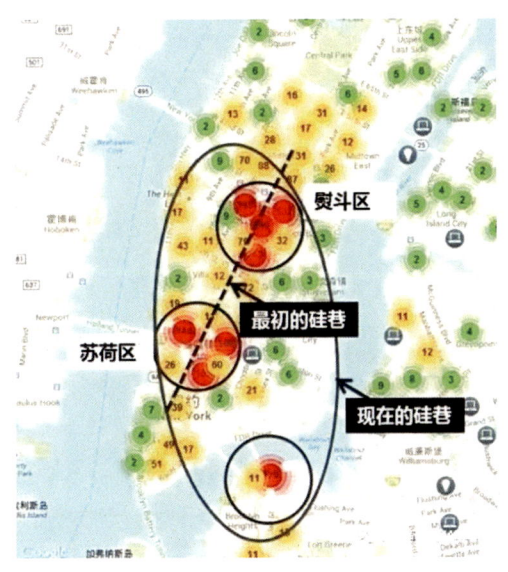

图 8-3　硅巷示意图

来源：全至咨询 QUANZHI. 城市观察系列 | 创新时代的新经济空间：美国东岸模式——纽约硅巷（Silicon Alley）［EB/OL］.（2021-08-20）［2022-12-15］. https：//mp. weixin. qq. com/s/LTYMpEIy1PRBNHsWZyibGQ.